生物太有趣了

生物进化与身体奥秘

徐国庆◎著　李文诗◎绘

天地出版社 | TIANDI PRESS

前　言

不负少年不负梦——有趣的生物世界

人类是怎么起源的呢?

显微镜下的世界有什么秘密?

我们的身体里是不是藏有一面小鼓，不然怎么“咚咚”响个不停?

“大胃王”海星被“五马分尸”了，怎么还“乐”个不停?

为什么说小小的细胞也很“励志”呢?

…………

宇宙如此神秘，生物世界如此神奇。

很难想象，生命的基本组成单位竟然是细胞。我们的身体无时无刻不在进行着一场场没有硝烟的、激烈的“战争”，在显微镜下无所遁形的微生物“轻骑兵”，在我们的身体中来去自如；有的微生物不眠不休，在我们体内抢夺细胞、扩充领地……

这时候的你，脑子里一定装满了无数个调皮的小问号吧?别急，不管你的问题多么千奇百怪，“生物太有趣了”系列丛书都将为你一一揭晓答案。

在《生物进化与身体奥秘》一书中，你将了解到：生命诞生的“摇篮”、生物界的“重磅炸弹”、生态系统“大家庭”中的各位“成员”，以及两栖动物的进化与哺乳动物的诞生……当然，我们还将带领你揭晓人体各部位鲜为人知的奥秘。

在《超神奇的动物与植物》一书中，我们将告诉你：在庞大的动物王国里，有各种各样的“长鼻怪”；动物“宝爸、宝妈”们有令人大跌眼镜的“育儿经”；水里的鱼儿看似老实，其实它们“逮”着机会就想看看外面的世界；若论演技，动物界的“演技达人”与我们人类的当红

明星相比毫不逊色……在神奇的植物王国里，既有牢不可破的“友谊”，也不乏“友谊的小船说翻就翻”；“高智商”的植物一旦伪装，那炉火纯青的“易容术”就会让人真假难辨……

在《有趣的细胞与微生物》一书中，我们将与你一起探寻有趣的细胞起源，并跟随它们的脚步进行一次细胞世界“大冒险”。千万别以为细胞一成不变，只要时机适宜，它们便会完成分裂，甚至不惜“自杀身亡”；微生物可是用身体吃东西的“超级无敌大胃王”，繁殖力惊人；让人“又爱又恨”的细菌成员们也各个“身怀绝技”……

翻开这套书，你会发现：一个个看似深奥又神秘的生物现象，通过浅显易懂、富有童真童趣的语言向你娓娓道来，不知不觉中便让你忍俊不禁，爱不释手。

当然，如果俏皮、活泼的语言还不足以满足你，幽默、夸张的插图绝对会让你大饱眼福。突破常规的知识点、与文字相得益彰的插图，就这样慢慢铭刻在你的脑海里。

此外，我们还别出心裁，特意设置了“知识哈哈镜”这一板块。作为知识的补充，它不仅能拓宽你的视野，有趣的知识还能让你捧腹大笑。

不负少年不负梦，快让我们相约，在奇妙的生物王国里畅游吧！

徐国庆

目录

趣多多：生物世界好奇妙 / 002

看不见的“链子”摸不着的“网”：生态系统大家庭 / 006

奇怪不奇怪：海洋竟是生命的摇篮 / 010

是天使还是魔鬼：氧气的“双面孔” / 014

生物界的“重磅炸弹”：寒武纪生命大爆发 / 018

前进！前进！两栖动物的进化和哺乳动物的诞生 / 022

恐龙来啦！恐龙王朝探秘 / 026

比比谁有理：用进废退论 PK 自然选择学说 / 032

适者生存：古猿人的进化 / 037

在不断尝试中前进：直立人与火 / 042

智商还是我们高：智人 / 046

哼！我才不是捡来的：破译生命密码 / 050

无敌小可爱：我的成长记 / 054

哇咔咔！骨骼竟像钢铁一样硬 / 058

连接骨头的“友谊大使”：关节 / 062

没什么大不了：肌肉那些事儿 / 066

不能吃的“桃子”：心脏 / 070

“果冻”般的“傻大个儿”：大脑 / 074

友谊不翻船：肝“大哥”和胆“小弟” / 078

会变脸的“大茄子”：胃 / 082

智慧与实力并存的“第二大脑”：肠道 / 086

“大河小溪”流啊流：无处不在的血管 / 092

血液里面有什么：血液的故事 / 096

“海绵袋子”有点忙：奇妙的肺 / 102

神通广大的“血筛子”：蚕豆一样的肾 / 106

嘀嗒嘀：“隐性时钟”生物钟 / 110

前方高能！免疫系统保卫战 / 114

“脏脏臭臭”藏学问：健康小秘密 / 118

3
2

翻开这一页，
一起来探索
奇妙莫测的
生物世界！

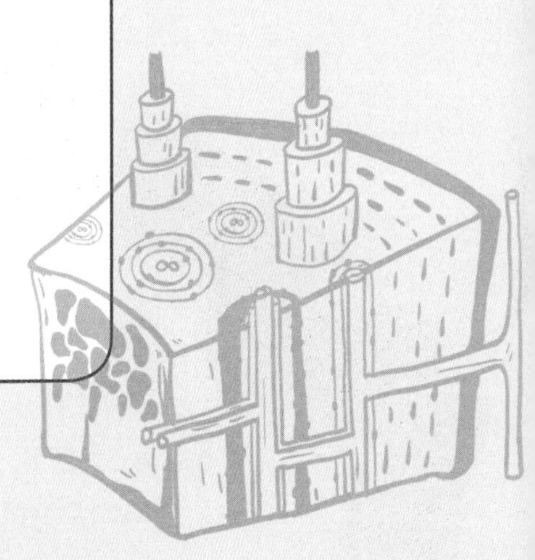

趣多多：
生物世界好奇妙

亲爱的小读者，欢迎你来到奇妙的生物世界。进入生物王国，我们将会知道地球更多的奥秘。那么，什么是生物？简单来说，生物就是指有生命的物体。说到生物，就不得不提有“生物学领域的牛顿”之称的达尔文。在以博物学家的身份进行环球航行的五年时间里，达尔文在地质、动植物方面进行了大量观察、研究，最后提出了生物进化的概念。

知识哈哈镜

达尔文是英国著名生物学家，进化论的奠（diàn）基人。其生物学著作《物种起源》奠定了进化论的理论基础，被恩格斯称为19世纪自然科学三大发现之一。达尔文16岁时被父亲送往爱丁堡大学学医，不过，他可没心思钻研医学，而是经常到野外采集动植物标本。父亲认为他不务正业，又将他送到剑桥大学，改学神学，希望他可以成为“尊贵的牧师”。但一心对自然历史感兴趣的达尔文却又放弃了神学，投身于动植物学和地质学的研究中。

哇！生物王国真庞大

世界那么大，各种各样的生物林林总总，千奇百怪，怎么才能将这些看似“一锅粥”的生物清清楚楚地分类呢？事实上，不管是了解生物多样性还是保护生物多样性，对生物进行分类都是必不可少的。

但怎么分类呢？这是个难题。

1859 年，达尔文出版了《物种起源》这一巨著。通过这一伟大的著作，人们意识到：现存的生物种类和类群的多样性，是古生物在长达几十亿年漫长的进化中逐渐形成的，各种生物都不是孤立存在的，它们之间存在着不同程度的亲缘关系。所以，对生物进行分类时，应该将这种亲缘关系和进化脉络准确地反映出来。

后来，各国生物学家们确立了现代生物分类法。首先，将所有生物分为原核生物界、原生生物界、真菌（jūn）界、植物界和动物界。其次，“界”作为生物分类的最高点，逐渐往下展开，直到“种”这一层。分类等级越高，所含的

植物界
动物界
真菌界
原生生物界
原核生物界

生物共同点越少；分类等级越低，所含的生物共同点越多。

这种生物分类法，由上到下共有界、门、纲、目、科、属、种7个级别。

这么看来，生物王国“等级森严”，体系还真庞大呢！

生物酷酷的“个性范儿”

现在，我们已经知道生物的定义和分类方法，那么，生物王国的成员们是不是也都具备一些共同的特征呢？

没错！不管千千万万的生物们怎么“炫酷十足”，它们的“个性”都有迹可循。

想想看，爸爸妈妈是不是经常唠叨不挑食才能获取更丰富的营养呢？对生物来说也一样，“营养多多”才有利于成长。

生物都离不开营养，但它们吸收营养的本领可是不一样的呢！

自养型生物比较“勤快”，它们可以利用光合作用制造生长所需的有机物，从而达到“自给自足”的目的，比如，植物；异养型生物就比较“懒惰”（lǎn duò），它们只能从外界获取现成的营养。

但是，你千万别以为只有植物能自养，有一种叫绿眼虫的动物就比较“奇葩”，它们也练就了和植物一样可以进行光合作用的自养本领。

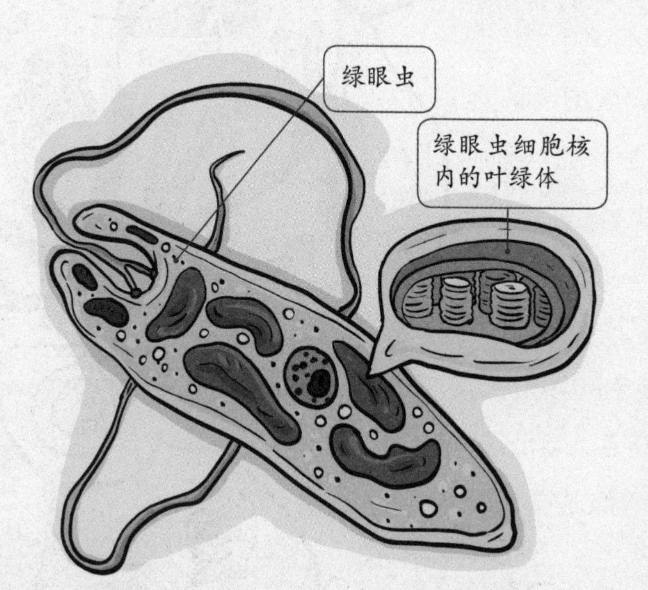

难道绿眼虫有什么“独门秘籍（jí）”不成？

原来，绿眼虫虽是单细胞动物，但细胞核中有一种可以进行光合作用的载体——叶绿体，这就是它们与众不同的地方啦！

废物“我”不要：生物的排泄

生物在成长的过程中，光有营养还远远不够，呼吸和排泄也是很重要的环节。

只要是生物，就一定具备呼吸和排泄这两项功能。别看生物种类千千万万，但它们的呼吸方式基本一样，不过，排出废物的方式却各不相同。

动物们的排泄方式有出汗、排尿、呼出二氧化碳等。那么植物呢？对于体内的废物，它们也“不要”，便通过落叶的方式进行清理。

我们人类主要通过呼吸、排尿和排汗三种途径排出体内废物。但要注意，排便可不是排泄的途径，因为它没有经过血液循环运输这一环节。

能生长和繁殖（fán zhí）也是生物的典型特征。已知除病毒以外的所有生物，都是由细胞构成的。病毒虽然也是生物，却没有细胞结构。单细胞生物只有一个细胞，堪称世界上除病毒以外最简单的生物。

此外，面对外界刺激，能及时做出反应也是生物的又一显著特征。你可别以为只有动物具备应激性，植物也“不甘示弱”，它们也练就了这样的本领。如轻轻一碰含羞草，它们就“害羞”地将叶子合上了；此外，睡莲的花、花生的叶子也会在晚上闭合……

看不见的"链子"摸不着的"网"：生态系统大家庭

庞大的生物王国有各种各样的生物，这些生物组成的“大家庭”就叫生物圈。要说生物圈，它可是地球上所有的生物与其环境的总和呢！因此，生物圈是地球上最大的生态系统，也是最大的生命系统。同时，生物圈还是一个虽然封闭但可以自我调控的系统。在广袤（mào）的宇宙中，地球是已知唯一有生物存在的星球，如今的生物圈是从40亿年前生命起源后逐渐演化而来的。

天生一对“小冤家”：生物与环境

蚯蚓生活在黑暗的土地里，鸟儿在湛蓝的天空中飞翔，鱼儿在水里自由游弋（yì）……你一定想知道，这些小“精灵”难道都是被环境决定、支配的吗？

答案是“不”。

生物与环境之间不仅不是支配与被支配的关系，反而是相互影响、相互作用的关系。只有那些能很好地适应环境的生物才能更好地生存，环境能对生物进行选择，生物也能改变原本的生存环境。生物与环境相辅相成，只有二者“和谐相处”，才能保持相对稳定的状态。

你不妨这么理解：在酷热、干燥的沙漠里，只有骆驼、仙人掌等极少数动植物能够生存，这就是生物适应环境；而在淡水水域中，如果蓝藻的数量太多，就会出现水华现象，让这一“领域”本来的环境发生改变，这就是环境被生物影响。

这么说，生物与环境还真是天生的一对“小冤家”呢！

不不不，也不完全如此，它们有时也表现得十分亲昵，谁也离不开谁。在一定空间中，一定时期内生物与环境处于动态平衡的统一整体时，就称为“稳定的生态系统”，这样就很难将它们“分开”了。

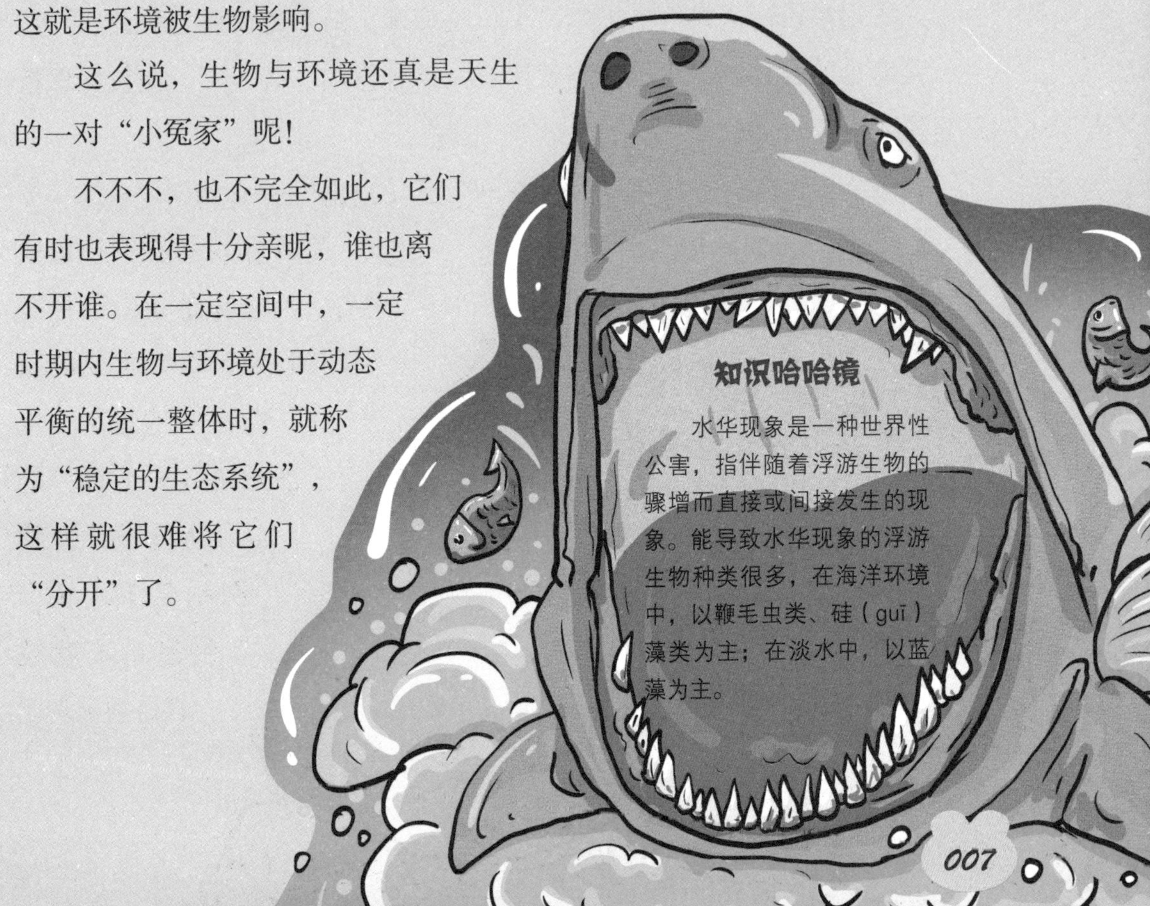

知识哈哈镜

水华现象是一种世界性公害，指伴随着浮游生物的骤增而直接或间接发生的现象。能导致水华现象的浮游生物种类很多，在海洋环境中，以鞭毛虫类、硅（guī）藻类为主；在淡水中，以蓝藻为主。

神奇的“链子”和“超大”的网

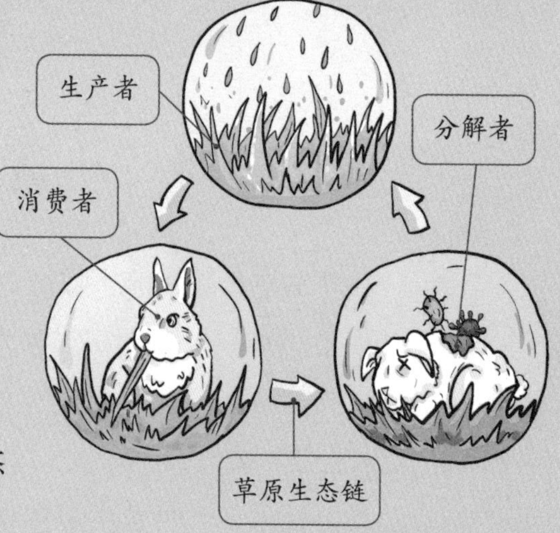

别看生态系统貌似很复杂，但如果将它分为生物部分和非生物部分就显得简洁多啦！生态系统的典型“代表”为：森林生态系统、海洋生态系统、淡水生态系统、草原森林系统、农田生态系统等。

如在森林生态系统中，树木、小草是生产者，以小草为生的小兔子是消费者，小兔子死后细菌担任“分解者”的角色，完成分解“重任”，参与这些环节的是生态系统的生物部分；而非生物部分则包括阳光、空气、水分、土壤等。

不管哪种生态系统，生活其间的生物都有“捕食”关系，它们之间彼此联系，这样的序列叫食物链。

我们常说：“大鱼吃小鱼，小鱼吃虾米，虾米吃泥巴。”其实，这就是简单的食物链，它们之间就像有一条神奇的“链子”，让彼此保持直接或间接的联系。

多个食物链互相交织，便形成一张无形的大网——食物网。

别看食物网看不见也摸不着，但它却是让生态系统保持稳定的极其重要的条件。食物网越复杂，生态系统“抗干扰”的能力就越强；食物网越简单，这个生态系统就越容易被破坏。

我们都有一个“家”：生物圈

生物圈是世界上最大的生态系统，但凡有生命活动的区域，都不能“逃逸”出生物圈。虽然生物圈涵盖了各种生态系统，但它可是一个有机的整体，“神圣”不容“分割”。

你一定很好奇，生物圈的范围究竟有多大呢？

这么说吧，不管是大气圈底部、水圈大部还是岩石圈表面，都是它的“领地”。它不仅是地球特有的圈层，也是我们人类诞生和生存的空间。

各种生物，当然也包括我们，之所以能在生物圈很好地生存，是因为生物圈赋予各种生物以阳光、空气、水、营养物质、温度和一定的生存空间，这些都是生物存活必不可少的“硬件装备”呢！

1875 年，奥地利地质学家休斯第一次提出“生物圈”这一概念。生物圈包括海平面以上约 1 万米至海平面下 1.1 万米处，这就包括大气圈下层、岩石圈上层，以及整个土壤圈和水圈。有趣的是，绝大多数生物生存于陆地以上和海洋表面以下各约 100 米的范围内。有人曾比喻：如果将地球比作一个足球，那么生物圈还没有一张纸厚呢！

奇怪不奇怪：

海洋竟是生命的摇篮

知道了世界上最大的生态系统，那么，各种生物都是从哪里来的呢？据生物学家推测，大约46亿年前，地球诞生后不久，滚烫的岩浆覆盖了地表；到了约40亿年前，岩浆冷却后，地球“摇身一变”有了陆地，水蒸气变为初始大气层和海洋。如果我告诉你，生命一开始是从海洋中诞生的，你是不是会大跌眼镜？

众说纷纭：生命诞生的“保障”

知识哈哈镜

生命的起源是一个极其复杂的过程。米勒实验在模拟地热形成的海水蒸发、雷电、降雨等原始地球环境的装置中，验证了无机物可以通过化学反应生成有机物，如多种组成蛋白质的氨基酸。米勒实验是生命起源研究的一次重大突破。后来，科学家们纷纷效仿米勒的模拟实验，合成了大量与生命有关的有机分子。

生命诞生于海洋的说法是有道理的，原始的海洋中，有很丰富的糖类、氨（ān）基酸等含碳元素的有机化合物。千万别小看这些化合物，它们可是生命诞生的“保障”呢！你一定好奇，原始地球上的有机物又是怎么诞生的呢？

为了找到这一问题的答案，科学家们进行了不懈的探究。

1953 年，美国芝加哥大学的研究生米勒进行了著名的“米勒模拟实验”，验证了原始地球上有机物的诞生方式。实验结果显示：雷电、紫外线、宇宙射线、降雨等因素带来的“超级能量”，可以让大气中的无机物小分子形成有机物小分子。

也有一部分科学家认为，陨石这类小型天体在对地球进行撞击时，携带的外星球有机物是地球有机物的起源；还有人认为，海底热液喷口附近，水的沸点高达好几百摄氏度，以氨基酸为主的许多有机物因此产生……

海洋："外来侵犯"我抵御

有机物随着降雨过程流入海洋后，逐渐累积。很多像糖类、氨基酸等小分子有机物本身具有相互结合的特性，它们一刻也不"闲"着，在海底火山热能的"帮助"下，结合形成碳水化合物、蛋白质等复杂的高分子有机物。

积存在海底的金属化合物用吸附的"手段"，加速了小分子有机化合物的结合。

紫外线、带电粒子等频繁"光临"地表，它们以巨大的破坏力毫不留情地将这些高分子有机物摧毁。不过，只要"躲进"海洋这个"庇（bì）护

所”，就万事大吉啦！海洋将这些高分子有机物“温柔”地包裹起来，很好地抵御了“外来侵犯”。

慢慢地，地球上诞生了生命。

追根溯源说海洋

现在，地球上有100多万种动物、40多万种植物和10多万种微生物，试想一下，如果没有海洋，生命世界又怎么会像现在这样瑰丽多彩呢？

我们知道，地球表面的70%被海洋覆盖，海洋影响着地球上几乎所有类型的生命。古生物学研究发现，40亿年前，地球上的生物就已经在海洋中诞生，它们从原核生物开始慢慢发展到真核生物。之后，在陆生动物的发展进化中，人类才开始出现。

事实上，大海也是我们人类祖先的“家”。地球上的动物林林总总，但绝大多数的动物成员仍生活在浩瀚（hàn）的海洋里。我们人类身上也多少保留着海洋的“印记”。人类的胎（tāi）儿在胚（pēi）胎发育过程中，需要在母亲的羊水里度过约10个月的时间。胚胎在早期发育阶段，还会出现像鱼儿一样的鳃（sāi）裂，这说明人类的远祖极有可能也生活在海水中呢！

如此看来，说“海洋是生命的摇篮”真是恰如其分。

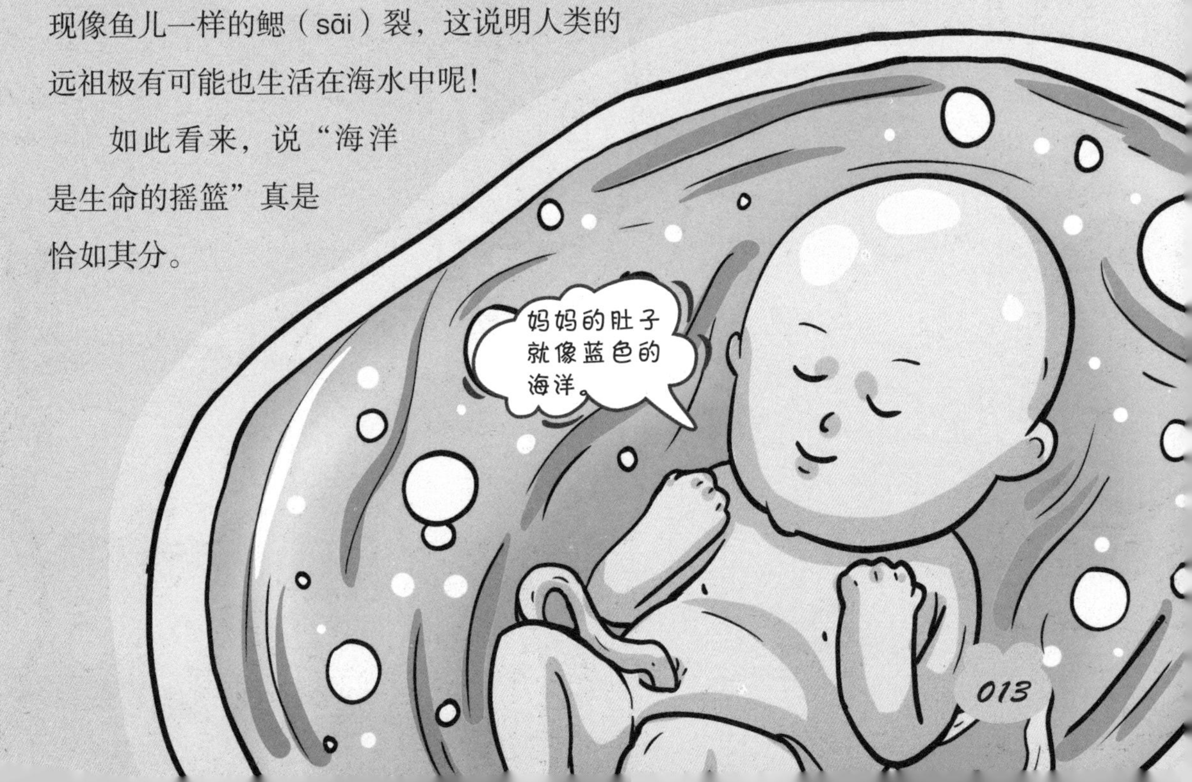

是天使还是魔鬼：氧气的“双面孔”

我们都知道，氧气对于我们真是太重要啦！如果没有氧气，地球将会产生灾难性的变化，生物也将全部灭绝，当然也就没有我们人类了。庆幸的是，植物通过光合作用产生了氧气，因为氧气的存在，动物们才可以生存。对于生物而言，氧气真是天使般的存在呢！不过，事实可不完全是这样……

氧气：天使瞬（shùn）间变恶魔

对于生物而言，氧气必不可少，但对于一些物质来说，氧气“说翻脸就翻脸”，瞬间变成地地道道的小恶魔。

为什么这么说呢？还不都是因为氧气具有极强的氧化性嘛！

对于绝大多数物质，氧气都能与之轻易发生反应。要更好地理解氧气的这种氧化性，你不妨回想一下，铁和氧气“亲密”接触后，是不是就会产生铁锈（氧化铁）呢？

所以，具有氧化性的氧气，对于地球上刚诞生的生命来说，其实是无比致命的有毒气体。在难以生存的有氧环境中，一些生物最终进化成了能巧妙利用氧气的强氧化性的物种，这些物种利用氧气来产生能量，开始了进一步进化。

小读者们，近年来是不是常常可以听到“活性氧”这个说法呢？其实，活性氧就是氧气衍（yǎn）生出的一类活性极强的物质。因为拥有极高的活性，所以活性氧可以对侵入生物体内的病毒等物质进行破坏。同时，它也会给生物自身的组织造成损害。

知识哈哈镜

吸入氧气的过程中，一定有活性氧的产生。活性氧可是我们身体的必需品，它有保护身体的作用。不过，如果吸入量过大，也会给人的身体带来损伤。科学家们经过研究还发现，活性氧是引发身体各种疾病、导致机体老化的“罪魁（kuí）祸首”。

可怕的活性氧

当有机物被摄取殆（dài）尽……

40 亿年前，地球上开始有生命诞生。生命诞生之初的海洋，简直就是“有机物的乐园”。这些最初的生物，一开始以摄入海水中丰富的有机物为养分，但慢慢地，有机物被消耗殆尽，一些生物不得不经常“忍饥挨饿”。为了生存，这些时刻处于饥饿状态的生物就练就了将无机物合成有机物的“本领”。

35 亿年前出现的蓝细菌就有这样的“本事”。它们自身含有叶绿素，通过光合作用可以合成有机物，能很好地自给自足，提供生命活动所需的能量。

随着能进行光合作用的生物越来越多，地球上的氧气也随之增加，于是，地球环境也发生了天翻地覆的变化。

臭氧层：生物从海洋向陆地进发的“分水岭”

大约在20亿年前，海洋中的氧气达到饱和，海洋开始向大气中释放氧气。在紫外线的作用下，释放的氧气形成了臭氧。臭氧一天天累积，最后形成了臭氧层。

起初，因大气中的氧气含量很少，紫外线轻而易举就能到达离地面很近的地方，所以，臭氧层可不像现在这样位于距地面20 ~ 50千米高的平流层，而是在地面附近。

之后，在氧气浓度升高的同时，紫外线能够到达的区域距离地面越来越远，臭氧层随之升高。

4亿年前，平流层中就形成了几乎与现在一样高度的臭氧层。

有了臭氧层这个“天然屏障（zhàng）”，大气中有害的紫外线便与生命“划清界限”，这也预示着，生物从海洋向陆地进发的时机已经成熟。

臭氧层能将大部分紫外线吸收，极大地减少了紫外线对地面的辐（fú）射，从而加快了生物从海洋向陆地进发的进程。约4.5亿年前，从绿藻类进化而成的苔藓、蕨（jué）类植物最先“光临”陆地。

为了适应陆地生活，蕨类植物进化出维管束，它们就像管道一般四通八达，源源不断地为植物各个部位输送水和矿物质等各种营养物质。

在蕨类植物繁衍生息的过程中，荒芜的陆地终于“穿上绿衣”。

生物界的“重磅炸弹”：寒武纪生命大爆发

从约5.42亿年前至5.3亿年前，生物种类开始呈现令人吃惊的“爆发式”增长，古生物学家们称这一段时间为“寒武纪生命大爆发”。这简直太匪夷（fěi yí）所思啦！因为，原本只有几十种简简单单的生物，在这一时期居然增加了1万多种，这无异于生物界的一颗“重磅（bàng）炸弹”。到底是什么原因导致的这一现象呢？

三叶虫：有眼生物的诞生

在距今 5.42 亿年前—4.85 亿年前的寒武纪这 2000 多万年的时间里，地球上突然出现了各种各样的动物，它们好像约定好的一样迅速起源，立即出现。比如，节肢（zhī）、腕足、蠕（rú）形动物，以及海绵、脊（jǐ）索动物等，它们的形态和我们现在所见到的这些动物形态大致相同。

寒武纪生命大爆发至今仍被国际学术界列为“十大科学难题”之一。达尔文生物进化论认为：生物的进化是循（xún）序渐进的，经历了从水生到陆生、从简单到复杂、从低级到高级的漫长演变过程，但寒武纪生命大爆发似乎将这一理论彻底颠覆（diān fù）。

为了找到导致寒武纪生命大爆发的原因，各国科学家一直在努力探寻和研究。其中一种较为有力的学说认为，有眼生物的诞生是导致这一事件的根本原因。

以当时的捕食条件来说，生物有没有眼睛对它们的生存至关重要，眼睛的好坏甚至能对生物的生死起决定作用。在残酷又激烈的生存竞争中，各种生物为了更好地生存，便进化出功能各异的眼睛。于是，有眼生物——三叶虫诞生了。

三叶虫堪称寒武纪时期远古动物的“最佳代言人”，从开始出现到最后灭绝，它们在地球上的生存时间长达 3.2 亿多年。在时间的长河中，它们为了在不同的环境中生存，演化出繁多的种类，有的长达 70 厘米，有的只有短得可怜的 2 毫米。

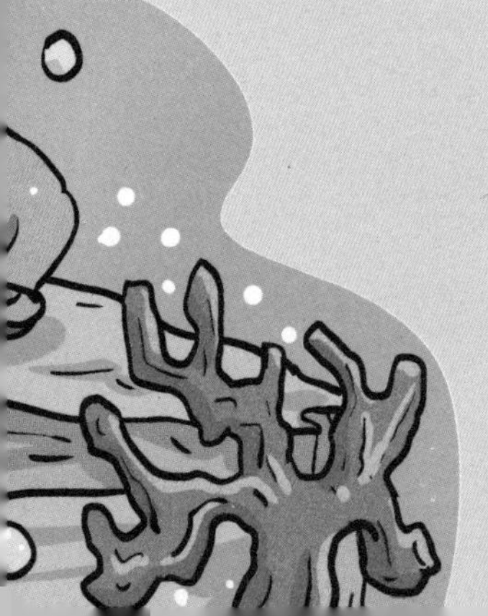

雪球地球时期的终结：促进生物多样性

有人认为，雪球地球时期及其终结的相关性是导致寒武纪生命大爆发的原因。

约8亿—6亿年前，地表被厚厚的冰雪覆盖，那些21亿年前诞生的多细胞生物，在这一段漫长的冰河时期，只能生活在海底热源周围。虽然生存范围极其有限，但生命得到了保障，总算活了下来。

地理隔离大大促进了生物的多样性发展。在多种多样的生物物种中，一些生物进化出有利于捕食的胚孔构造，这让生物间的生存竞争变得更加激烈。

这一时期，部分物种存活下来，并进化成新的物种。雪球地球具有开放水域，这就成了一些生物的“避难所”，又或者在一些冰层裂缝中也有生物存活，如南极冰层下面就有生命存在。如此一来，地球生命便在冰缝中得以延续。

之后，随着地球一天天变暖，雪球地球时期终结，冰川消退，海平面上升，海域分布面积扩大，为生物的爆发提供了“温床”，因此促成寒武纪生命大爆发。

知识哈哈镜

“雪球地球”是地质学上的一个名词，指地球表面从两极到赤道全部结成冰，地球被冰雪覆盖，变成一个大雪球。

地球有两次著名的冰期：一次发生在大约100万年前；另一次发生于大约2.1万年前。但这两次冰期，都远不及距今约8亿—6亿年之前的全球性冰期残酷。这次冰期使得整个地球被冻成一个大雪球，导致无数生物灭绝。

美好而短暂：轰轰烈烈归于平静

波澜（lán）壮阔的寒武纪生命大爆发是一段波涛暗涌的神秘时代，它短暂而又美好。在地球进程的这一小段时间里，它几乎诞生了现在所有动物门类的祖先，把寒武纪之前寂静的海洋变成了熙熙攘攘（xī xī rǎng rǎng）的“动物乐园”，使海洋生态系统初具模型。

当一些软体动物还在海底游弋时，地球的初代霸主——奇虾一跃成为顶级掠食者。它们“弯道超车”的本领极其出色，直接从厘米级的生物演变成 1 米长的巨兽，最长可达 2 米。它们有一对带柄的大眼球，一对可以捕捉猎物的巨型前肢，两侧还有适合游泳的桨状附肢，这样的“装备”让它们可以快速移动。对于当时很多连眼睛、游泳能力都不具备的生物来说，它们是致命的杀手。于是，以三叶虫为代表的生物纷纷进化出硬壳来防御。

除了奇虾，这一时期还有许多其他稀奇古怪的生物诞生，众多的生物在海洋中上演了一场气势磅礴（páng bó）的大戏。千万别简单地以为，寒武纪生命大爆发只是导致生物种类增多哦，它对动物体形、器官以及体内系统等许多方面的影响也都是极其重要的。

然而，就在轰轰烈烈的生命大爆发的 5000 万年之后，地球又迎来了奥陶纪（约 4.8 亿—4.4 亿年前）生物大灭绝，很多物种都消失在这一时期。但生命进化的故事仍在继续……

前进！前进！

两栖动物的进化和哺乳动物的诞生

约4亿年前，即比植物出现的时间稍晚一些，昆虫也开始登上陆地。昆虫因身上有用于呼吸的孔洞，很快就适应了陆地上的生活。你知道吗？脊椎（zhuī）动物的登陆，居然是以淡水鱼类的进化为开端呢！这是为什么呢？难道淡水鱼类和脊椎动物之间有什么渊（yuān）源吗？

爬行更轻松：两栖动物“光临”陆地

当时，河川、湖泊等地方的水比海洋的水浅得多，不过，里面各种各样的障碍（ài）物也比海洋中多得多。如此一来，相比在水中游动，爬行这一行走方式就显得“轻松省力”啦！

不过，要爬行也不是那么简单，这就要求淡水鱼类的鳍（qí）必须像“脚”那般发达有力。做到这一点还仅仅是迈出了很小的一步，与此同时，不管是淡水鱼类的皮肤，还是它们的呼吸方式，都要为适应陆地生活而“改变”，这就是进化。

约 3.5 亿年前，经过一系列进化而诞生的两栖动物，终于“光临”陆地。不过，两栖动物虽然可以爬上陆地，但是它们有一个致命的弱点：在远离水源的区域无法生存。

由鱼类进化而来的两栖动物是脊椎动物从水栖到陆栖的过渡物种。在长期的物种进化过程中，两栖动物既拥有在陆地上活动的本领，又能生活在水中。

如果与动物界中其他种类的动物相比，地球上现存的两栖动物物种是极少的，正式确认的种类只有 7000 多种。

受精卵（luǎn）的“保护伞”：羊膜（mó）

我们已经知道，无法远离水源是两栖动物的致命弱点，一旦距离水源较远，则意味着它们无法生存。那如果有能力从水源附近离开，是不是就可以更加无拘（jū）无束，自由自在地捕食以及生存呢？

因此，羊膜动物出现啦！

羊膜动物就是胚胎由羊膜包裹的动物，比如，爬行纲、鸟纲和哺乳纲的动物。羊水可以将胎儿与干燥的环境很好地分隔开，胎儿的发育便可以离开水源了。

羊膜就像“保护伞”一样，让受精卵得到“卵壳”的保护。因此，羊膜动物的胚胎在“壳”中就能成长到近似成体的外形，之后，它们在陆地上就可以将带“卵壳”的“卵”进行“孵化”。

这可真是太方便啦！

慢慢地，羊膜动物便分为两个演化支：一支为蜥形纲，其分支进化为爬行动物；一支为合弓纲，其分支进化为哺乳动物。

绝无仅有的特例：活化石鸭嘴兽

如果问你这样一个谜语：“尾扁嘴扁脑半球，无牙可爬亦可游”。你知道谜底是什么吗？

谜底就是——鸭嘴兽。鸭嘴兽的嘴巴和脚像极了鸭子，但身体和尾部则像海狸。怪模怪样、呆萌十足的鸭嘴兽是最原始、最低等的哺乳动

物之一，被称为“自然界的活化石”。

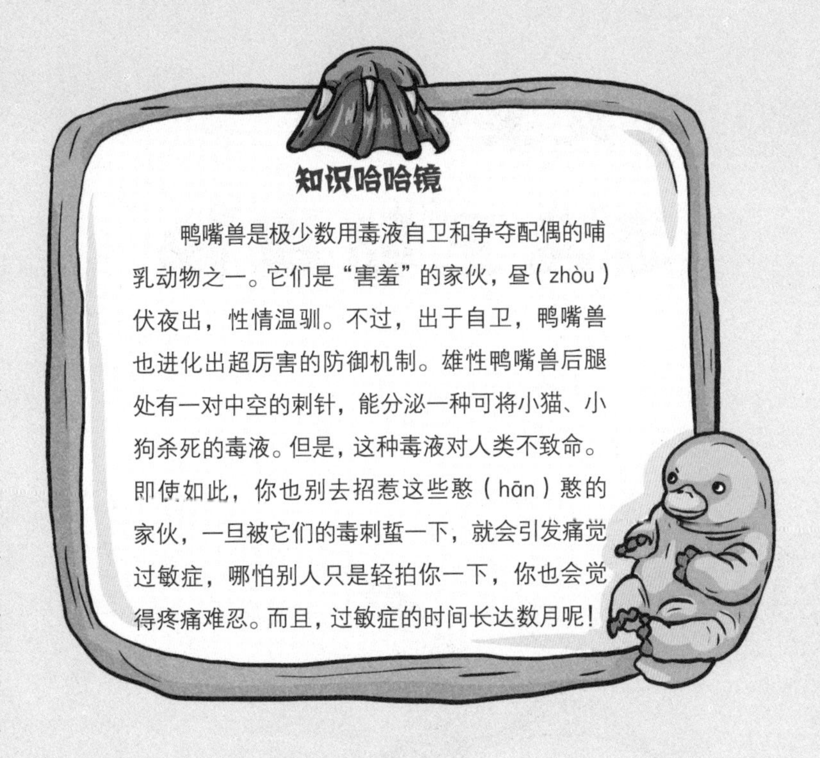

你一定想不到，鸭嘴兽还是澳大利亚的象征性动物，经常被作为全国性活动的吉祥物呢！

顾名思义，哺乳动物用母乳来哺育幼崽。不过，鸭嘴兽不同。虽然它们也是哺乳喂养，但却是卵生动物。鸭嘴兽妈妈没有乳头，鸭嘴兽宝宝通过舔舐（tiǎn shì）从鸭嘴兽妈妈腹部渗出的乳汁进食。这一特性，可是哺乳动物中绝无仅有的呢！

鸭嘴兽和爬行类动物一起从两栖动物中进化出来，这一进化过程也恰好是哺乳动物进化历程的体现。

这之后，统治整个地球长达 1.6 亿年之久的庞大生物种群——恐龙出现了。为了避免成为恐龙的“盘中餐”，像老鼠一般大小的哺乳动物只好选择在夜间活动。直到恐龙灭绝后，哺乳动物才“扬眉吐气”，一跃成为“陆地主角”。

恐龙来啦！

恐龙王朝探秘

小读者们看过好莱坞（lái wù）大片《侏（zhū）罗纪公园》吗？这部影片讲的就是恐龙这一物种。奇怪，它们为什么叫恐龙呢？原来，英国古生物学家查理·欧文本来给这个“大个子”起名为“恐怖的蜥蜴”，但后来在翻译的过程中就逐渐变成“恐龙”了。

别看种类多，祖先就一个

恐龙属于爬行动物，和鳄鱼、蜥蜴一样，它们也是卵生动物，全身有鳞（lín）状、隔水的表皮。一般来说，爬行动物的四肢都是从身体两侧长出来的，但恐龙偏偏不按“常理出牌”，它们的四肢可是从身体下方将身体支撑起来的呢！

这也是为什么，恐龙的四肢比其他爬行动物强壮有力得多。

有关恐龙的起源，古生物学家起初认为，不管陆生恐龙还是水生恐龙，它们都是从各自的祖先逐渐进化而来。不过，后来经过古生物学家对大量恐龙化石的研究发现，所有恐龙其实都源于共同的祖先。

在自然法则的限制下，恐龙们为了更快更好地适应环境，不得不进行残酷激烈的进化竞赛。小型植食性恐龙受“矮小身材”的限制，为了吃到高处的树叶，逐渐学会了用后肢站立；肉食性恐龙为了更好地猎取食物，只好“全副武装”，进化出锋利的牙齿和像匕首一般尖利的爪子；有的恐龙为了吸引异性，更好地繁衍后代，学会了“打扮”，让犄（jī）角和盔（kuī）甲进化得越来越漂亮……

如此一来，恐龙王国便在自然选择下变得多姿多彩。

突然出现的“强盗”：始盗龙

三叠纪时期的动物和植物与我们现在见到的大不相同。那时是爬行动物的舞台，地球上也没有有花植物。就在这时，恐龙出现啦！

始盗龙是目前国际公认的最古老的恐龙。它们体长1米左右，大小和我们现在见到的大型狗差不多。它们是趾（zhǐ）行动物，身体靠后肢支撑。前肢大约为后肢长度的一半，每肢各有5趾，

最长的 3 根趾都有爪，用来辅助捕捉猎物。

最匪夷所思的是，始盗龙的一些前牙呈树叶状，这可是植食性恐龙才具备的特征呢！可它们的后牙长得像带槽的牛排刀一样，这又和肉食性恐龙的特征相似。因此，古生物学家们推断，始盗龙是杂食性动物，不管植物，还是动物，都是它们的菜！

别看始盗龙身材“娇小”，它们却能像“短跑冠军”猎豹一样快速短跑。一旦捕捉到猎物，它们就果断地用趾爪及牙齿将猎物撕成碎片。

与其他生物相比，始盗龙的优势可是显而易见的。古老原始的始盗龙就像突然出现的强盗，堪称“小动物杀手”，就连它们英文名字的含义都是“黎明的掠夺者”。

真是让人不寒而栗（lì）！

“谁说‘大汉’不灵活”：哥斯拉龙

古生物学家们推测，体长 6 米的哥斯拉龙是三叠纪时期当之无愧的肉食性恐龙“最佳代言人”。与植食性恐龙相比，哥斯拉龙的身材略显“娇小”，但在肉食性恐龙里，它们可是名副其实的“大汉”啦！

小读者一定会想：个子高大难免不灵活。但是哥斯拉龙的表现，会彻底颠覆你的认知：转身、倒退、前进、急停、奔跑……整套动作如行云流水，一气呵成。

谁还敢说个儿大就一定不灵活呢？

此外，拥有尖锐牙齿和锋利爪子的哥斯拉龙还具备极强的生存能力，即使几天不进食，也依然精神抖擞（sǒu）。它们凶残成性，遇到猎物绝不“手软”。拥有如此多的“硬件装备”，难怪它们能在肉食性恐龙激烈的争斗中脱颖而出啦！

毋庸（wú yōng）置疑，哥斯拉龙绝对是这一时期的“陆地霸主”。

“吃素”的“大汉”：板龙

事实上，恐龙并不是一开始就是庞然大物，相反，最初的恐龙十分弱小。直到三叠纪末期，才出现了体形巨大的恐龙。

古生物学家们通过化石研究得出结论：板龙，是生活在地球上最早、最大的植食性恐龙。

板龙身高约 3 米，体长 6 ~ 10 米，体重 5 吨左右。它们骨架结实，直立行走，两条后腿像柱子一般粗壮。

板龙作为地球上第一种巨大恐龙，幸亏只吃“素”，不然，还有别的恐龙什么事儿呢？板龙的脖子和躯干部分差不多等长，树叶状的小牙齿有利于它们撕咬植物，像鸟儿一样的嗉囊（sù náng）能帮助它们消化，这也很好地证明，它们奉行“素食主义”。

三叠纪时期动植物种类极少，板龙几乎没有天敌，这让它们成了当时地球上最庞大的动物。

呀！要是这些“大块头”来到我们现代，恐怕一辆辆轿车会像积木一样成为它们的小玩具吧！

比比谁有理：用进废退论 PK 自然选择学说

当支配地球陆地生态系统超过 1.6 亿年之久的恐龙灭绝后，恐龙的后代——鸟类却存活下来，并繁衍至今。生物界的“霸主”恐龙突然灭绝的原因，一直是个未解之谜。2 亿年前的中生代，爬行动物数不胜数，因此这一时代被称为“爬行动物时代”。为了适应生存环境，它们不断分化，形成不同种类的爬行动物，有的进化成现在的鳄类，有的进化成了现在的龟类、蛇类和蜥蜴类，还有一类则演变成今天遍布世界各个角落的哺乳动物。

蛇的脚丫哪去啦：用进废退论

1 亿多年前，蜥蜴的一个分支进化成蛇这一物种。聪明的小读者一定会问：蜥蜴可是有脚的呀，那么蛇为什么没有脚呢？究竟是什么原因让蛇的脚消失了呢？

蛇的确没有脚，不然，就不会有成语“画蛇添足”来形容做事多此一举啦！

从 18 世纪开始，就生物的进化问题，生物学家们公说公有理，婆说婆有理，形成了各种学说。

其中，比较有说服力的是法国生物学家拉马克提出的学说。他的学说有两个主要法则：用进废退和获得性状的遗传。

他认为：为了更好地适应生存环境，生物经常使用的器官会越来越发达；相反，不经常使用的器官会慢慢退化；同时，各生物在生存过程中发生的变化会遗传给后代。

比如，当一部分蜥蜴开始在软软的沙地里、树林的落叶下生活，在这样的生存环境中，蜷（quán）曲身体前进的方式显然比用脚前进要方便得多。久而久之，这部分蜥蜴的脚就慢慢退化，这一性状也遗传给了后代——蛇。

长颈鹿也是这样，它们的祖先为了吃到高处的树叶，只好拼命将脖子伸长，久而久之，它们的脖子越来越长。

“笑”到最后的真相：自然选择学说

虽然拉马克的学说听起来很有道理，但这个学说有一个致命的缺陷：虽然身体改变了，可基因并没有变化啊！生物受环境影响而出现的新性状，仅限于个体本身，是不能遗传给后代的。

于是，英国生物学家达尔文提出“自然选择学说”。他认为，物种偶然发生的变异会在自然环境等条件的筛（shāi）选后，最终成为进化的方向。

以蛇为例。在激烈竞争中，因偶然变异，蜥蜴种群中出现了一种没有脚的蜥蜴。没有脚意味着捕猎时可以悄无声息地靠近猎物，这样的优势使它们比其他蜥蜴更易生存。就这样，没有脚的蜥蜴慢慢进化成了蛇。

长颈鹿也是如此。因偶然变异，长颈鹿祖先中出现了长脖子长颈鹿和短脖子长颈鹿。“笑”到最后的当然是长脖子长颈鹿，它们能吃到更高处的树叶，所以能更好地生存。长脖子长颈鹿的基因遗传给后代，脖子越来越高；短脖子长颈鹿因食物不足而死亡，基因不再遗传，直至消失。

这些例子都是对达尔文“自然选择学说”的完美印证。

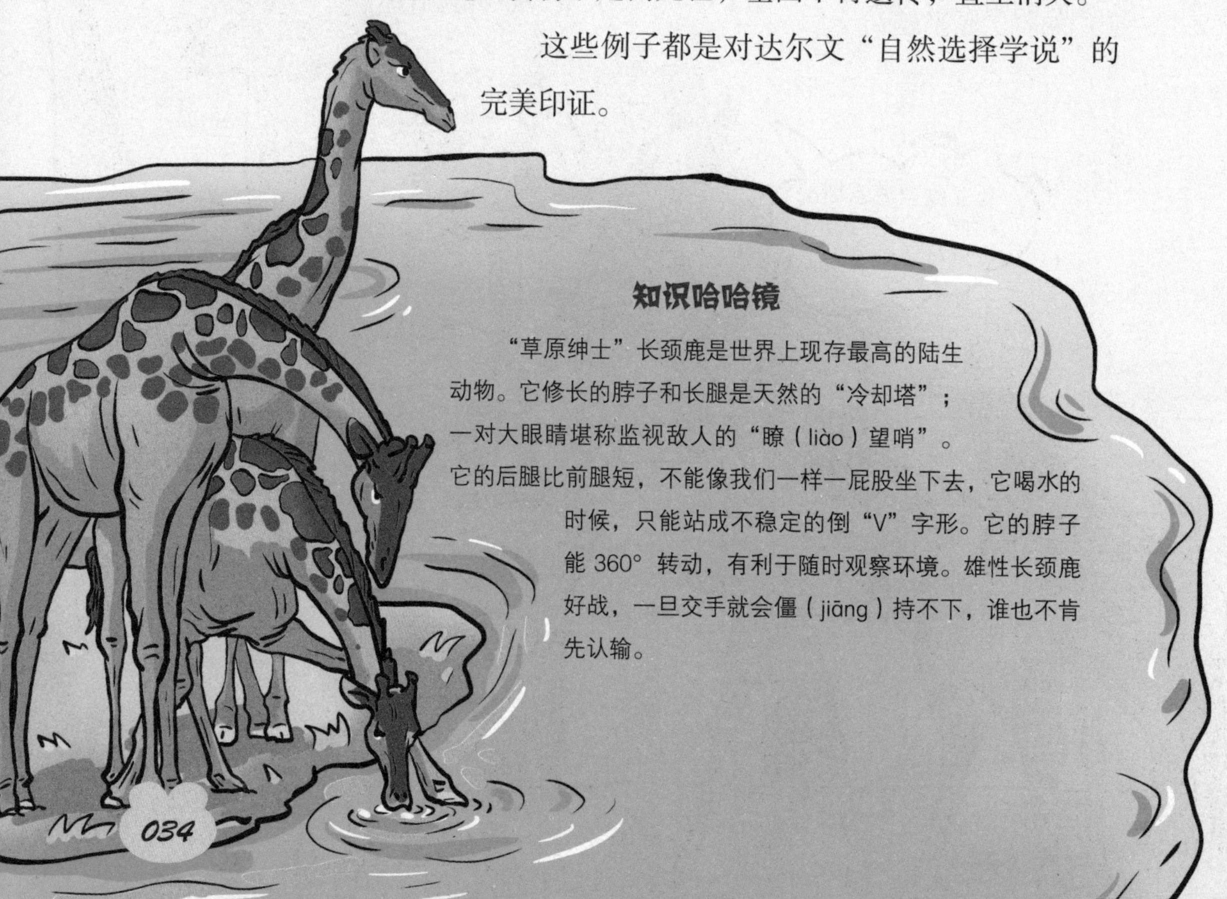

知识哈哈镜

“草原绅士”长颈鹿是世界上现存最高的陆生动物。它修长的脖子和长腿是天然的“冷却塔”；一对大眼睛堪称监视敌人的“瞭（liào）望哨”。它的后腿比前腿短，不能像我们一样一屁股坐下去，它喝水的时候，只能站成不稳定的倒“V”字形。它的脖子能 360° 转动，有利于随时观察环境。雄性长颈鹿好战，一旦交手就会僵（jiāng）持不下，谁也不肯先认输。

体毛也“麻烦”：逐渐退化的体毛

亲爱的小读者，你知道吗？毛发也是哺乳动物的一大特征，其主要作用为保护体表和维持体温。

你一定不同意这种说法，对不对？因为水生生物鲸（jīng）鱼为减小游泳时的阻力就没有体毛；犀（xī）牛、大象等生物为避免身体温度过高，体毛也很少呀！

的确是这样。

就连我们人类也是哺乳动物，可体毛并不多呀！这是为什么呢？对这一问题，达尔文这么解释：人类体毛退化，是进化过程中为迎合异性喜好导致的。体毛更稀疏的男女繁殖率更高，所以，人类的体毛才逐渐变得稀疏。

不过，现在有一种更具说服力的学说认为：在人属出现之前，人类的祖先南方古猿是有体毛的，但随着活动范围不断扩大，会导致体温上升的体毛就成了“麻烦”。对逐渐增大的大脑而言，体温上升可不是什么好事儿！所以，在人属出现之初体毛就已经很少了。体毛很少意味着不能通过竖起体毛表达愤怒等情绪，慢慢地，作为沟通手段，人类丰富的表情和手势就得到了极大发展。

在神话故事中，
由我开辟天地，
女娲创造人类。

适者生存：
古猿人的进化

前面我们说到人类体毛，聪明的小读者脑海里一定会有这样的疑问：我们人类究竟起源于何时，又是从什么物种进化而来的呢？关于这一问题的答案，不同地方的人有着不同的说法。这就有意思啦！

稀奇，真稀奇：生命起源的别样诠释

古希腊神话中，天神从地球内部取出火和土之后，便让神灵普罗米修斯和厄毗米修斯带着它们创造出人类和其他动物；新西兰神话中，天神的鲜血和红土混合而成后，便有了人类；北美印第安人的解释更“离奇”，神灵在创造万物后，又在暗红色的土里加水进行混合，做成一男一女两个人，他们就是我们人类的“鼻祖”。

相比这些传说，我们中国神话就“浪漫美丽”得多啦！

大英雄盘古开天辟地之后，虽然天上有了日月星辰，大地上有了山川草木、鸟兽虫鱼，但整个世界仍然死

气沉沉。这时，神通广大的女神女娲觉得应该制造出像她一样的生物，让世界更有生机。

于是，她找来泥土和水，照着自己的模样捏（niē）出一个个小东西。当她朝着这些小东西吹口气后，这些小东西便“活”了过来，他们能说会道，可以直立行走。女娲很开心，便以“人”称呼他们。为了他们能繁衍生息，女娲又让男女婚配，慢慢有了后来鼎盛的华夏民族。

直立行走：“第一个吃螃蟹”的古猿

神话传说不足为信，生命的本源对科学家们而言始终保持着神秘性。不过，科学并不会因无法被证明就裹足不前。

1859年，英国生物学家达尔文在《物种起源》这部巨著中提出：生物的基本变化规律为从低级到高级，从简单到复杂。之后，他又在《人类的起源》这部著作中提出：人类是由古猿进化而来的。

在人类漫长的进化史中，古猿扮演的角色可是至关重要的呢！

古猿是在树上生活的生物，它们的“食谱”

基本是水果、树叶或昆虫等。后来，由于群体成员增多或天气变化等因素，树上的食物越来越填不饱它们的肚子。这时，敢于“第一个吃螃蟹”的古猿从树上跳到地面，尝试在地面上寻找食物。双脚接触地面，标志着古猿迈出了向人类进化的一大步。

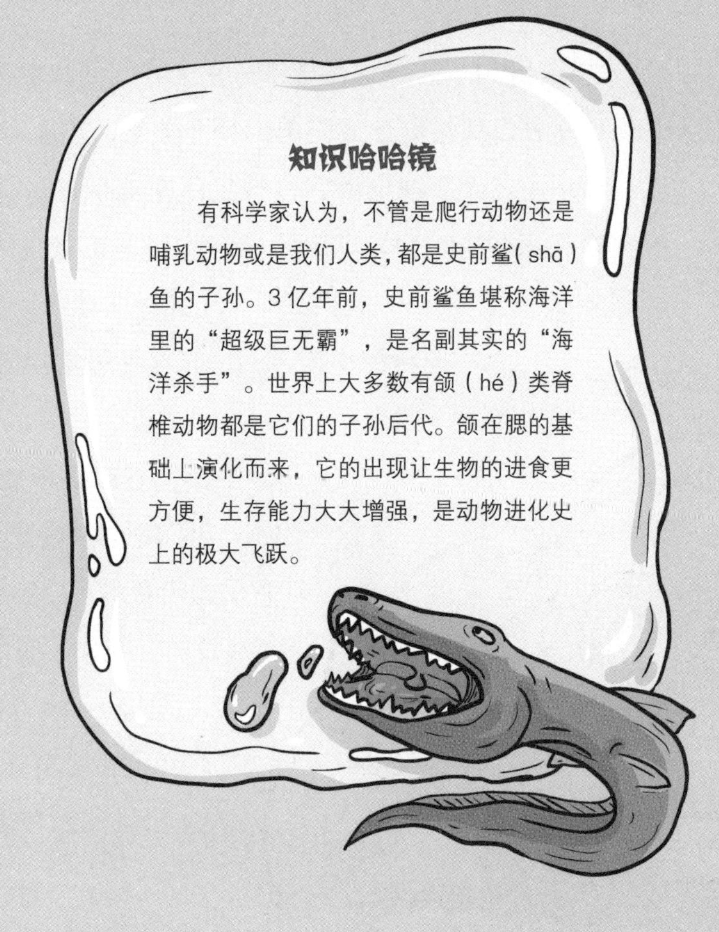

随后，更多的古猿来到地面，他们中间的一些古猿逐渐学会了直立行走。后来随着工具的发明、火的使用、动物的圈养……古猿最终进化成了人类。

在时间的长河中，古猿中猿的印记逐渐淡化，人类的印记越来越明显。

我们也要有“圈子”：南方古猿

在距今约300万—200万年前的非洲大地上，生活着人类进化史上最重要的角色——南方古猿。身高1.4米左右的南方古猿已经会使用简单工具，雌性体重小于雄性，它们的脑容量只相当于我们现代人的1/3，让人不得不感叹：真是小得可怜啊！

进化过程中，南方古猿逐渐分化为纤细型和粗壮型两种古猿。其中，粗壮型南方古猿逐渐形成简单的社会关系，还能对树枝、石块等东西加以简单利用。而纤细型南方古猿生活在热带地区，野果、块茎（jīng）等食物可不是随时都能享用的，因此，经常饥肠辘（lù）辘的它们只好“另辟蹊（xī）径”——以在“战斗”中死掉的动物为食。

聪明的小读者一定有这种感觉：怎么有点“守株待兔”的味道呢？

当然，它们也不能天天好运，只好主动出击。可问题又来啦！在危机四伏的森林中，它们也可能是别人的猎物啊！因此，“轮流放哨”就成了很好的办法。

于是，南方古猿的“圈子”——简单的社会群体就拉开了历史帷幕。

头脑“灵光”，肚子饱饱：能人

为了防止成为别人的猎物，以及更好地满足口腹之欲，南方古猿的“圈子”成员开始使用有刺、有棱角的物品。

不过，这些天然工具少之又少，为了更好地生存下去，一些头脑更“灵光”的古猿进化体——能人脱颖而出。

能人可以利用天然材料制造工具，工具的出现让他们的生产力突飞猛进，食物的猎取速度也因此加快，真是“头脑灵光，肚子饱饱”。

肚子填饱，繁衍后代就都不是事儿啦！

饶有趣味的是，高智商的能人和智商较低的南方古猿居然可以和平相处，丝毫没有打斗的迹象。按理来说，那时食物稀少，为了生存难免打得头破血流啊！

对此，生物学家们推测，能人会制造工具，他们将工具分给只会使用但不会制造工具的南方古猿，可以让团队战斗力大大增强。

既然不存在利益冲突，就不会出现互相争斗的情况。

在不断尝试中前进：直立人与火

尽管能人头脑灵光，但在古生物学家眼中，他们也仅仅是人类进化史上的一块跳板。为什么这么说呢？当然，这还要从他们的食物和生存能力等方面说起啦！

从“尖嘴猴腮”到初具人形：直立人

能人在漫长的演变过程中，逐渐进化出了具有种种人类特征的直立人。较之能人，直立人有更高明的生存本领，即使在地球变幻莫测的气候环境中也能很好地生存下来。

自直立人出现，人类进化史开始向前飞速发展。这一时期的

直立人已经不满足于“菜多肉少”，从他们逐渐变小的牙齿和下颌骨来看，他们已经以肉食为主啦!

如果说古猿“尖嘴猴腮”，那么，直立人已经初具人形。他们除了身体增高到 1.6 米左右，更重要的是脑容量也大大增加，这意味着他们更有智慧，而且还尝试用声音进行交流。

相比能人头脑灵光，是因为他们能自主地制造一些简单的工具。在制造工具方面，直立人明显技高一筹，他们懂得用打磨这种方法让简单的工具变得更加锋利，使用起来更得心应手。

拥有经过加工后的武器，意味着直立人在与野兽的斗争中多了几分胜算。他们还可以用语言进行沟通，也让整个群体的力量突飞猛进。

这种进化的回报是丰厚的：直立人因此肉食品种增多，数量增加，他们的寿命也大大延长。

一团火焰改变人类历史

此后，在极其漫长的演变过程中，直立人就这样过着茹（rú）毛饮血的日子。平凡的日子少不了电闪雷鸣，直到

天雷引发地火，一道雷电偶然间将大树引燃，大火在树上熊熊燃烧。这时的直立人觉得：火是从天而降的神物，神圣不可侵犯。火一旦靠近，不仅能灼烧身体，还能将万物摧毁，化为灰烬。

慢慢地，他们尝试着一点点接近火，试着与火相处，并逐渐学会如何利用火：当雷击导致起火时，他们借此引燃一堆火，围着火烤肉、取暖。

一旦火堆熄灭，他们的世界就重新归于黑暗，他们又只好回到没有火的日子。

就这样，靠天取火的日子持续了五六十万年。

不过，在吃过被火烤熟的美味无比的动物肉之后，直立人再也不愿吃生肉啦！那么，没有火种怎么办呢？他们开始在火堆即将熄灭之时，试着用各种办法收集火种，在不断试错中，火种终于保存下来。

猎物充足，又有火种，直立人将人类历史推进到了旧石器时代。

走四方，路迢（tiáo）迢：被迫迁徙的直立人

当人类历史进入旧石器时代初期，直立人的队伍一天天壮大。不过没关系，有充足的食物做保证，壮大的队伍还让各种生产取得了极为快速的发展。

直立人就这样在这个“大圈子”里和和美美地生活在一起。

时间的车轮一天天向前，地球进入冰河时期，地球上大片土地都被厚厚的冰层覆盖，异常寒冷的气候导致海洋大部分也被冰雪覆盖。海平面大大降低。

面对如此恶劣残酷的气候，热带地区在骤（zhòu）降的气温面前也“毫无脾气”，面积不断缩小，原本被森林覆盖的非洲变成了草原，生活在森林里的直立人被迫迁徙。

经考古研究证明：一部分直立人迁徙到欧亚地区，并在这片区域形成爪哇猿人、海德堡人等；另一部分来到西班牙的直立人则在艰难的长途跋涉后，成了最早的欧洲人。

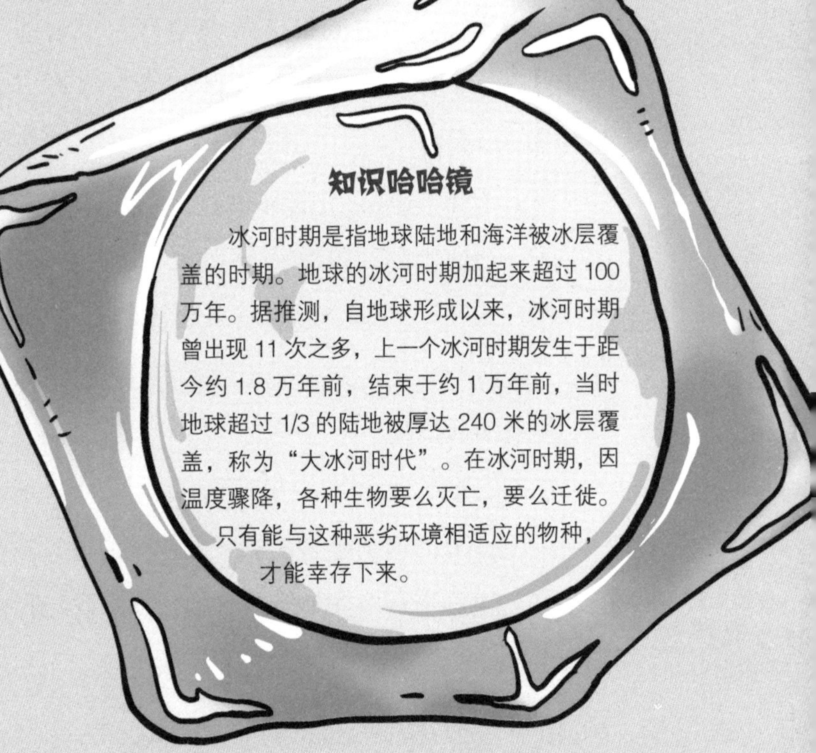

知识哈哈镜

冰河时期是指地球陆地和海洋被冰层覆盖的时期。地球的冰河时期加起来超过 100 万年。据推测，自地球形成以来，冰河时期曾出现 11 次之多，上一个冰河时期发生于距今约 1.8 万年前，结束于约 1 万年前，当时地球超过 1/3 的陆地被厚达 240 米的冰层覆盖，称为“大冰河时代”。在冰河时期，因温度骤降，各种生物要么灭亡，要么迁徙。只有能与这种恶劣环境相适应的物种，才能幸存下来。

智商还是我们高：智人

人类进化的脚步始终不曾停止，经过演变，直立人中的一部分又进化成了智人。你可能又会问：智人，是拥有更高智慧、更聪明的人的意思吗？事实就是这样，进化后的直立人之所以不叫“超人”或是“巨人”，而叫“智人”，就是因为他们智商高。

是福音也是武器：智力

应该说，物种之间谁的智商更高，谁就能更好地生存下来。不过，智力也是一柄双刃剑，利用得好就能对人类有利，利用得不好就会导致灾难性的后果。

直立人第一次走出非洲后，经过上百万年漫长的演化，到约 60 万年前，在欧洲演化成为海德堡人。之后，海德堡人又演化出尼安德特人。同时，一部分智商越来越高的直立人不断繁衍生息，还创造出“莫斯特文化”这一属于自己的文明。

智人因此出现。

在尼安德特人演变成早期智人，同时，非洲智人也已经发展了许多万年。后来，越来越多的智人从非洲扩张到欧洲尼安德特人的所在之地，随着生存竞争越来越激烈，以及文化的不同造成的矛盾激化，最原始的战争爆发了！

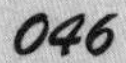

早期智人在晚期智人更高智商和更先进的武器面前，纷纷败下阵来。而小冰期的出现又导致生存环境大为恶化，早期智人最终被发展的洪流淹没。

地球的主角，人类的祖先：晚期智人

早期智人的消亡，标志着晚期智人时代的来临。

大约 3 万年前，来自非洲一部分的智人到了西欧其他地区。据考证，他们就是克罗马农人。克罗马农人的文化十分发达，遥遥领先于其他人群。

克罗马农人在吃饱喝足之余，开始有精力研究一些新鲜事儿，于是，留下了如今依稀可辨的拉斯考克斯岩洞和肖威岩洞上美丽的壁画。

更重要的是，生产力的提高让他们又创造出了“奥瑞纳文化”这样一种独特的文明体系。

奥瑞纳文化距今4万—2.9万年，是欧洲旧石器时代晚期的一种石器工艺与艺术文化，最明显的特点是石器的多样性和专用性。他们以兽骨和鹿角为原料，用磨光、劈裂和锯断等办法，制作骨针和骨锥（zhuī）。形状各异的雕刻用具也被发明出来，使得这一时期的艺术品种类繁多。

这一时期的艺术品代表，是后来在西欧发现的一些刻有简单动物形象的小石头。后来，他们又学会了在骨片和象牙上雕刻动物形象。

从简单粗劣的尝试之作，到成熟的艺术风格，奥瑞纳时期的艺术代表着人类艺术史上的第一个完美阶段。

洞穴年代的万灵之长

随着智商的不断提高，晚期智人打制的石器种类更繁多，也更精细，开始出现一些复杂的工具。他们不但能很好地对天然火加以利用，而且还懂得人工生火。大部分人开始用兽皮做衣服避寒，也会将死去的人进行掩埋。

在距今5万—1万年间，世界上不同地区人类的祖先陆续诞生。智人开始人工取火，从此，人类和其他动物彻底“划清界限”。接着，母系氏族开始出现，白种人、黄种人、棕种人和黑种人也是在这一时期孕育的。

出现于旧石器时代晚期的母系氏族是建立在母系血缘关系基础上的一种社会组织，母系氏族是按母系计算世系血统和继承财产。母系氏族制前期，人类体质上的原始性消失不见，被称为“新人”。

在中国，北京周口店龙骨山发现的山顶洞人，也是母系氏族时期的人类。山顶洞人只能将山洞作为自己居住的“房子”，因为他们还没有建造房屋的能力，这一时期因此也叫“洞穴年代”。

不过，令人欣喜的是，这时的人类开始成为地球主角，即“万灵之长”。

哼！我才不是捡来的：破译生命密码

现在我们知道，原来，人是从古猿一步步进化来的呀！在这之前，小读者是不是总会缠着爸爸妈妈问："我是从哪里来的呢？"他们可能回答说："你是我们从垃圾桶里捡来的呀！""你是我们从林子里抱回来的呀"……难道真是这样吗？这样的话可没人相信呢！很显然，现在的我们当然不是由古猿直接变化而来，那么我们到底从哪里来的呢？

精子勇敢向前冲

其实，我们才不是捡来的呢！我们每一个人来到这个美丽的世界，都是经历了千辛万苦啊！

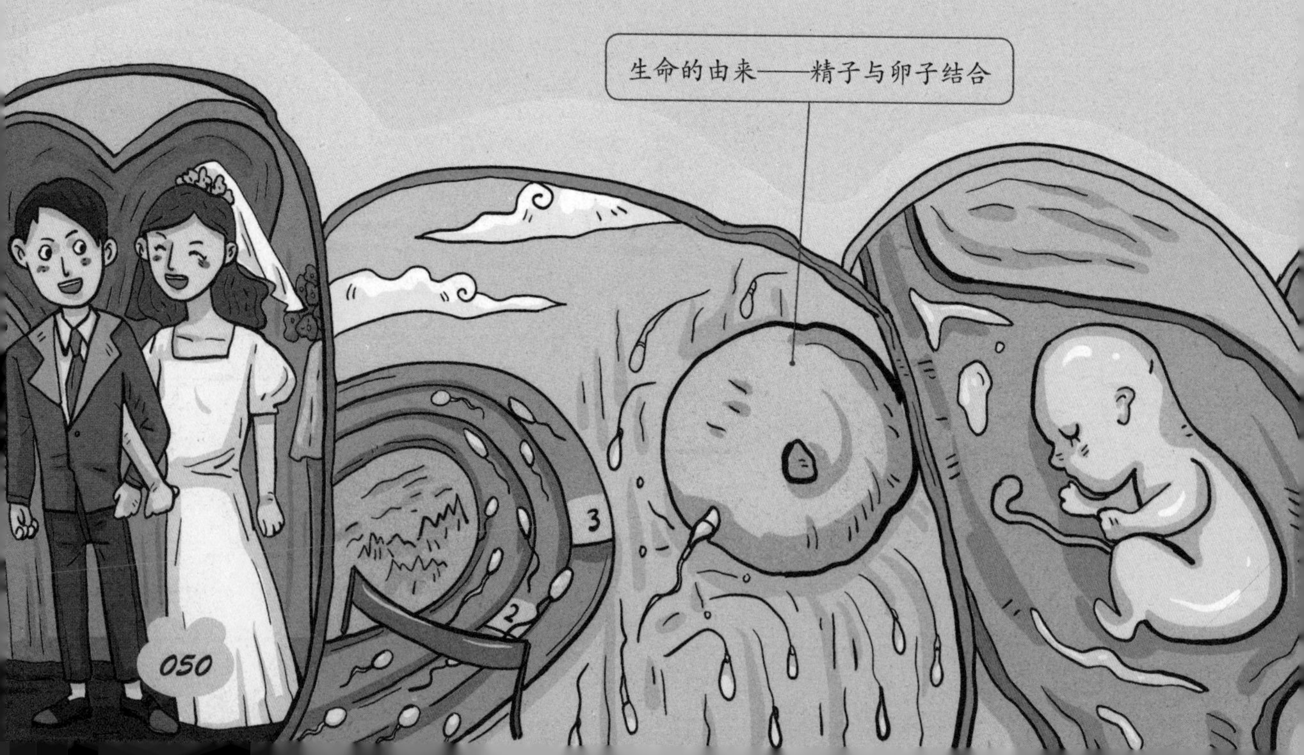

为什么这么说呢?

原来，我们每一个人都是爸爸的精子和妈妈的卵子结合而成的。爸爸的身体中，一般一次可以排出3亿～5亿小小的像小蝌蚪（kē dǒu）一样的精子。这个数目听上去是不是很庞大呢？不过，最终能和妈妈的卵子相结合的精子大多情况下只有一个！

小读者一定会忍不住惊叹，这个能和卵子相结合的精子运气简直太好了！

果真如此吗？

我们知道：任何一件事情的成功，都不是运气好就可以的，世界上哪有随随便便就可以成功的呢？这句话对精子而言同样适用。

精子们在寻找卵子的过程中，要经历九九八十一难：首先，妈妈体内会分泌一种酸性物质，这种物质对精子而言可是十分致命的，绝大多数精子都会被这种酸性物质杀死。只有安全通过这一关的精子，才能拿到前往下一关——子宫的“通行证”。

其次，成功进入子宫的精子到这里也只是“万里长征”刚走完一小步，妈妈的子宫里有无数白细胞“卫兵”对这些精子进行围追堵截，并进行吞噬。

千万别以为躲过白细胞的捕杀就万事大吉啦。这时，幸存的精子们还要继续未完成的旅程，它们要通过一条叫输卵管的管道，才能抵达卵子的所在地。能成功闯到这一关的精子，仅剩少得可怜的 20 ~ 200 个了！

是不是大吃一惊？原来，精子要走的路程竟然如此千难万险！

然而，这些幸存的精子们还来不及休息，又要马不停蹄地继续闯关。

为了与卵子结合，精子们需要紧紧地贴着卵子释放一种酶。然后，穿过坚硬的卵细胞壁。一般来说，只有第一个穿过卵细胞壁的精子才能与卵细胞成功结合形成受精卵，其他精子全都被拒之门外。

不妨这么理解：3 亿 ~ 5 亿个庞大的精子队伍中，多数情况下只有一个精子成为最终赢家，其余的全部死掉了。

当然，这颗受精卵最后就变成独一无二的你或我了。

看到这里，你是不是很想说：哇！原来我也是闯关达人，真是太了不起啦！

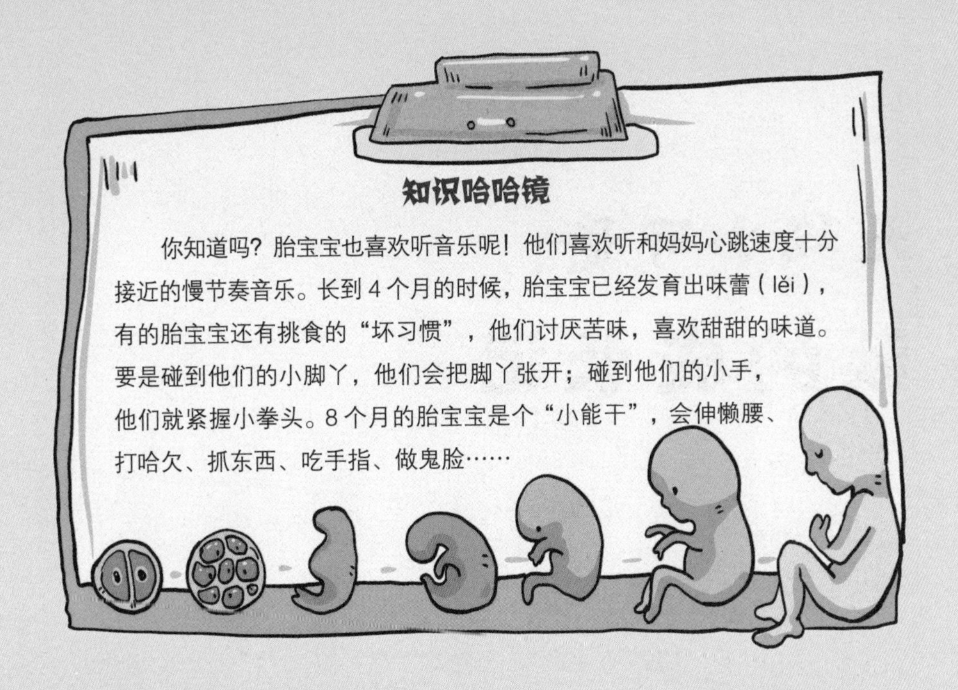

小魔仙：胎宝宝变形记

受精卵在子宫里的第 1 ~ 2 周，经过一次次分裂慢慢长大，并分化成胎儿本体和供给营养的附属器官。第 3 周，胚囊就像萌芽期的种子一样不断发育。

到第 5 周时，胚胎像一只小海马。到第 8 周时，胚胎内各种器官不断发育，薄薄的皮肤下血管清晰可见。这时，胎宝宝的手指和脚趾之间有蹼（pǔ）状相连，就像青蛙和鸭子的蹼一样。

到第 12 ~ 15 周时，胎宝宝已经五脏俱全，不仅会调皮地伸伸胳膊踢踢腿儿，还会把妈妈的子宫当成游乐场，愉快地玩耍啦！

到第 16 ~ 19 周时，无聊的胎宝宝开始倾听妈妈的心跳声和血液流淌的哗哗声。到第 22 周时，红扑扑、皱（zhòu）巴巴的胎宝宝看起来像小老头儿，十分滑稽（jī）。慢慢地，胎宝宝的头发逐渐长出来，皮肤也变得滑溜溜的。

到第 33 ~ 36 周时，胎宝宝各项器官发育完全，开始头部向下，随时准备冲出产道：

世界那么大，好想去看看呀！

看起来什么也做不了的胎宝宝像不像“小魔仙”，悄悄地就完成了一部伟大的“变形记”。

无敌小可爱：我的成长记

我们从一枚小小的受精卵开始，在妈妈的子宫里经历长达 280 天左右的漫长旅行后，伴随一声响亮的啼哭，我们终于来到这个美丽的世界。从此，我们每个人都不可避免地要经历婴儿、幼儿、少年、青年、中年、老年期。每个阶段，我们的成长经历可都有很大区别呢！尤其是我们的婴、幼儿期，简直就是“无敌小可爱”一枚……

我是小懒猪，武器就是哭

小读者有没有发现这样一种现象，刚出生的宝宝，他大多数时间都是蜷曲着身体睡觉。这时候，千万别试图叫醒他哦，因为他要么翻

无敌小可爱的成长记

翻眼睛看看你，然后接着睡，要么就会不耐烦，用哭作为“武器”大声抗议……

这就很令人头疼啦。

其实，我们刚出生时也是这样，每天大约要睡 20 个小时。6 个月大的婴儿每天也要睡 15 个小时左右，睡眠时间依然很可观呀！

那时候我们最大的任务就是睡觉，因为充分的睡眠有助于身体的各项发育。而且，睡觉时我们更喜欢像在妈妈肚子里那样屈着膝（xī）盖，这样更有安全感。

你可能很好奇，刚出生的我们不会说话，妈妈是怎么知道我们是不是饿了，是不是尿尿或拉臭臭了呢？

其实，婴儿很聪明，虽然不会说话，但哭闹就是他们的“报警器”。不同的哭声意思也不同，有时候是因为肚子饿，有时候因为尿尿或拉臭臭，甚至想让妈妈抱抱也会哭……

我们出生后的 6 个月里，每个月能长高 2.5 厘米呢！ 4 个月时，我们能灵活地转动小脑袋；7 个月时，我们可以独自坐稳；8 ~ 12 个月时，我们能熟练爬行，或许还能在大人的搀扶下，练习走路呢！

娃娃脸，说变就变

平时，爸爸妈妈们在形容夏天天气多变的时候，是不是喜欢说“六月天，娃娃脸，说变就变”这句话呢？

1 岁到上小学前的这一时期被称为幼儿期，我们有一部分时间在幼儿园里度过。这一时期的我们不管在身体还是心理上，都有很大的变化。

爸爸妈妈说的“娃娃脸”，就是指刚出生时小婴儿圆嘟（dū）嘟、胖乎乎的脸庞。娃娃脸大多持续到 5 岁左右，随着时间推移，皮肤下原来厚厚的脂肪保护层会越来越少，脸就变得越来越瘦，也越来越接近爸爸或妈妈的脸型。

不过，在形容天气多变时，娃娃脸的意思是幼儿期的我们变脸像翻书一样快。上一秒还乐不可支，下一秒就号啕大哭……你是不是也被自己小时候的善变逗笑了呢？

在 1 ~ 3 岁幼儿前期这个阶段，虽然我们的脑容量增长不多，但神经系统发展迅速，因此我们的动作慢慢变得熟练。

想想看，幼儿期的我们是不是超级好动？拍皮球、骑三轮车、搭积木……我们在游戏中增长见识、掌握一些技能，并努力证明自己长大啦！

幼儿期的我们语言能力得到极大提高，说话童言无忌（jì），是爸爸妈妈的开心果，也是人见人爱、花见花开的“无敌小可爱”。

小小少年，乐陶陶

如果你的年龄在 6 ~ 12 岁，就表示你到了儿童期啦！

这一时期，你会惊讶地发现，自己的身材不像小时候那般圆滚滚了，腿也变长了，此前人人见了都想捏一把的娃娃脸，现在

6岁左右乳牙开始脱落

也渐渐棱角分明，有的牙齿开始松动和脱落，然后，又长出新的牙齿。

原来，在幼儿期，我们大都能长齐20颗乳牙。6岁左右，恒牙就在牙槽骨里“蠢（chǔn）蠢欲动”了！这一时期，因受到底下蓄势待发的恒牙的推动，原来的乳牙便会一颗一颗地脱落下来，恒牙趁势取代乳牙的位置，这就是换牙。一般来说，12 ~ 14岁时，乳牙会全部脱落，并长出全部的恒牙。

少年的我们无忧无虑，脑海里充满神奇大胆的想象——巫师、扫帚、魔法、海盗、阿里巴巴、咒语……

一个又一个稀奇古怪的问题源源不断地往外冒：蜈蚣（wú gōng）到底有多少只脚？海水为什么是咸的？我爷爷的爷爷从哪里来？大象的鼻子怎么那么长……

得不到答案可不行，我们自有办法：看书、观察，不明白绝不罢休！

这时的我们更喜欢说话、运动、做游戏以及上学，这些都是交朋友不错的途径。当然，这时候的我们已经能很好地处理和玩伴之间的关系了！

迈过10 ~ 16岁少年期，就进入心智更加成熟的青春期了。让我们一起迎接青春期的到来吧！

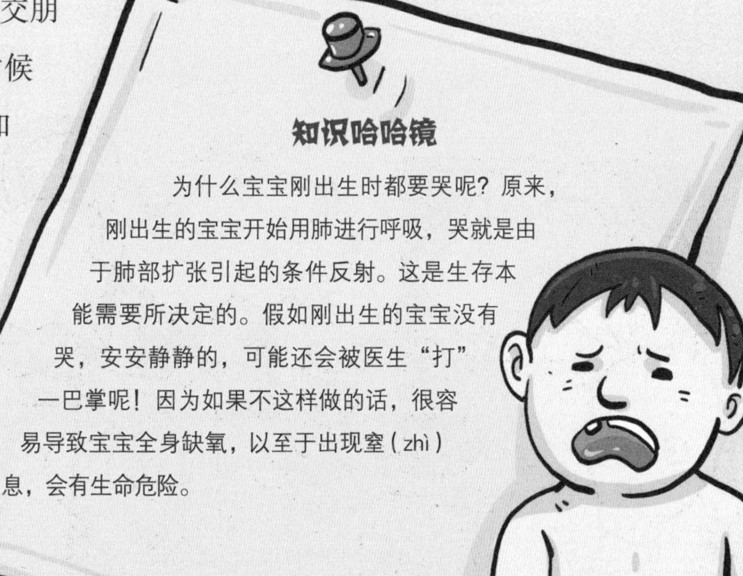

知识哈哈镜

为什么宝宝刚出生时都要哭呢？原来，刚出生的宝宝开始用肺进行呼吸，哭就是由于肺部扩张引起的条件反射。这是生存本能需要所决定的。假如刚出生的宝宝没有哭，安安静静的，可能还会被医生“打”一巴掌呢！因为如果不这样做的话，很容易导致宝宝全身缺氧，以至于出现窒（zhì）息，会有生命危险。

哇咔咔！

骨骼竟像钢铁一样硬

现在，我们已经知道自己诞生的秘密啦！其实，了解我们身体的各部分以及它们是怎么工作的，也是超有趣的一件事呢！请回想一下，看电视的时候，你是不是会被突然出现的骷髅（kū lóu）镜头吓得紧紧闭上眼睛呢？为了不再让你对骨骼（gé）产生恐惧，我们一起了解一下它吧！

各司其职：奇妙的人体骨骼

如果将我们的身体比作一个巨大的宫殿，那么，骨骼就是支撑这个宫殿的柱子。骨骼不仅构成我们身体的框架，还肩负重任——保护我们身体的各器官。

知识哈哈镜

骨骼是一种能不断生长和代谢的器官。谁能想到，像钢铁一样坚硬的骨骼里还含有血管和神经呢！要想骨骼健壮，就要经常锻炼。脆弱的骨头很容易折断或破碎。骨骼中蕴藏的钙（gài）很容易流失，从而影响骨头的硬度。宇航员即使在狭（xiá）小的太空舱也要锻炼，就是为了防止骨骼变脆弱。如果不锻炼，等他们返回地球时，骨头就会因为无法承受身体的重量而容易折断。

有聪明的小读者会问：我们人有骨头，毛毛虫和蚯蚓有没有骨头呢？这个问题很简单，蚯蚓、毛毛虫属于比较低级的环节动物和昆虫，它们天生没有骨头。

一副完整的人体骨架，按照位置的不同可分为头骨、躯（qū）干骨、上肢骨和下肢骨四大部分，它们由206块骨头组成。这个数字可千万要记住啊！在头骨的“严防死守”下，脑部这个人体重要的司令部不会轻易受到伤害。大脑脆弱又敏感，即使轻微的撞击都会导致严重的后果。所以，头骨是十分重要的。

躯干骨有胸骨、椎骨和肋（lèi）骨“三兄弟”。其中，肋骨负责保护肺脏、心脏等胸腔重要器官。如果没有它的保护，即使走路时不小心碰到别人，也可能会出现心脏被撞坏、肺脏被撞扁的灾难性后果。

略显短小的上肢骨可以提高双手的灵活性，更加粗大的下肢骨则主要起到承重的作用。

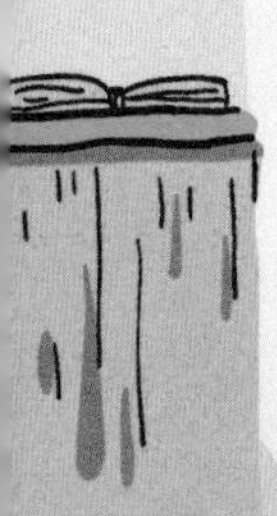

奇形怪状说骨头

当然，骨头也可以按照功能和形态进行区分。如长骨、短骨、不规则骨和扁骨。

顾名思义，长骨就是长柱状的骨头，如股骨、胫骨等，我们运动的时候，长骨可以起到杠杆的作用。

聪明的小读者一定会说：短骨一定就是形状短短的骨头吧。

事实可不是这样！

短骨形状各异，或呈短柱状，或呈立方体。它们多分布于既能承受较大压力又能灵活运动的部位，如手腕、足的后半部和脊柱等处。

扁骨有弹性又不失坚硬，它们呈板状，主要构成颅腔（lú qiāng）和胸腔壁，可以很好地保护身体的内部器官，还为肌肉附着提供宽阔的骨面。

不规则骨很好理解，就是形状不规则的骨骼。除了长骨、短骨、扁骨，其他骨头几乎都可以归到不规则骨这类里。

想想生活中，我们是不是偶尔会听到“骨折”这个词呢？没错，骨头也有折断的时候。但不要过分担心，它有神奇的自我修复功能，只要将它按原位固定好，就会有新的骨细胞从折断处生长出来。

更让人惊奇的是，在承重相同的情况下，骨头比钢铁的重量轻得多，也就是说，在抗裂性等很多方面，骨头比钢铁都要出色。而且，钢铁还

不能自我修复。

看了上面的内容，你一定会惊讶：原来骨骼有这么多学问啊！

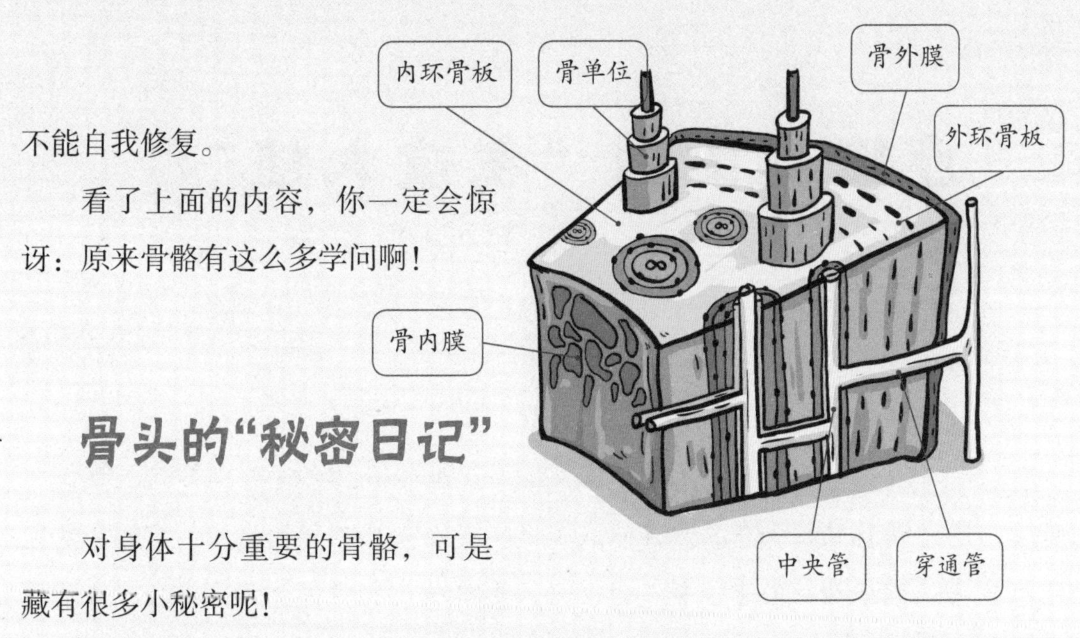

骨头的“秘密日记”

对身体十分重要的骨骼，可是藏有很多小秘密呢！

除了保护功能，骨骼还有帮助人体运动的功能，没有它，我们就不能下蹲（dūn）或站立，哪怕肌肉再强壮，也不能完成任何动作。当然，这也需要韧带、关节等密切合作；另外，人体必需的钙、磷（lín）等一些重要矿物质，也储存在骨头中呢！

小读者一定好奇，骨骼究竟是由什么构成的呢？骨骼的基本结构为骨质、骨膜和骨髓（suǐ）。

骨质有骨密质和骨松质两种，骨密质质地十分致密，骨松质质地比较疏松。骨密质有很好的抗压、抗扭曲能力，构成骨头外层；骨松质由片状的骨小梁交织组成，别看它们看起来像海绵，实际可比海绵结实多了！

骨膜包括骨外膜和骨内膜，骨膜里有丰富的血管和神经。从骨膜分化而来的成骨细胞有产生新骨质的功能，破骨细胞有破坏、改造骨质的功能，因此，在骨的生长发育时期骨膜可是“活跃分子”呢！

骨髓最神奇！它有红骨髓和黄骨髓两种。刚出生宝宝的骨髓全部是含有造血细胞的红骨髓，但是这种造血细胞寿命极短，必须不断更新。慢慢地，一些红骨髓逐渐变为黄骨髓。随着年龄的增长，有造血功能的红骨髓的比例逐渐下降。

除造血功能外，骨髓还有防御、免疫（yì）和创伤修复等多种功能，真是太了不起啦！

连接骨头的“友谊大使”：关节

请你回想一下，生活中我们是不是会看到这样的场景：有些头发花白、满脸皱纹的老爷爷、老奶奶，走路或是爬楼梯总是很费劲？这是什么原因呢？其实，他们之所以行动不便，多是关节出了问题。

骨头的连接“纽带”：关节

聪明的小读者可能会问，关节是什么？

关节就是骨头与骨头之间的连接“纽带”，它们就像连接骨头的“友谊大使”一样，使其具有一定的功能，如协助肢体活动。它们有三大“帮派”：一种是能活动的活动关节；一种是微动关节；另一种关节比较“懒惰”不能活动，称为不动关节。但不管关节分属哪一“帮派”，其组成部分都是关节面、关节囊和关节腔。

关节面指构成关节各骨的接触面，它穿着一件透明的光滑外衣——关节软骨。关节软骨的形状与骨关节面的形状一致，可以有效减少因运动带来的摩擦。此外，关节软骨还有弹性，可很好地减缓因运动带来的振荡和冲击。关节软骨属透明软骨，正面是凸面，叫作关节头；背面是凹面，叫作关节窝。

关节囊有内外两层，外层大多数是又厚又坚韧的纤维层——韧带。千万别小看韧带的作用，它可以增强骨与骨之间的连接，还能很好地防止关节活动过度。关节囊的内层薄而柔软，称为滑膜层，这里可以产生滑膜液，能给骨头提供营养，并起到润滑作用。

关节腔是由关节囊与关节软骨面围成的密封腔隙（xì）。这里也有少量滑膜液发挥润滑油的作用，从而使关节保持湿润和润滑，关节的稳定性也因此增强。

不好！关节也爆炸

关节的家族成员众多，有能帮助身体大幅度运动的杵臼关节；有只能沿着两个平面进行有限旋转运动的椭圆关节；有关节面扁平、只能进行轻微旋转运动的平面关节；还有像马鞍（ān）一般的鞍状关节……

“噼啪！”

就在我们认识各种关节的时候，突然听到关节发出清脆的“噼啪”声。不好，难道关节爆炸了吗？这可不得了！

别担心，这不过是润滑关节的液体气泡破裂时发出的声音罢了！

原来，关节外层有纤维层——韧带覆盖，它们就像紧绷的琴弦一样贴在关节骨上。一旦关节收缩，调皮的韧带就会从骨头的一边滑到另一边，于是，我们就听到了这种清脆的“噼啪”声。

想想看，我们有时候突然下蹲或是扳动手指关节时，是不是也能很明显地听到这种声音呢？这种情况下，虽然不会让我们感到任何疼痛，但是，一定要记住，千万不能经常扳动我们的任何关节，它们可“娇气”了！稍不留神，它们就会受到损伤。

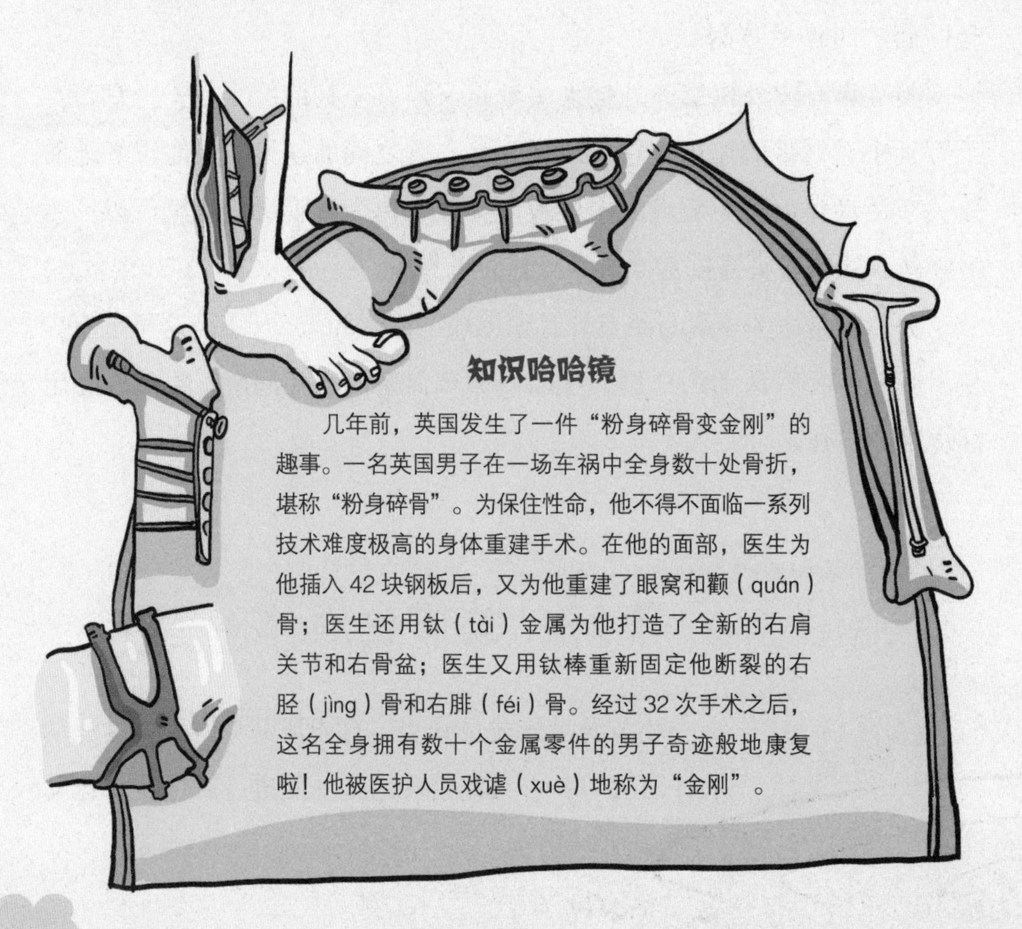

知识哈哈镜

几年前，英国发生了一件“粉身碎骨变金刚”的趣事。一名英国男子在一场车祸中全身数十处骨折，堪称“粉身碎骨”。为保住性命，他不得不面临一系列技术难度极高的身体重建手术。在他的面部，医生为他插入 42 块钢板后，又为他重建了眼窝和颧（quán）骨；医生还用钛（tài）金属为他打造了全新的右肩关节和右骨盆；医生又用钛棒重新固定他断裂的右胫（jìng）骨和右腓（féi）骨。经过 32 次手术之后，这名全身拥有数十个金属零件的男子奇迹般地康复啦！他被医护人员戏谑（xuè）地称为“金刚”。

动起来：健康关节养成记

我们如果不想像老爷爷、老奶奶那样上楼梯都很费劲，就一定要注意保护关节。根据研究，老人的关节问题极有可能是关节过度磨损造成的。

要想拥有健康的关节，那就从现在动起来，先列一份“关节保护计划表”吧！

首先，要学会科学饮食，注意摄入钙质。很多小读者都有挑食的不良习惯，这是不对的。每天必须多种食物搭配着吃，这样才能满足人体对各种营养素的需要。日常饮食应包括五大类：谷类和薯（shǔ）类；动物性食物；豆类及其制品；蔬菜、水果类；纯热能食物（包括植物油、淀粉、食用糖）。各类食物提供给我们身体的营养成分是不一样的，没有一种食物能供给身体所需的全部营养。因此，需要从现在开始杜绝挑食。

其次，参加体育锻炼时，选择适合自己的锻炼方式。游泳和散步就是不错的选择呢！这些运动既不会增加关节的负重，还有利于提高关节灵活性。是不是两全其美呢？

最后，走路和写字时的姿势要正确——挺胸抬头，别弯腰驼背，以免对关节造成压迫或损害。

没什么大不了：
肌肉那些事儿

经常有小读者好奇：我们人为什么像人的样子，而不是小狗、小猫、小猪的样子呢？这是因为我们人体的骨骼支撑起了人体的基本轮廓，才有了人的样子呀！那为什么我们人可以进行走路、游泳、登山、跑步等运动，但杯子、文具盒、书包等却只能一动也不动呢？告诉你吧！这可全都是肌肉的功能呢！在神经系统的指挥下，附着在骨骼上的肌肉通过收缩和舒张来牵引骨骼运动，我们就能做出各种动作了！

运动系统“三巨头”

一说到运动，小读者的脑海里一定会浮现出这样的画面：在足球或篮球比赛场上，运动员们挥汗如雨，他们的胳膊上还有“小老鼠”凸起，据说这可是肌肉发达的特征呢！

那么，为什么运动员的肌肉会这么发达呢？难道他们的肌肉本来就和我们的不一样吗？

其实，他们的肌肉组成、分类和作用与我们普通人的没有不同。

人体的骨骼、骨关节和附着在上面的骨骼肌，它们齐心合力一起构成了人体的运动系统。

运动系统最重要的功能当然要数运动啦！摆手、走路、散步等属于简单运动；唱歌、跳舞、画画等属于高级运动。

支持身体是运动系统的第二个功能。支持包含支撑和维持两层意思，骨骼和肌肉支撑起人体的基本形状，维持身体的各种姿势。

保护身体是运动系统的第三个功能。比钢铁性能还好的骨头和结实

的肌肉在人体内形成很多空腔，这些空腔能很好地保护脑、心脏等各种器官。

可以说，运动系统中骨骼是支撑，肌肉是动力，关节是纽带，它们谁也离不开谁。

身体上的纤维：肌细胞

小读者一定想不到，我们人类的肌肉和牛肉的样子差不多。

肌肉主要由肌细胞构成，肌细胞就像一根又一根细细长长的纤维，所以，我们又称它为肌纤维。

我们人体体重的三分之一都是肌肉的贡献，人体肌肉约639块，由大约60亿条肌纤维组成。最长的肌纤维达60厘米，最短的却只有1毫米左右。看到这组数字，小读者一定会觉得，这悬殊可不是一般的大呢！

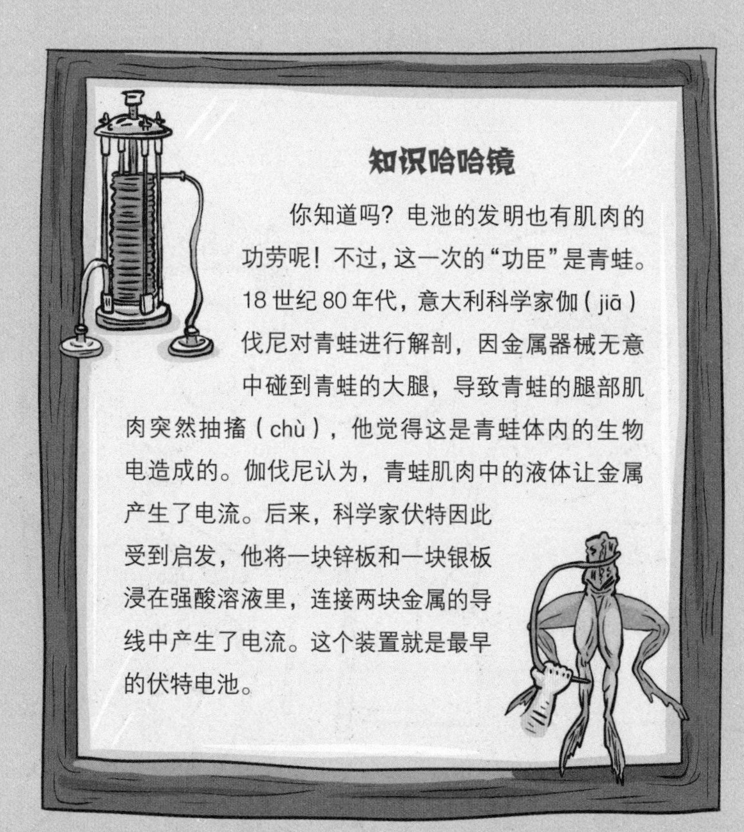

知识哈哈镜

你知道吗？电池的发明也有肌肉的功劳呢！不过，这一次的“功臣”是青蛙。18世纪80年代，意大利科学家伽（jiā）伐尼对青蛙进行解剖，因金属器械无意中碰到青蛙的大腿，导致青蛙的腿部肌肉突然抽搐（chù），他觉得这是青蛙体内的生物电造成的。伽伐尼认为，青蛙肌肉中的液体让金属产生了电流。后来，科学家伏特因此受到启发，他将一块锌板和一块银板浸在强酸溶液里，连接两块金属的导线中产生了电流。这个装置就是最早的伏特电池。

按结构和功能划分，人体肌肉组织可分为平滑肌、心肌和骨骼肌三种；按形态可分为长肌、短肌、扁肌和轮匝（zā）肌。

平滑肌主要构成内脏和血管，有很细的尖端，有收缩缓慢、不易疲劳等特点。心肌就是心脏的肌肉，能自由地收缩。骨骼肌的肌纤维都呈横纹状，所以又被称为横纹肌。骨骼肌堪称运动系统的动力，它又分白、红肌纤维两种。在神经系统的总调度下，骨骼肌收缩时牵引骨骼产生运动。

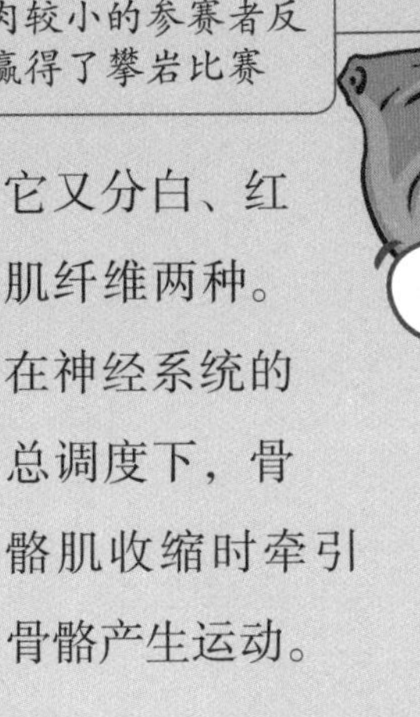
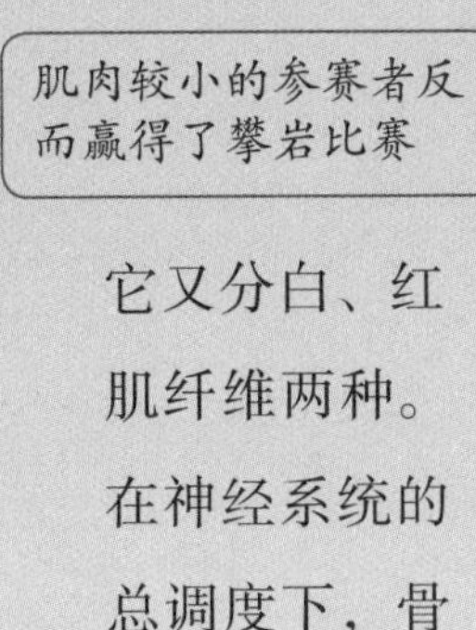

肌肉的秘密档案

超有意思吧？我们皮肤下的肌肉简直就是一部神奇的引擎（qíng），它让我们能走路、蹦跳、攀（pān）爬。在人体 639 块肌肉的通力合作下，我们才能开开心心度过每一天。

运动员肌肉发达，与他们日复一日的锻炼有很大关系。肌肉发达固然威猛强大，但小读者一定要知道，大块的肌肉并不一定是好事儿。这是因为肌肉要受到毛细血管的制约。

人体毛细血管的任务，是负责将携带氧气的红细胞运送至肌肉，肌细胞得到氧气后才能正常工作。当肌肉剧烈收缩时，毛细血管就会遭到挤压，导致肌肉缺氧，代谢产生的废物因此累积。如果在很大的压力下，肌肉不能很快做出反应，将更容易感到疲劳。

在生活中，面对一些考验体力的挑战，我们很明显能看出女性比男性更有优势。这很难理解，是吗？

以攀岩为例，肌肉发达的男性攀登者一开始可能攀爬的速度较快，不过，他前臂的肌肉会很快缺氧，因此只能放慢速度，直到最后放弃。这时，小块肌肉的女性反而更有优势，因为她们的体重一般较轻。

对肌肉较小的女性来说，因为施力较小，所以毛细血管受到的挤压也较轻，肌肉更具耐力。

不能吃的“桃子”：心脏

心脏，是我们人体重要的器官之一。很多时候，我们还会用“心脏”一词来比喻重要的地方或中心地带。我们的心脏就像一个永远都不知道疲惫的“动力泵”，只要生命不止，它便跳动不停。有关心脏，它的秘密可是超多呢！比如，它为什么能跳个不停？为什么剧烈运动后，心跳会加快？

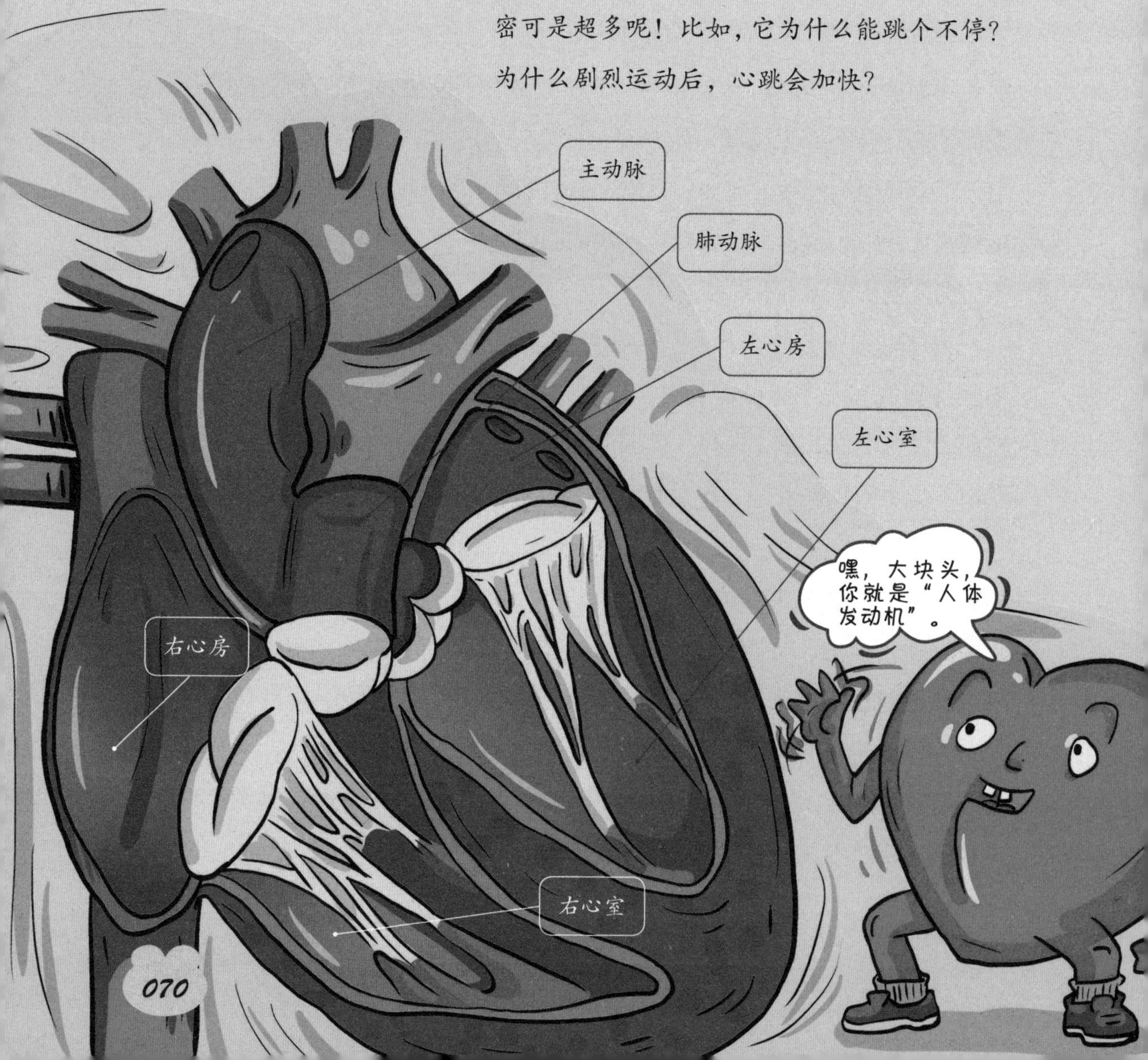

像桃子也像水滴：心脏

有人将心脏比喻为“人体发动机”，这个比喻可真是再恰当不过啦！它可是人体循环系统的主要器官啊！

心脏位于胸腔内，大小和自己的拳头差不多，外形嘛，像一颗红扑扑的大桃子。不过，这颗“桃子”可是不能吃的哟！

说到它的外形，一些人在表达爱意的时候，喜欢画一个红色的心形。不过，心脏并没有心形那么标准，倒更像一个大大的水滴。

我们觉得劳累的时候，会适当休息以补充体力，身体的各部位也都需要休息。不过，无论何时何地，心脏都不能停止跳动，不管我们吃饭、走路，还是睡觉、锻炼，它都在努力工作。

当然，我们也不希望它有“罢工”的时候。如果那样的话，后果简直不敢想象。

心脏是人体血液循环的动力器官，它就像一台永不疲倦的水泵（bèng）一样，不断地舒张和收缩，为人体的血液流动提供动力，将血液输送至身体各部分。

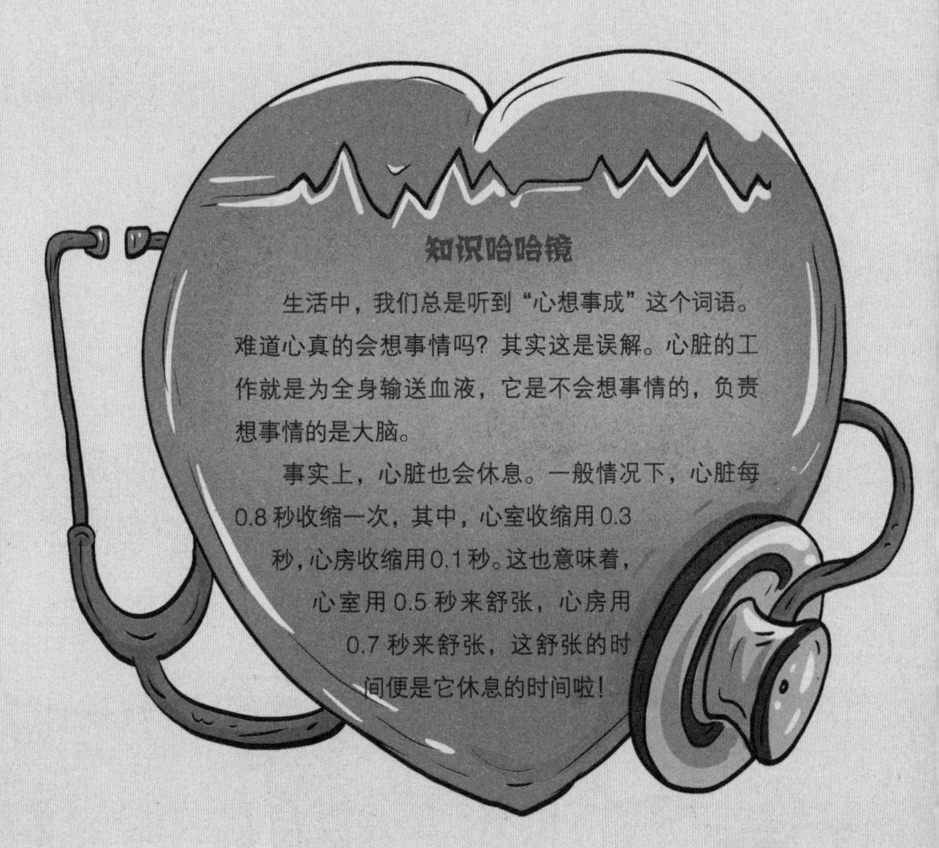

知识哈哈镜

生活中，我们总是听到“心想事成”这个词语。难道心真的会想事情吗？其实这是误解。心脏的工作就是为全身输送血液，它是不会想事情的，负责想事情的是大脑。

事实上，心脏也会休息。一般情况下，心脏每0.8秒收缩一次，其中，心室收缩用0.3秒，心房收缩用0.1秒。这也意味着，心室用0.5秒来舒张，心房用0.7秒来舒张，这舒张的时间便是它休息的时间啦！

心脏跳动有秘密：心肌细胞

心脏内有四个空腔，左边两个是左心房、左心室；右边两个是右心房、右心室。连接心房的血管是静脉，连接心室的血管是动脉。

随着心脏的跳动，先是左心室负责将血液泵至主动脉，再传输到毛细血管网络，血液和身体组织进行氧气和营养物质以及二氧化碳和代谢废物的交换后，经由腔静脉回流至右心房；右心室负责将血液输送至肺动脉，血液经由肺吸收氧气后，经由肺静脉回流到左心房。如此周而复始，循环往复。

那么，小读者一定很好奇，心脏为什么能一直跳动呢？告诉你吧，因为它有秘密武器——心肌细胞。

心肌细胞是构成心脏组织的基本单位，可以分为两种：一种为普通心肌细胞，它们一旦受到刺激，就会进行收缩，当刺激消失后又舒张开来，这一张一缩便形成一次心跳；另一种为特殊心肌细胞，它们有自律性，不断产生兴奋并传导给普通心肌细胞，从而使之收缩。

窦（dòu）房结是特殊心肌细胞聚集在一起形成的一个结构，它位

于右心房右上方。窦房结将电信号传到心肌壁上，就会导致心肌纤维变短，从而让心脏收缩。

所以说，窦房结堪称心脏规律性跳动之源呢！

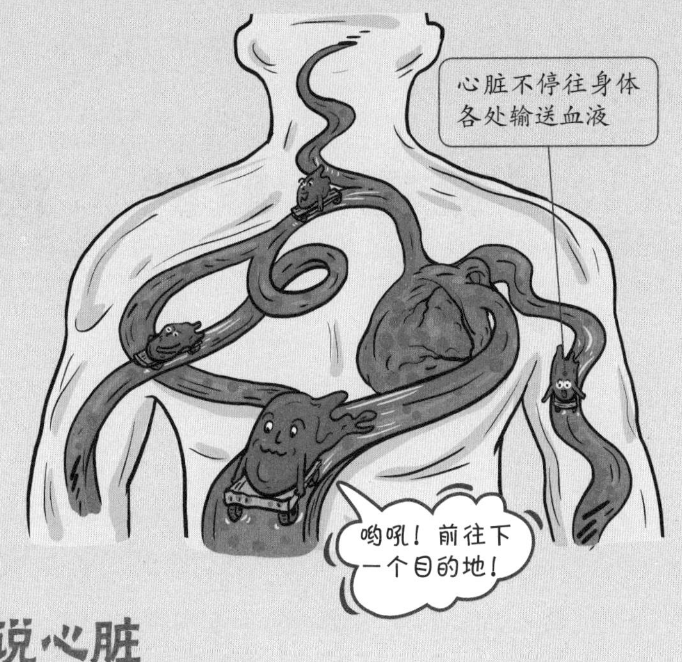

“勤勤恳恳”说心脏

我们应该都有这样的“感觉”：大多数情况下，我们对自己的心跳都是没有感知的。不过，要是在进行一些剧烈活动后就不一样了，这时我们能明显感觉到心跳加快。那么，为什么剧烈运动能让心脏的跳动规律改变呢？

因为剧烈运动时，身体就会需要比平时更多的养料，血液也要快速流动才能满足身体所需。如此一来，心脏就要加快跳动，加紧收缩才能让血液流动加速，所以，我们能明显感觉到心跳加快。

心脏勤勤恳恳，只要生命不息，它就跳动不止。如果一个人的心脏平均每分钟跳动 70 次，按 70 岁寿命计算，那么这个人一生中，心脏将跳动近 26 亿次！

心脏时时刻刻都在不停地往我们的血管里输送新鲜血液，以供身体所需，同时又通过血管里的血液带走尿素、二氧化碳等代谢物质，从而保证细胞正常的代谢。一颗约 250 克的心脏在一天一夜的时间内输出的血液高达 7 吨，要用一辆大卡车才能装得下呢！

正常人的心脏每天跳动产生的能量，足以将 900 千克的物体抬高 1 米，一个人一生泵血所做的“工作”，完全可以将 100 颗重量级的人造卫星送入地球轨道，可以将 30 千克重的物体抬升到世界最高峰——珠穆朗玛峰的高度。

“果冻”般的“傻大个儿”：大脑

平时，我们少不了吃饭、睡觉、学习、唱歌、跳舞、画画、做游戏……这些活动都是靠谁协调，靠谁控制的呢？聪明的小读者一定毫不犹豫地回答：当然是神经系统啦！那么，谁又是神经系统的“上司”呢？告诉你吧，答案就是脑。

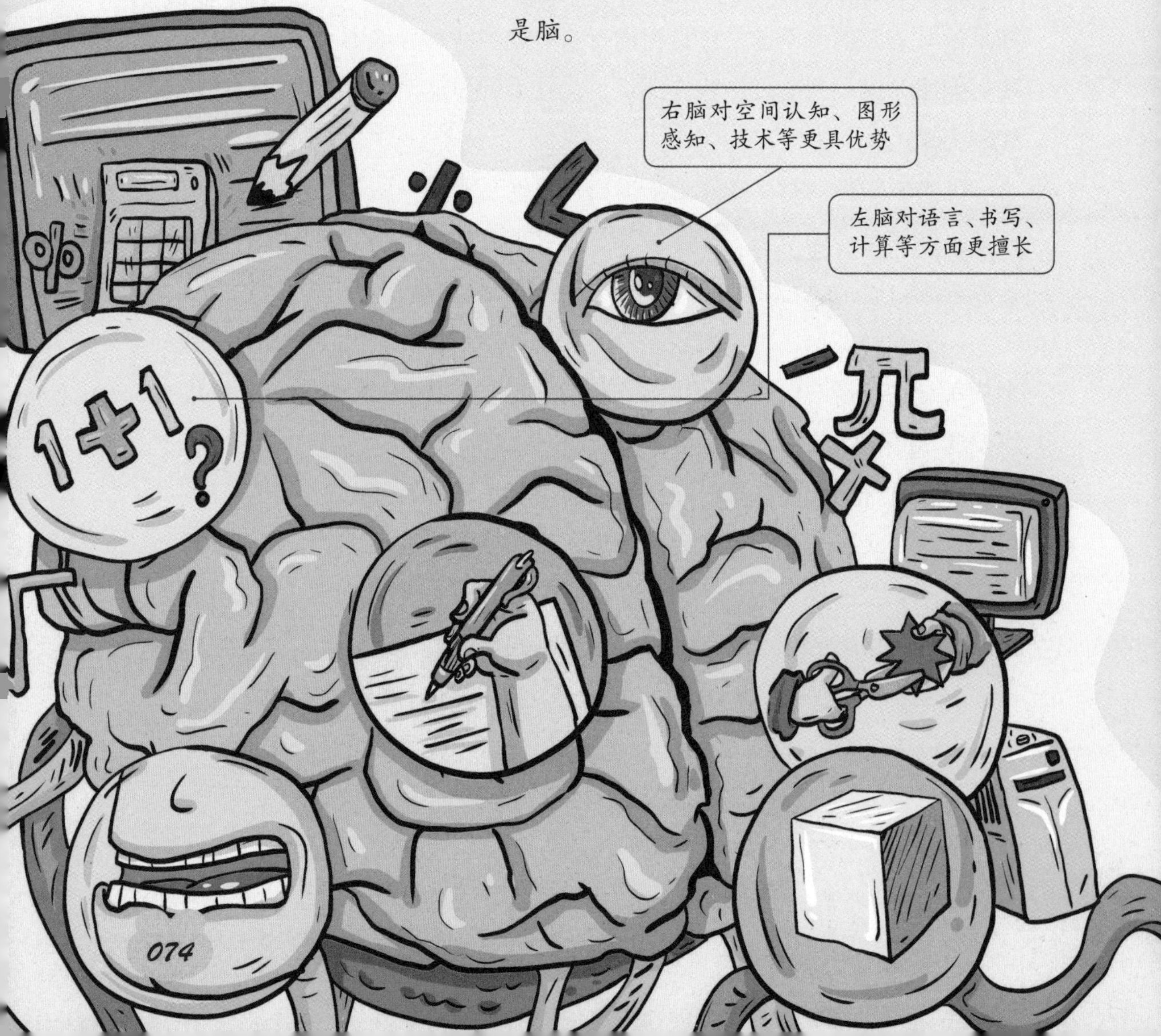

“果冻”粉嘟嘟，人体“司令部”

对于人体来说，脑就像总司令一样，指挥着我们的一切活动。如果没有脑这个“总司令”，那我们真是什么都做不了啦！

脑是我们人体最重要、最复杂的器官，它粉嘟嘟的，像一团布满褶（zhě）皱的果冻，静静地藏在坚硬的头骨里面。

小读者一定好奇，就这么个“傻大个儿”，究竟有什么本事来让身体各部位都乖乖听它指挥呢？这就要说一说它的构成及功能。

脑包括大脑、小脑和脑干三部分。

大脑表面有很多凹陷的沟和凸起的回，像极了核桃仁。它有左、右两个半球，牢牢占据整个头颅上部，控制人的智力、学问和判断力。

小脑是个“躲猫猫”高手，就藏在大脑后下方，负责协调人体运动。它和大脑一样，也有左右两半。

脑干像一座桥一样连接大脑、小脑和身体其他部位，有“生命中枢”的美誉。它主要负责维持人体生命功能，包括心跳、呼吸、消化、睡眠等重要的生理机能。

大脑左右两部分各自独立，左脑主管语言、书写、计算等方面，右脑则主管空间认知、图形感知、技术等方面。

神经信号的“VIP 通道”：神经

大脑的各区域分工明确，它们各司其职，有条不紊（wěn）地工作，有的负责视觉，有的负责听觉，有的负责思考，有的负责语言，正是这些区域的协调工作，实现了对我们生命活动的控制。

大脑在兢（jīng）兢业业地工作中，发出各种信号、想法、情感等，其速度十分惊人。为了工作时不“掉链子”，它需要神经来协助完成庞大的工作量。

脑由 12 条脑神经组成，在这些脑神经的帮助下，脑对头部和面部器官的感觉和运动进行支配。

人体的一切活动都是在神经系统的控制下完成的，脑是控制中枢，主要负责信息处理和发号施令，也正因有脑神经的传导作用，大脑的指挥才能才得以实现。

神经堪称神经信号的“专属通道”，神经元是神经系统结构和功能的基本单位。神经细胞发出神经信号后，负责发射神经信号和负责接收神经信号的两个神经细胞，可通过神经递质和微弱的电脉冲收、发信息。

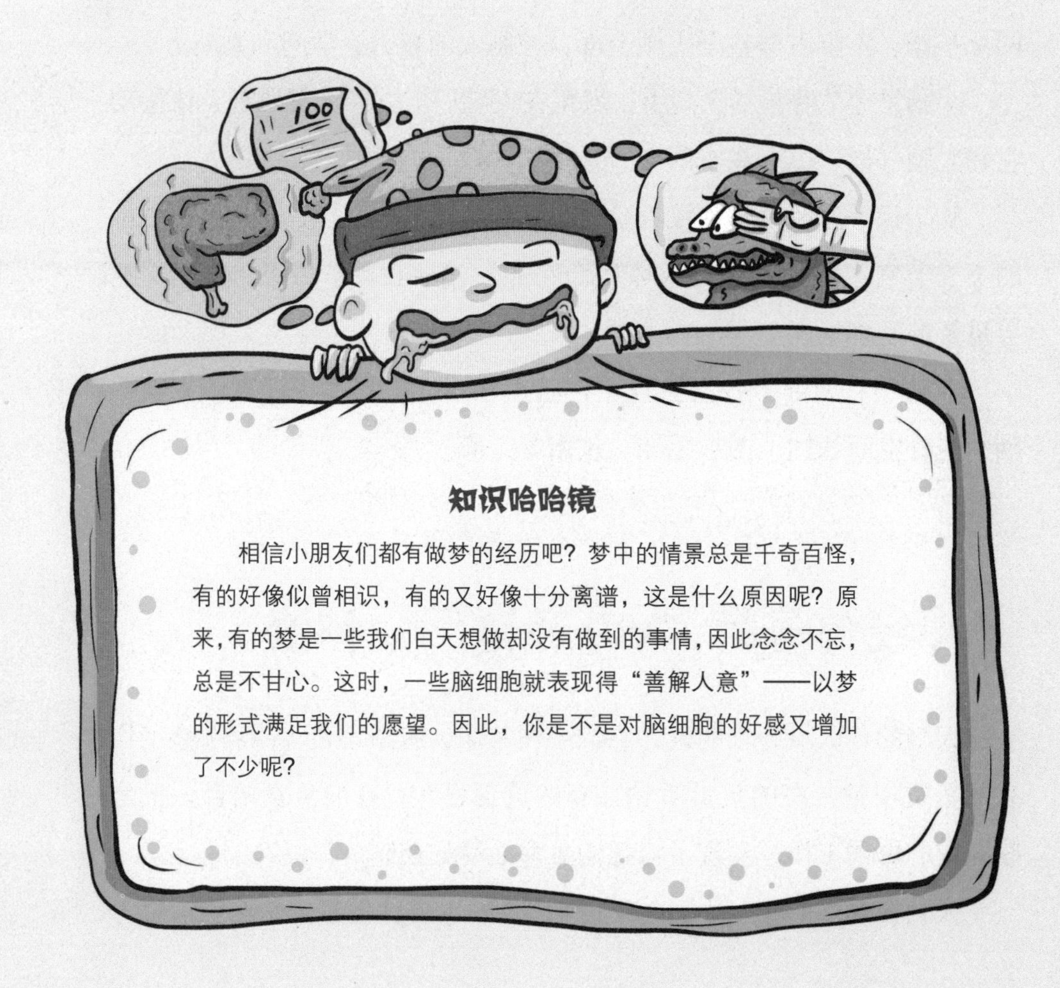

知识哈哈镜

相信小朋友们都有做梦的经历吧？梦中的情景总是千奇百怪，有的好像似曾相识，有的又好像十分离谱，这是什么原因呢？原来，有的梦是一些我们白天想做却没有做到的事情，因此念念不忘，总是不甘心。这时，一些脑细胞就表现得“善解人意”——以梦的形式满足我们的愿望。因此，你是不是对脑细胞的好感又增加了不少呢？

命令中转站：脊髓

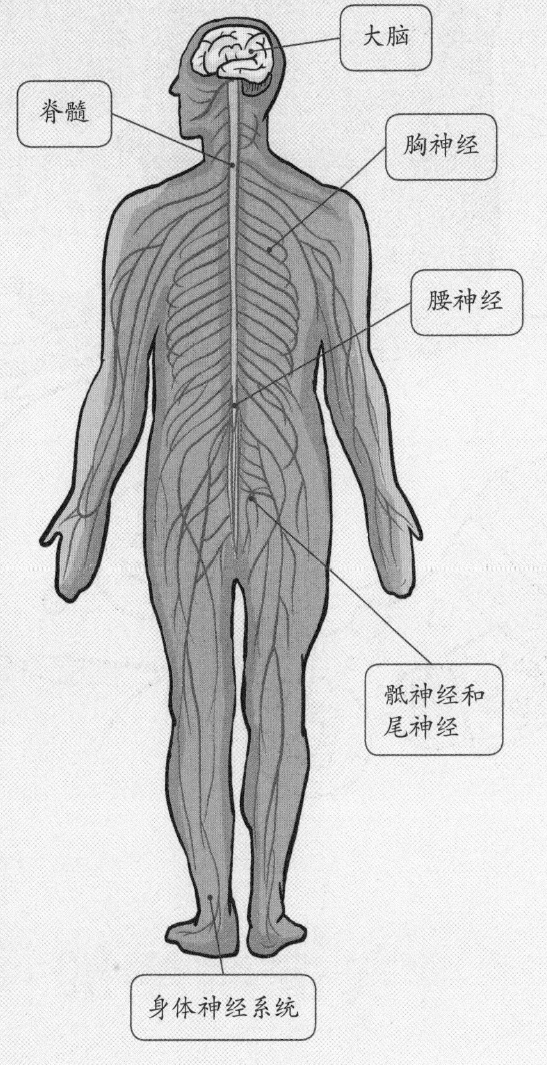

如果将脊柱的椎管全部打开，便能看到一条酷似“蜈蚣”的条状物——脊髓。“蜈蚣”两侧，还分布有31对“脚”——脊神经。

与脑一样，脊髓也属于中枢神经系统。不过，脑是名副其实的司令部，由它对四肢或周围器官下达命令，脊髓则充分发挥自己传输命令的桥梁作用。所以，不管是跳远还是写字，都是大脑“下令”，脊髓再通过脊神经传达给肌肉负责执行的。

当身体的信息传递到脊髓，脊髓还负责将信息中转——向大脑汇报。之后，在大脑的“授意”下，决定进一步行动。

有时候，脊髓也能自己处理“紧急事务”。小读者回想一下，是不是听过“膝跳反射”这个词语呢？它就是由脊髓内的神经中枢参与的一种低级反射。其实，反射也是神经调节的基本方式。反射的基础是反射弧，它由感受器、传入神经、神经中枢、传出神经和效应器组成。

大家听过《望梅止渴》的故事吗？三国时期，曹操领兵打仗，可天气酷热，找了很久也没有找到水解渴，很多士兵因中暑倒下。曹操灵机一动，谎称前面有片梅林，梅林里的梅子又酸又甜。听他这样一说，将士们顿时振奋起精神，有的还一个劲儿地咂咂嘴，甚至流下了口水呢！

在这个故事中，如果士兵看到梅子流口水，这就是一种低级反射；如果没有看到梅子也流口水，这就是高级反射了。

此外，打嗝（gé）、打喷嚏（pēn tì）、打哈欠也都是反射。

友谊不翻船：
肝“大哥”和胆“小弟”

在比喻好朋友之间真心诚意、坦诚相待的时候，我们就会用到“肝胆相照”这一成语。这是为什么呢？原来在我们人体中，肝和胆是连在一起的，它们这对好朋友相互支持，相互依存，关系真是好得不得了。如果说小朋友之间还会“友谊的小船说翻就翻”，但对“肝大哥”和“胆小弟”来说，它们的友谊“永不翻船”！

最重要的“化学工厂”：肝脏

我们为什么称呼肝为“大哥”、胆为“小弟”呢？因为这是按照它们的体积大小来称呼的，这样你是不是一下就记住谁大谁小了呢？

在我们身体右侧的上腹部，呈红棕色“V”字形器官的肝脏与右肺和心脏是“邻居”。它不喜欢“抛头露面”，平时大多隐藏在右侧膈（gé）膜下和肋骨深处。

肝脏是一个不规则的楔（xiē）形，右侧钝厚，左侧扁窄，可为分上下面，前后两缘和左右两叶。

你们可别小看肝脏，它时刻忙个不停，一直都在为我们贡献力量。它不仅肩负维持生命的重担，而且，它还是我们人体内最大的内脏器官呢！

当我们运动时，它为我们提供能量；当我们读书、写字、画画时，它又为我们提供对视力有帮助的维生素；当我们享受美食时，它又为身体分泌出消化液……

这么看，肝脏一刻也不得闲，简直就是名副其实的“大忙人”啊！

因此，有人这么形容：假如将人体看作化工大企业，毫无疑问，最重要的化学工厂一定非肝脏莫属了！

“化工厂”的“营业范围”

知道肝脏是“大忙人”，可肝脏这座“化学工厂”的经营范围到底有哪些项目呢？

首先，它时刻制造胆汁。肝脏是胆汁真正的生产商，胆囊只是贮存

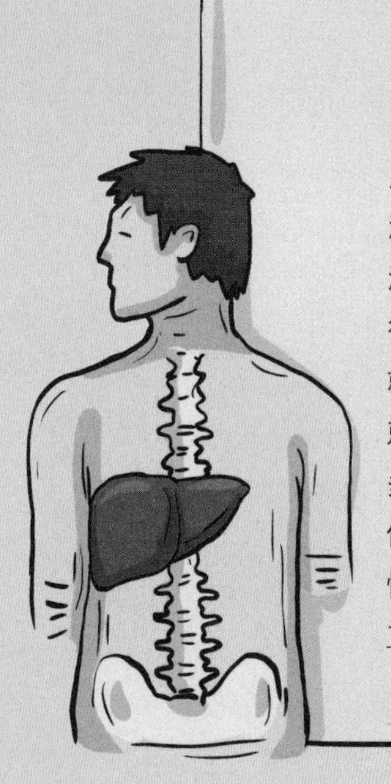

知识哈哈镜

如果将肝脏比喻成化学工厂，那么，存在于肝细胞中的溶酶体堪称化学工厂的核心。溶酶体简直就是工作狂，容不得丝毫马虎，用流行的话形容就是，工作认真到变态。它们兢兢业业，一丝不苟地生产出多达 50 多种酶，它们的主要作用就是对各种内生性或外源性物质进行消化和分解。虽然工作量大，但溶酶体从不出错。

胆汁的场所。24 小时内，肝脏能制造出 1000 毫升左右的胆汁，胆汁经胆管被输送到胆囊，胆囊负责浓缩和排放胆汁。

其次，肝脏还是人体内最大的解毒器官。身体内一旦有毒物、废物产生，肝脏负责将有毒物质变成无毒、低毒物质，然后让这些“有毒分子”随胆汁或尿液排出体外。平时，我们吃进身体的毒物、对肝脏有损的药物也要依靠肝脏来解毒。

最后，它还负责将我们血液中多余的葡萄糖转变为能贮存的糖原，这样就能有效防止血液中糖分过高，还能在血糖下降时重新将糖原转变为人体所需的葡萄糖。此外，因肝脏内含有溶酶（méi）体这种物质，它还负责蛋白质、脂肪、碳水化合物等的新陈代谢。

虽然肝脏的本职工作就够多了，但事实上它还兼职——造血。这可太新鲜啦！

原来，胎儿时期的肝脏会生成大量造血干细胞，它们不断为胎儿提供血液。等到胎儿长到 8 个月大时，肝脏的工作才被骨髓取代。但在一些特殊情况下，它也会重启造血功能。

嘿！它可真是“闲不住”啊！

小小胆囊“大胃口”

和肝“大哥”相比，胆“小弟”不仅体积小，就“工作”来说也清闲很多。我们说，制造胆汁是肝脏的重要本职工作之一，胆“小弟”则只是负责将肝“大哥”制造的胆汁储存起来。

你一定目瞪口呆，胆汁原来并不是胆制造的，这像不像我们平时说的阿拉伯数字不是阿拉伯人发明的那样呢?

事实确实如此。

胆看上去像一颗梨子，位于肝脏下的胆囊窝里，在胆总管和胆囊管的帮助下与肝相连，主要负责浓缩、储存和排送胆汁。

胆囊的容积并不大，只有 50 毫升左右，不过这并不影响它的“大胃口”。在对胆汁进行储存的时候，胆囊将浓缩神功发挥得淋漓尽致，竟然可以将 90%的水分加以吸收，这么算来，它可使胆汁浓缩 5 ~ 10 倍。

黄绿色的胆汁味道极苦！但别看它苦，它却是消化脂肪类食物的“小帮手”，能很好地将脂肪分解成容易被人体消化吸收的脂肪粒。因此，胆汁还得了一个“高级乳化剂”的称号。

肝“大哥”和胆“小弟”还真是一对好朋友，它们一个制造胆汁，一个负责储存，肝又影响胆的分泌和排泄，它们就这样你帮我来我帮你……

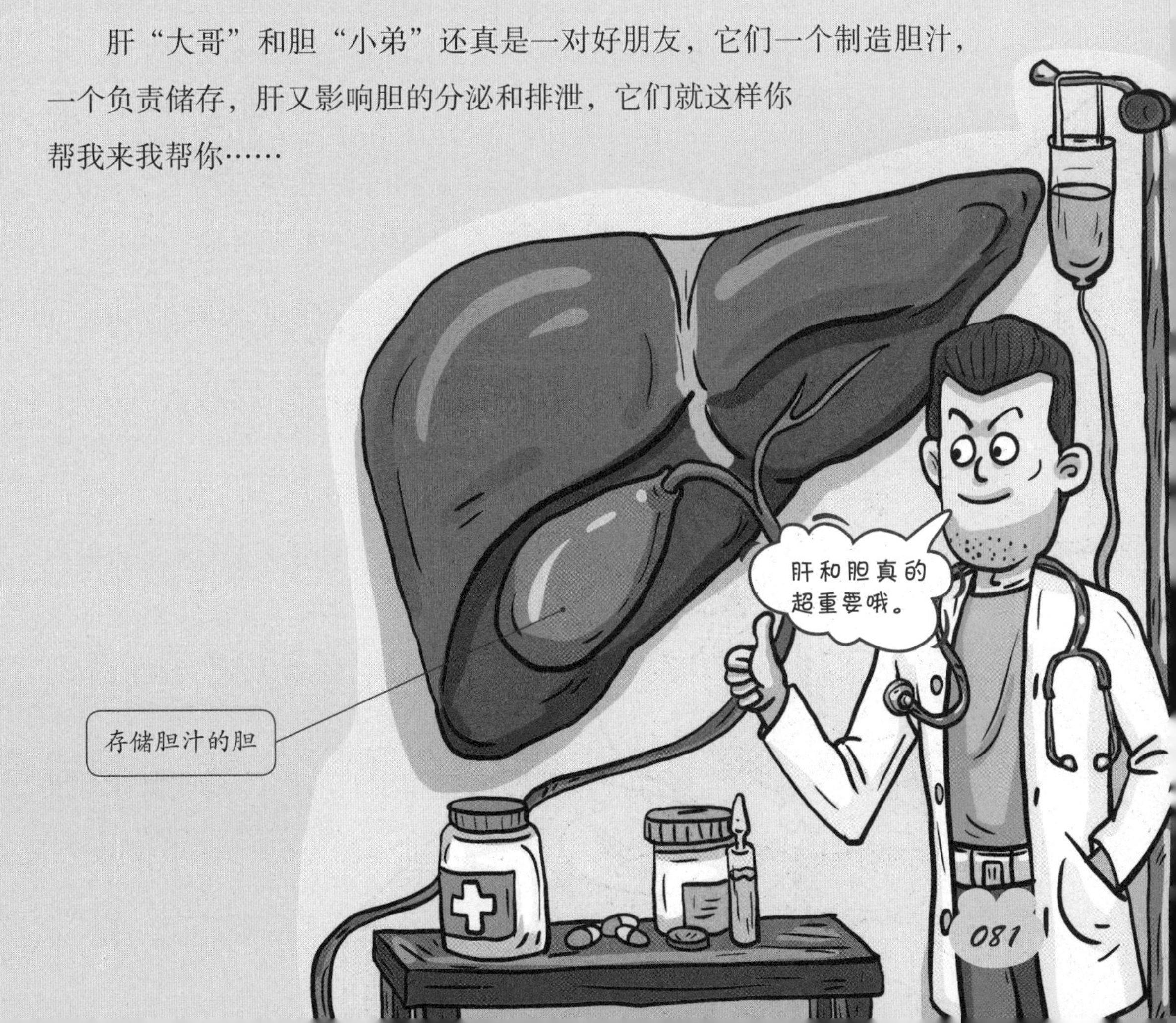

会变脸的“大茄子”：胃

胃是人体重要的消化器官，我们吃进去的食物通过食道来到的第一站就是胃。胃在我们身体上腹的左侧，看上去很像一个大茄子。这个“大茄子”的本事可不小，因为它会“变脸”魔术，可以一会儿变小，一会儿变大，大小会随着食物的多少而改变。怎么样，是不是很有意思呢？

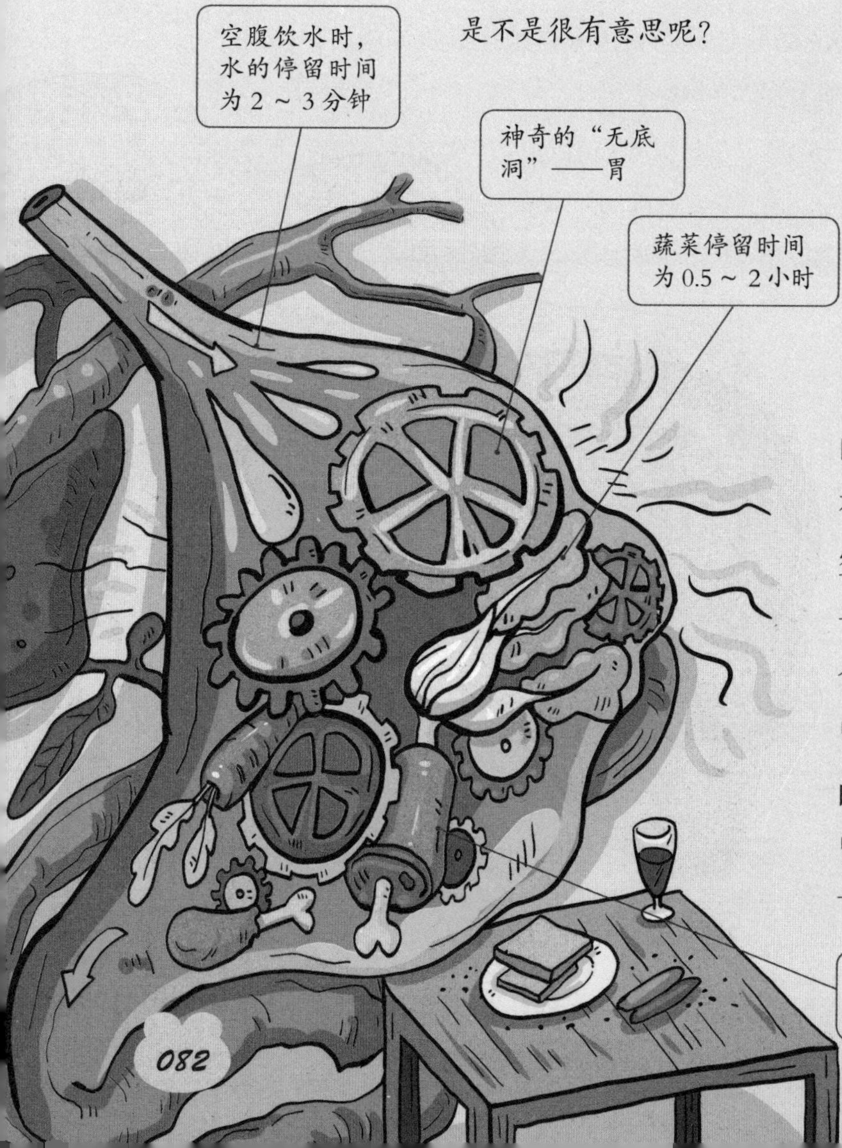

神奇的“无底洞”

胃的形态是不固定的，装满食物的胃和正在消化的胃以及正在排空食物的胃，它们的样子都是不一样的。胃上接食管，下与小肠相连。胃的上端与食管相连接的地方叫贲（bēn）门；胃的中间是胃体；胃的下面有一条将胃和小肠

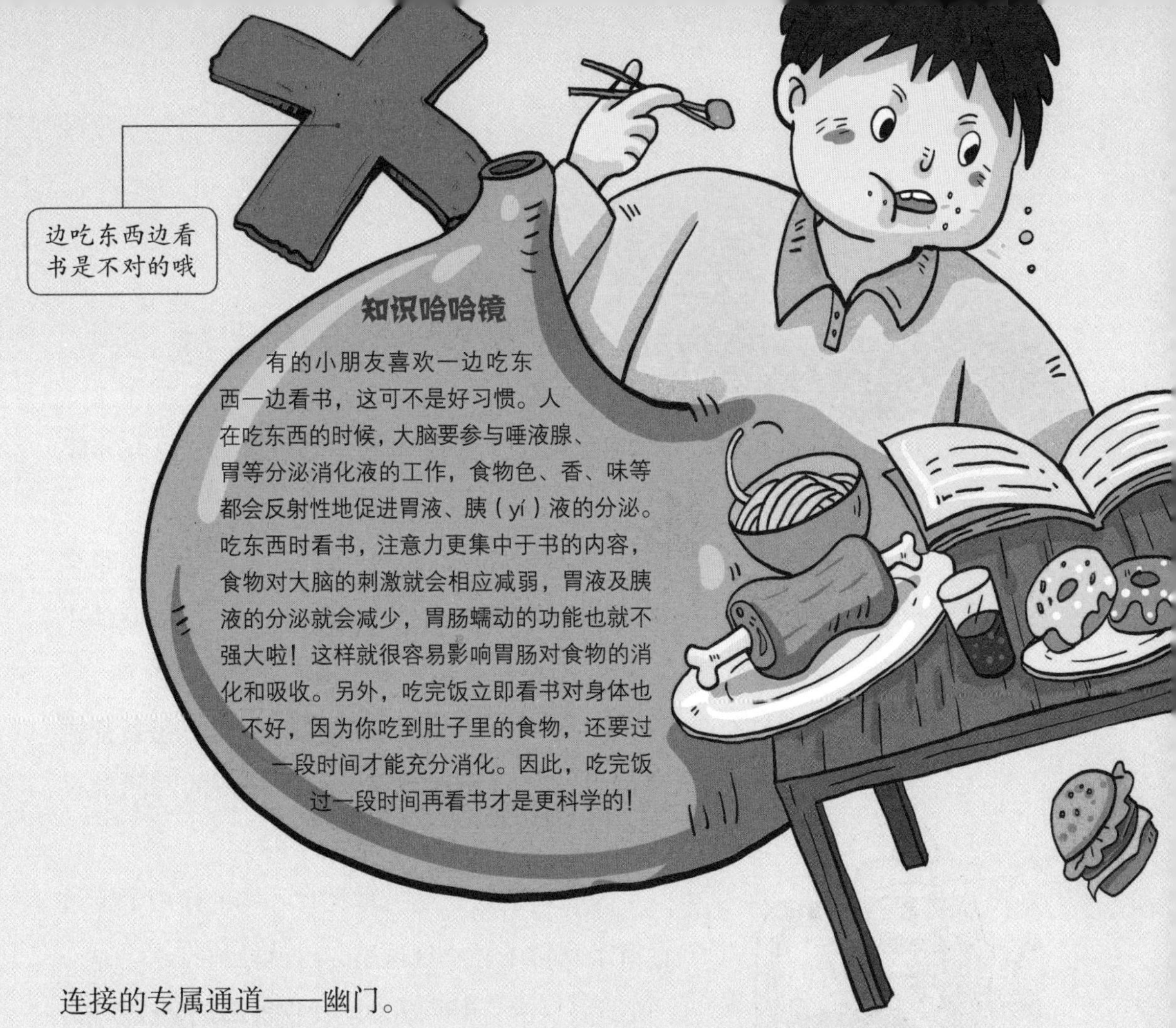

连接的专属通道——幽门。

经常有小朋友会好奇，为什么我们吃的食物不会倒流出来呢？关键在于贲门。

当我们将食物吞咽下去后，贲门便张开，食物进入后，贲门便紧紧关闭。因此，我们吃到肚子里的食物才不会倒流出来。

生活中，我们总是有这样的感觉：明明吃了很多东西，可就是觉得肚子还在唱“空城计”。这太奇怪啦！

事实上，这都是“大茄子”惹的祸。

胃就像一个充满魔力的、怎么填也填不满的无底洞。在这片神奇的领域，空腹饮水时，水的停留时间只有 2 ~ 3 分钟，蔬菜的停留时间为 0.5 ~ 2 小时，停留时间最长的是肉类食物，可达 4 ~ 6 小时。

现在知道了吧？要想不引起它的“抗议”，最多 6 个小时之后，我们就该给它喂进去一些食物啦！

说走就走的旅行：食物的消化之旅

应该说，从我们把食物吃到嘴里的那一刻起，它就开始了一场被消化之旅。

我们的口腔里，潜藏有 3 对大的唾液腺（xiàn），它们分泌出很多黏（nián）糊糊的液体，和被牙齿咬碎的食物掺杂在一起。这些液体中含有一种叫唾液淀粉酶的物质，开始对食物进行第一次简单分解。

其实，进入口腔简单分解对食物的消化之旅来说，只是万里长征刚刚走完第一步，因为食物在口腔中停留的时间太过短暂。

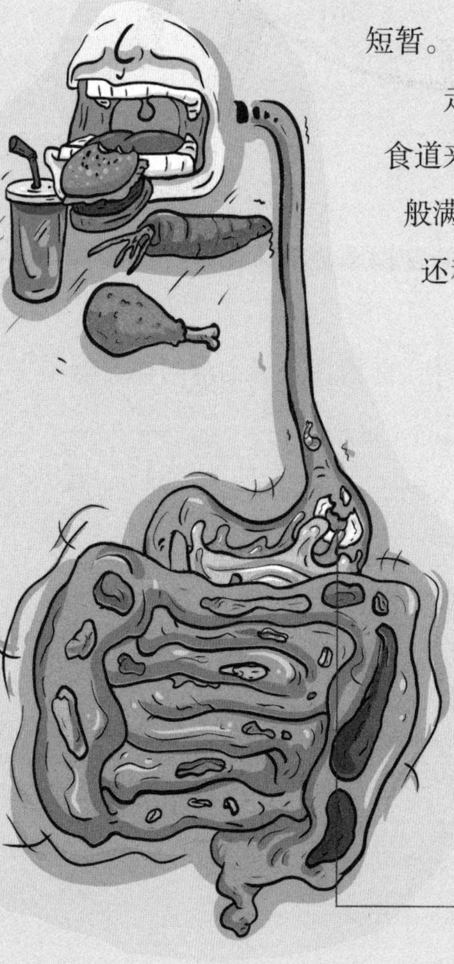

走完口腔这一站，食物在吞咽的作用下穿过食道来到胃中。一到这里，胃就像被打了鸡血一般满血复活，不断蠕动。食物很快被磨成粉末，还和胃液（含消化酶）“打成一片”。

经过这一站，食物已经面目全非，变成了奶油状的液体——食糜（mí）。

食糜是一种方便人体吸收的简单成分。在这里停留 1 ~ 6 小时之后，食糜就开始向这一站告别，前往小肠；在小肠停留 3 ~ 8 小时后，食糜抵达大肠；12 ~ 24 个小时后，被消化过的食糜残渣通过肛门结束本次旅程。

食物在身体内的消化之旅

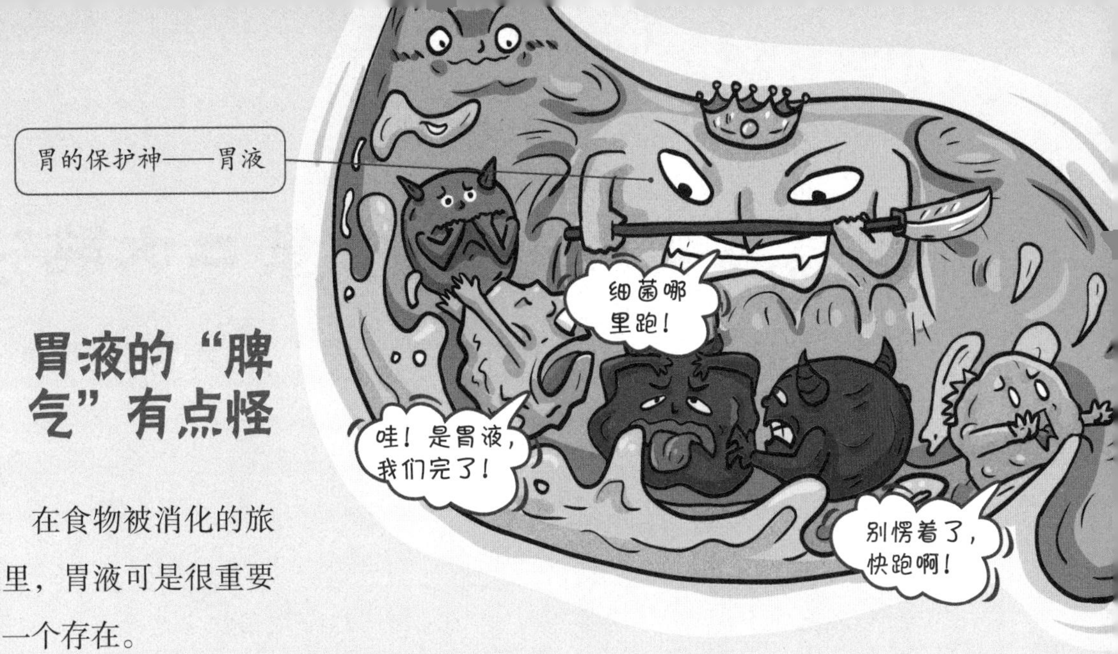

胃液的“脾气”有点怪

在食物被消化的旅程里，胃液可是很重要的一个存在。

我们的胃能分泌出胃液，胃液呈酸性，腐蚀（fǔ shí）作用极强。不管是我们吃进去的蔬菜、面包，还是各种肉类，它都“照单全收，来者不拒”。

偷偷告诉你吧！

吃饭的时候，我们如果不小心把铁制的锅、铲、叉子、勺子刮擦掉的铁屑和食物一起吃到肚子里，胃酸一样可以将它们腐蚀掉！

这么说，胃液连铁也能腐蚀掉呢！是不是让你大跌眼镜？

既然胃液有这么强的消化功能，小读者一定会问：那它会不会把胃也消化掉呢？要是那样的话，我们可就惨啦！

胃液是由很多种物质混合而成的，首先，它含有胃蛋白酶这种物质，其主要任务就是把食物中的蛋白质分解为一小块一小块的，这些小块的东西就被称为“多肽（tài）”。

其次，它含有威力极大的盐酸，其主要任务是将食物中的细菌杀死，并营造合适的 pH 环境，让酶正常工作。

虽然胃液里有这些物质的存在，但是胃也有自己的“近卫军”——胃黏液。它主要附着在胃的内壁上，从而让胃蛋白酶和胃酸都不能和胃壁直接接触。如此一来，胃里的消化液就不能对胃造成伤害啦！

智慧与实力并存的“第二大脑”：肠道

亲爱的小读者，你是否听说过“肠脑力”这个词语？它是什么意思呢？肠脑力是近年来十分流行的一个词语，原因竟是肠道的重要性可以与大脑相提并论，因此，肠道还有“第二大脑”的美名。你是不是觉得很不可思议呢？

不开心，就“捣蛋”：肠道里的血清素

很久以前，最原始的生物是没有大脑和心脏的，不过，它们有肠道。于是，肠道就“兼职”起大脑的工作，水母就是这样啊！

为了保证我们的身体健康，肠道其实很忙碌。它时刻都在为我们身体的免疫力保驾护航。当然，只有保证肠黏膜功能正常、肠道菌群生态平衡，它才能最大程度地发挥自己的作用。

平时，我们一定不要暴饮暴食、偏食挑食，另外，还要加强运动。这样才能加速肠道蠕动，更好地促进新陈代谢。所以，要想有一个好的身体，必须从“肠”计议。

值得一提的是，我们的肠道内还有一种能传导快乐情绪的物质——血清素。有时，我们会感觉“好开心、好幸福”，其中就有血清素的功劳。所以，血清素又有“幸福荷尔蒙”的美名。它在人体中的含量约 10 毫克，其中，95% 的血清素是在肠道中产生的。

合成血清素，离不开氨基酸、维生素等的帮助，一旦肠道内菌群失衡，就无法合成血清素，我们也就容易产生抑郁情绪。

有的人一紧张就会肚子疼，这也跟血清素有关。我们在感觉“压力山大”时，就会出现肠道收缩不规律，血清素分泌急剧减少。所以，肠道就抢先一步，比大脑更快地发出了压力警报，人就会觉得肚子疼！因此，肠道也有“第二大脑”的说法。

“管道”十八弯：吸收营养靠小肠

肠包括大肠和小肠。我们先了解一下小肠的秘密吧！

小肠是消化系统中最长的一段，它就像一根弯弯曲曲的管道，盘曲在人体下腹部。它上接幽门，下连盲肠，从上到下分为十二指肠、空肠和回肠三部分。这三部分紧紧相连。如果把小肠摊开的话，它的长度可达 4 ~ 6 米，相当于我们正常人身高的 3 倍左右呢！

或许有的小读者会好奇，十二指肠这名字有点太奇怪了吧？

十二指肠有这样的名字，和它的长度有很大关系。作为小肠的起始部位，它的长度刚好和 12 根手指并排放在一起的长度差不多，故此得名。

小肠各部分的基本结构相同，肠壁的最外层为小肠表层，再往里是肌肉层，最内层是小肠黏膜和黏膜下层。在最内层，毛细血管十分丰富，黏膜下层的环状皱襞上生有许多小肠绒毛，这些绒毛可是吸收食物营养物质最重要的部位呢！

在食物的消化过程中，小肠分泌的液体肩负将营养物质分解得更小的“重任”，小到这些营养物质能穿透肠壁被我们的身体吸收。

当然，对于消化不了的“顽固分子”——残渣，那就需要大肠来帮忙啦！

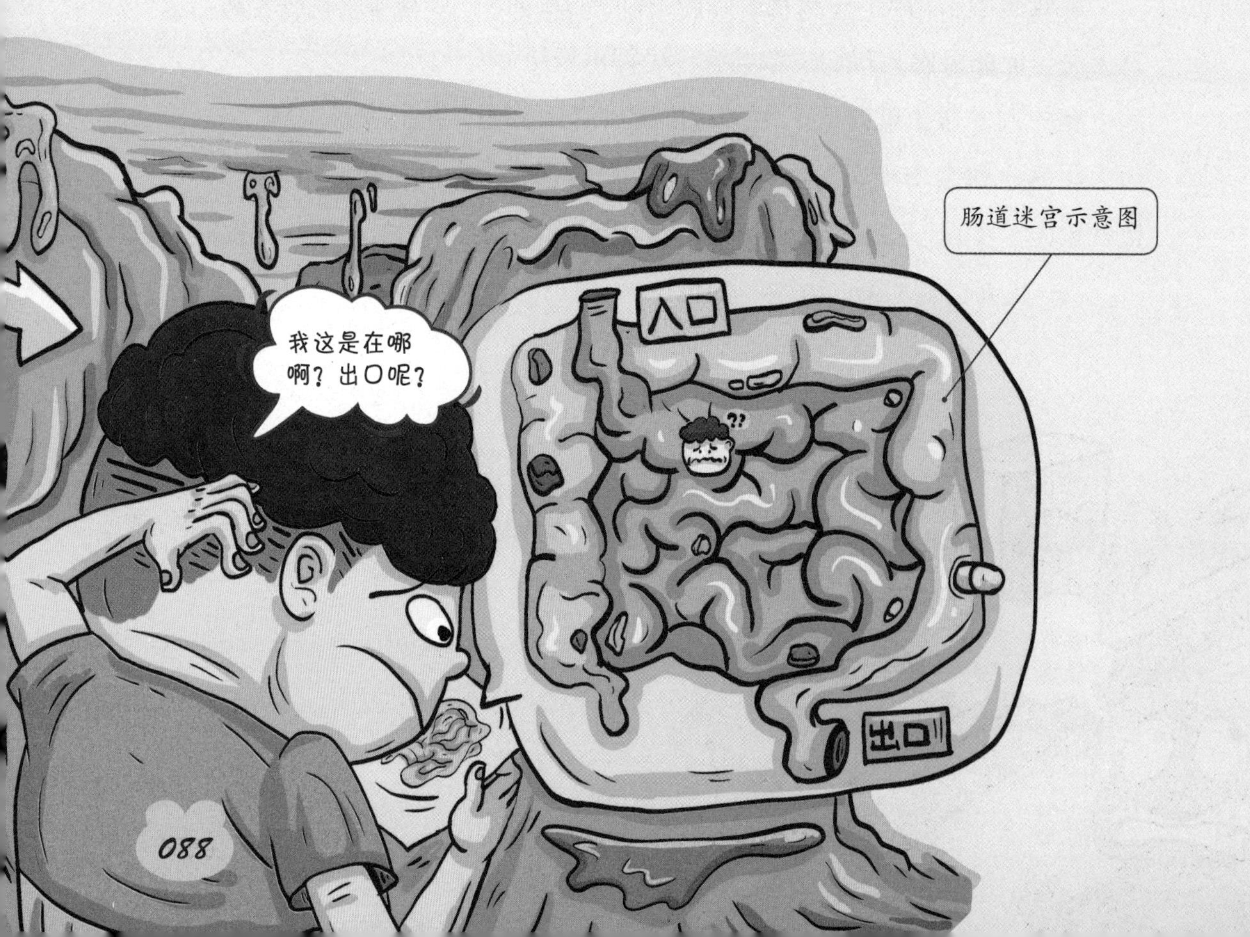

“最佳接盘侠”：大肠

对于小肠消化不了的食物残渣，堪称“接盘侠”的大肠自有办法对付。

大肠与小肠相连，主要负责吸收水分、制造便便。它位于消化管末段，一个成年人的大肠长 1.5 ~ 1.8 米。

小读者一定会问，小肠那么长，却叫小肠；大肠这么短，却叫大肠，这之间是不是有什么“误会”呢？

原来，大肠虽然比小肠短很多，但是小肠的直径只有 1 ~ 4 厘米，大肠的直径却有 6 厘米左右。如此一来，“身材”纤纤细细的小肠与“身材”臃肿（yōng zhǒng）肥胖的大肠相比，谁大谁小就很明显了。

和小肠一样，大肠也主要分三部分，分别为：盲肠、结肠和直肠。

盲肠是大肠的起始点；中间部分的结肠是大肠的“主力”，主要负责对付小肠无法对付的“顽固分子”，对食物残渣进行处理形成便便；直肠是大肠的“终点站”，它的最下面部位是肛门。

在对食物残渣进行处理时，结肠可是什么“手段”都用上啦！起初，它分节运动，从而让食糜能反复地分开又混合；其次，结肠蠕动又让各

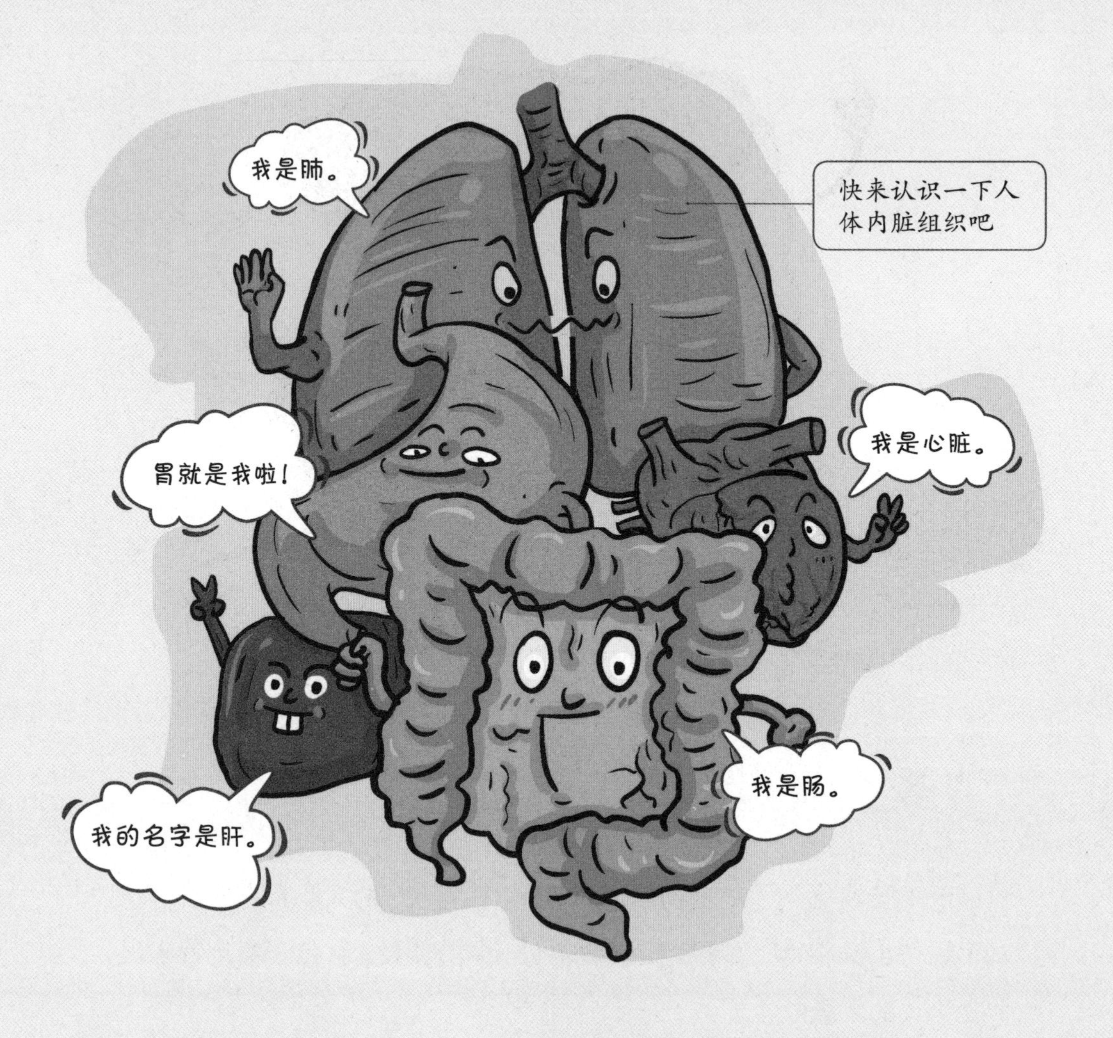

部分结肠收缩，以便于将食物残渣组成的便便送向远端的结肠；最后，结肠集团“全体总动员”，将便便推到直肠。

直肠储存便便，同时向神经中枢传导便意，我们才有要拉便便的感觉。

细菌王国的“良好公民”：大肠菌群

大肠里有数十万亿个细菌在这里“繁衍生息”，这些“细菌大军”就以大肠中的物质为生。

千万别以为细菌都是“坏家伙”，这里面生活的一些细菌可是细菌王国里的“良好公民”，对我们身体有很大的好处呢！

这些细菌能制造出我们身体所需的B族维生素和维生素K，虽然产量不高，但如果食物中缺乏这类维生素，这些细菌就显得格外重要啦！

此外，大肠细菌中还含有酶，它能分解食物残渣中的糖类和脂肪等物质，分解产物有单糖、沼（zhǎo）气等。如果这类产物过多，大肠受到刺激后，人就会腹泻。大肠中的大肠杆菌对蛋白质的分解叫蛋白质的腐败作用，分解产物除肽、氨基酸等物质外，还有多种有毒物质，如吲哚（yǐn duǒ）、酚（fēn）等，这类物质产生后，一部分会通过血液到肝脏解毒，另一部分则随便便排出体外。

你一定好奇，为什么细菌喜欢生活在大肠里呢？这是因为大肠内的酸碱度、温度十分适合细菌繁殖。

也许你会想，我们吃的食物香香的，但为什么排出的便便臭不可闻呢？

便便之所以臭不可闻，是因为小肠对付不了的“顽固分子”进入大肠后，大肠里有很多腐败菌，就是它们让残渣“变身”便便后臭不可闻的。

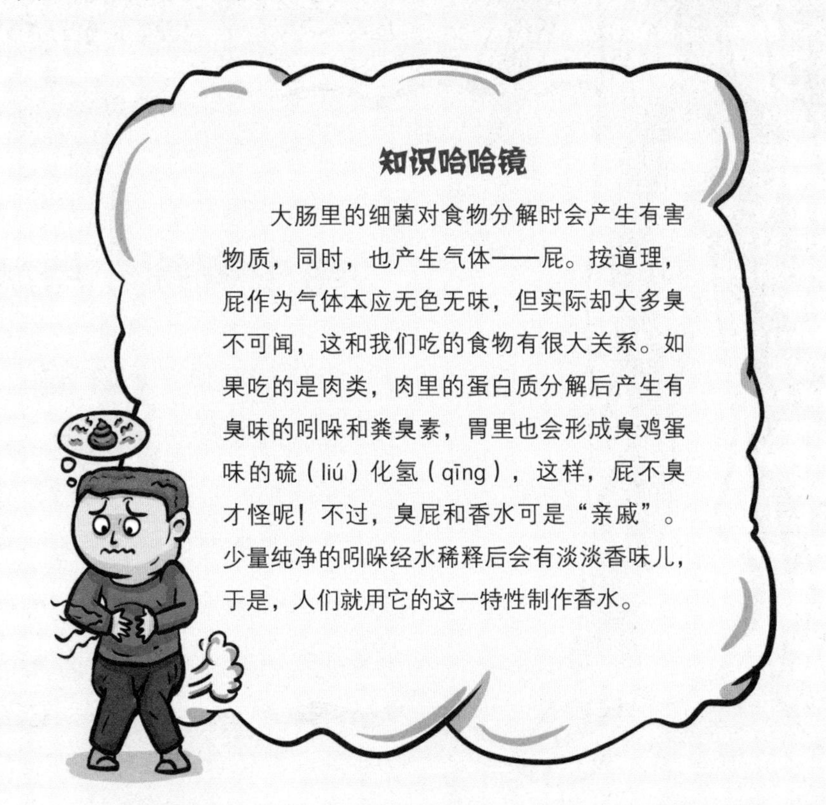

知识哈哈镜

大肠里的细菌对食物分解时会产生有害物质，同时，也产生气体——屁。按道理，屁作为气体本应无色无味，但实际却大多臭不可闻，这和我们吃的食物有很大关系。如果吃的是肉类，肉里的蛋白质分解后产生有臭味的吲哚和粪臭素，胃里也会形成臭鸡蛋味的硫（liú）化氢（qīng），这样，屁不臭才怪呢！不过，臭屁和香水可是“亲戚”。少量纯净的吲哚经水稀释后会有淡淡香味儿，于是，人们就用它的这一特性制作香水。

“大河小溪”流啊流：无处不在的血管

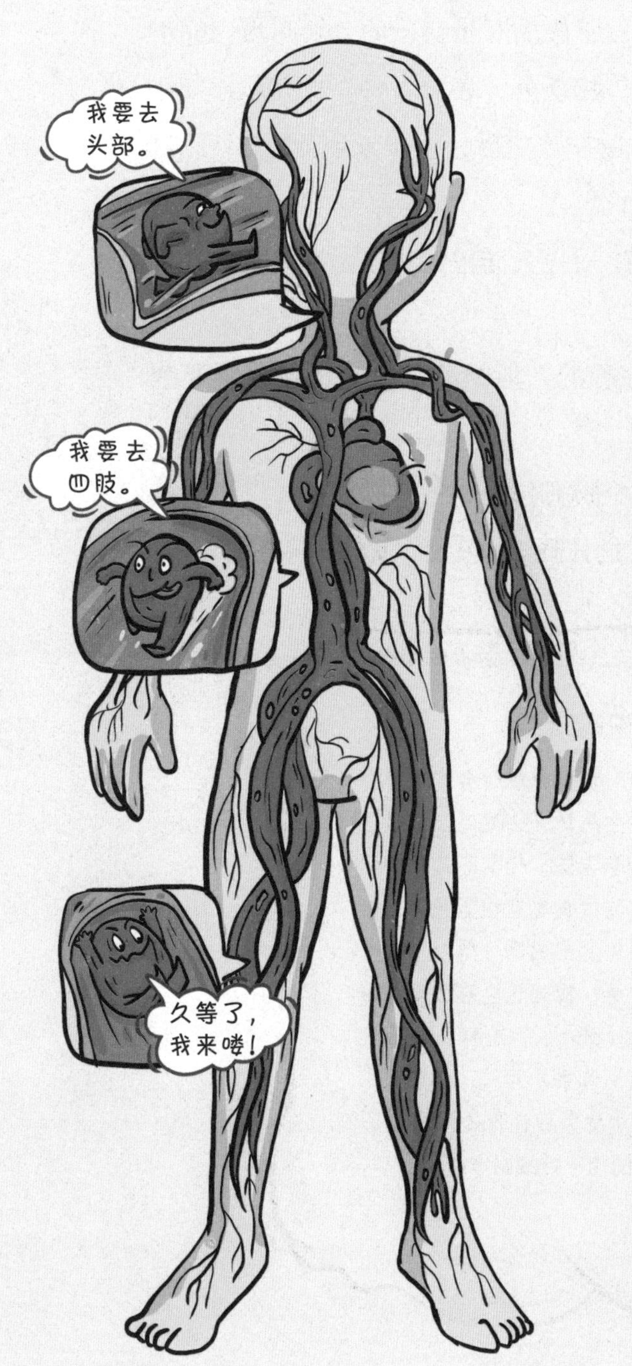

在我们的身体里，除指甲（趾甲）、毛发、牙齿（牙釉质部分）和角膜等处外，到处都有大河、小溪一样的血管分布，它们就像一条条管道一样运送血液，保证血液的流通。当然，按照构造和功能的不同，血管分属的“成员”也是不一样的，各自负责的工作也有很大差别。

粗中有细：动脉

人体的动脉从心脏开始，像不断生长的大树一样不断分支，口径越来越细，管壁越来越薄，直到最后分支成毛细血管，遍布全身各组织和器官。然后，这些毛细血管再次汇合形成静脉，最后又返回心脏。

动脉和静脉负责输送血液，血液与组织进行物质交换的场所却是毛细血管。在心脏的“桥梁”作用下，动脉与静脉相连，我们身体的全部血管构成了一个封闭式的管道。

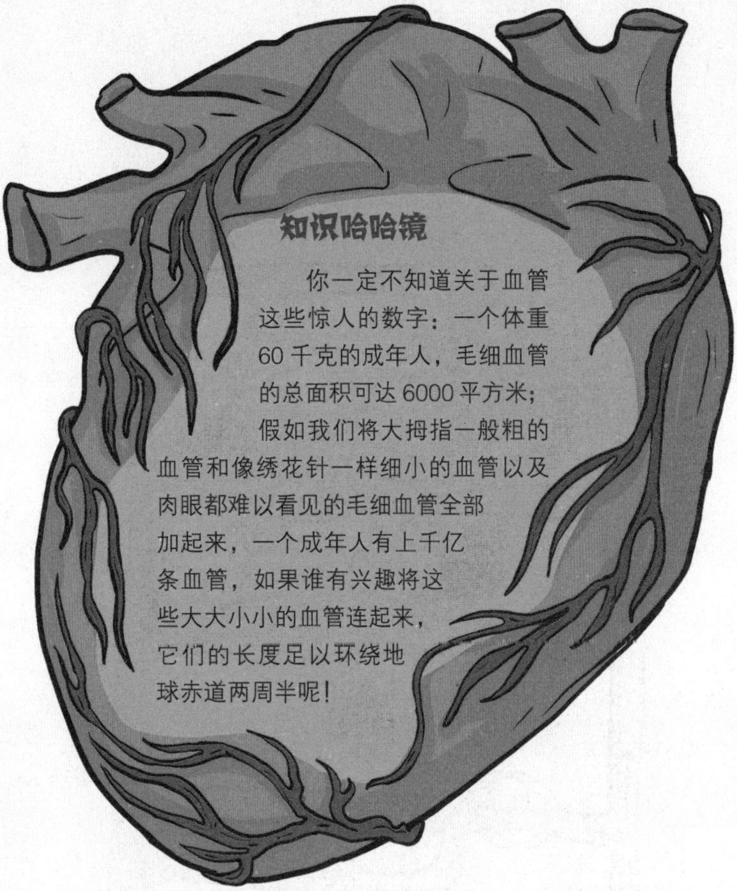

一定要清楚的是，不同的生物之间，血管系统可是有很大不同的呢！如，昆虫就是开放式循环生物，昆虫的循环系统没有运输氧气的功能。对此，你是不是觉得很吃惊呢？

知识哈哈镜

你一定不知道关于血管这些惊人的数字：一个体重60千克的成年人，毛细血管的总面积可达6000平方米；假如我们将大拇指一般粗的血管和像绣花针一样细小的血管以及肉眼都难以看见的毛细血管全部加起来，一个成年人有上千亿条血管，如果谁有兴趣将这些大大小小的血管连起来，它们的长度足以环绕地球赤道两周半呢！

而鸟类、鱼类、哺乳类、爬虫类属于闭锁式循环生物，由动脉连接毛细血管再到静脉，最后回归心脏。

正因为动脉血管将心脏输出的富含氧气的新鲜血液输送到全身各处，所以我们才总是精力充沛（pèi）。动脉血管之所以能承受心脏跳动时产生的高压，是因为血管内壁富有弹性。

连接我们心脏的主动脉是最粗的动脉，最细小的动脉就像绣花针一样细。这么看来，动脉还真是粗中有细呢！

蓝色血管有奥秘：静脉

动脉是从心脏向身体输送血液的管道，静脉则是引导、输送身体各

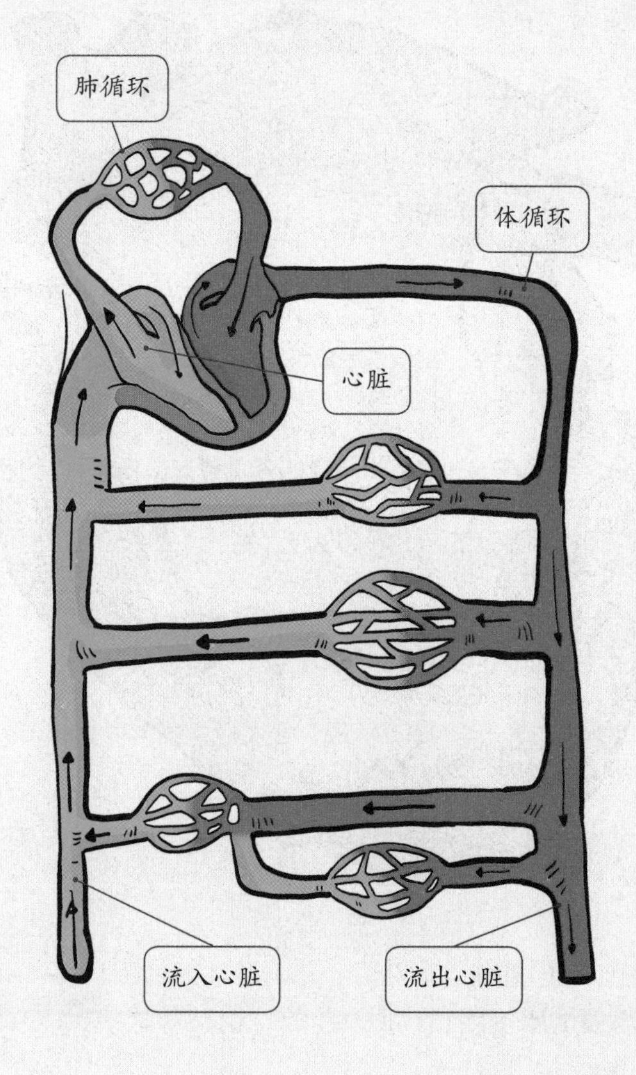

处的血液返回心脏的管道。

静脉起于微静脉，止于心房，包括将血液从身体各部分运回心脏的所有血管。静脉里的血液没有太大的压力，静脉的平滑肌和弹性纤维也大大少于动脉血管，因此静脉血管管壁缺乏弹性，显得又薄又松软。

与动脉血管不一样的是，静脉壁上有控制血液单向流动的膜瓣。这种膜瓣在我们身体的下肢静脉中较多且发达。千万别小看它们的作用，它们能很好地防止血液倒流，从而让血液“乖乖”听话，只向心脏流动。

小读者不妨找一找自己的手、脚等处比较明显的血管，它们就是静脉。它们看起来是不是蓝色的呢？这就奇怪了，从我们身体流出来的血液可是鲜艳的红色呀！难道静脉血管有什么“特异功能”不成？

其实，这是因为静脉中的血液二氧化碳含量较多，所以呈暗红色，透过皮肤来看，就像淡淡的蓝色一样。

来！通过请排队：毛细血管

毛细血管是我们人体中分布最广泛的血管。别看它们在血管“家族”

中管径最纤细，平均只有 6 ~ 9 微米，但它们可是连接微动脉和微静脉的关键血管呢！

意大利生理学家马尔比基是发现毛细血管的第一人，随后，荷兰显微镜学家列文虎克进行大量观察研究后，进一步证实了毛细血管的存在，并有了新发现——动脉与静脉是由毛细血管直接相连的。

毛细血管和静脉血管一样管壁很薄，但它们通透性更好，这就很有利于血液与组织之间进行物质交换。正因如此，毛细血管成为血液与周围组织进行物质交换的主要场所。

毛细血管在身体的疏密分布情况各不相同：在代谢旺盛的组织和器官附近，毛细血管喜欢“扎堆”，如骨骼肌、心肌、肺和肾（shèn）等处；在代谢比较弱的组织附近，毛细血管不太喜欢“光顾”，如骨、肌腱和韧带等处。

别看毛细血管小，但它们可有意思啦！

毛细血管十分坚持“原则”，如果红细胞想从毛细血管中路过，对不起，得排队！因直径很小，所以这里就像弯弯曲曲的羊肠小道，仅容红细胞逐个单行通过。

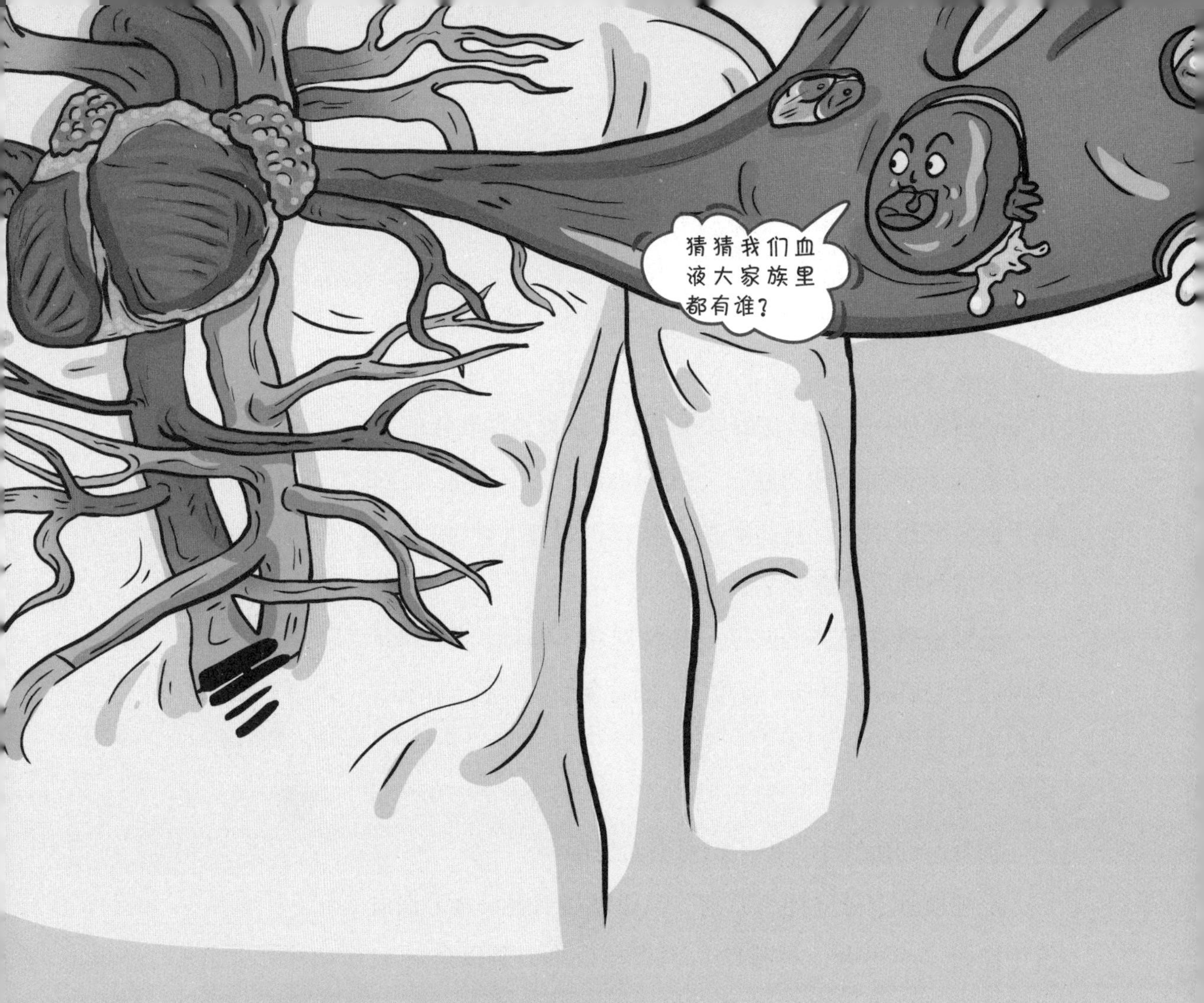

血液里面有什么：血液的故事

我们的皮肤被尖锐的东西划破时，是不是会有不透明的红色液体从受伤的地方流出来呢？它就是我们今天故事的主角——血液。血液对维持我们人体的生命活动至关重要。它的“身体”里，储存着我们人体的健康信息。想想看，生病去医院的时候，医生是不是经常会让我们去抽血化验呢？既然血液如此重要，就让我们一起了解更多关于血液的秘密吧！

田径场上的接力赛：有趣的血液

有小读者会好奇，血液是生来就有的吗？其实，在我们还没有出生的时候，就会生成血液啦！它的生成就像田径场上的接力跑，超有趣！

一开始，胚胎的卵黄囊、肝、脾（pí）、肾、淋巴结等都参与血液的生成工作。在胚胎的第 3 周，血液就开始“预备起跑”，这时几乎没有器官形成，一个叫卵黄囊的胚胎组织“自告奋勇”地肩负起造血重任；第 6 周时，胚胎中的人体器官开始形成，肝脏接过卵黄囊的接力棒接着造血；第 3 个月时，脾是主要的造血“工作者”；从第 8 个月开始，骨髓承担起造血重任。

是不是很有趣呢？

人体内血液的总量叫作血量，指血浆量和血细胞的总和。正常人的血量约为体重的 7% ~ 8%，研究数据显示，成年人体内的血量一般为 4 ~ 5 升。而在 1 升血浆中，水的含量为 900 ~ 910 克，蛋白质的含量为 65 ~ 85 克，低分子物质的含量约为 20 克。这 20 克低分子物质可不是可有可无的，它们含有多种对身体有益的电解质和有机化合物呢！

血细胞主要分为红细胞、白细胞和血小板三类，不过，血液中除了红细胞，其他血细胞数量微乎其微。而且，它们和很多生物一样，也是有寿命的。红细胞寿命较长，约为 120 天；白细胞的寿命为 7 ~ 14 天；血小板的寿命只有 7 ~ 14 天。人体每天都有约 40 毫升的血细胞在上演衰老和死亡。当然，身体里每天也会诞生一定数量的新血细胞。

不“单纯”的血液

血液看起来很“单纯”，不过它可不简单啦！它主要由血浆、红细胞、白细胞和血小板四种成分组成。

血液中 55%都是浅黄色的透明液体——血浆，它们除了负责运载血细胞，还负责运输人体所需的营养物质和代谢产物，堪称人体内的“运输大队长”。

红细胞呈双凹圆盘状，它们本身含有的血红素和肺部的氧气“亲密接触”后，形成含氧血红素。等移步到含氧量较低的地方时，它们就将氧气卸下，再叫上二氧化碳回到肺部。

一个正常男性每毫升血液中红细胞的数量为 400 万 ~ 500 万个，女性为 350 万 ~ 450 万个。

白细胞有很强大的防御和免疫功能。一滴血液中，白细胞的数量高达 25 万个，它们以变形运动的方式从毛细血管壁中穿过，再进入组织内，从而将微生物病原体吞噬（shì）和消化。这样，我们就不会受到病原体的伤害啦！

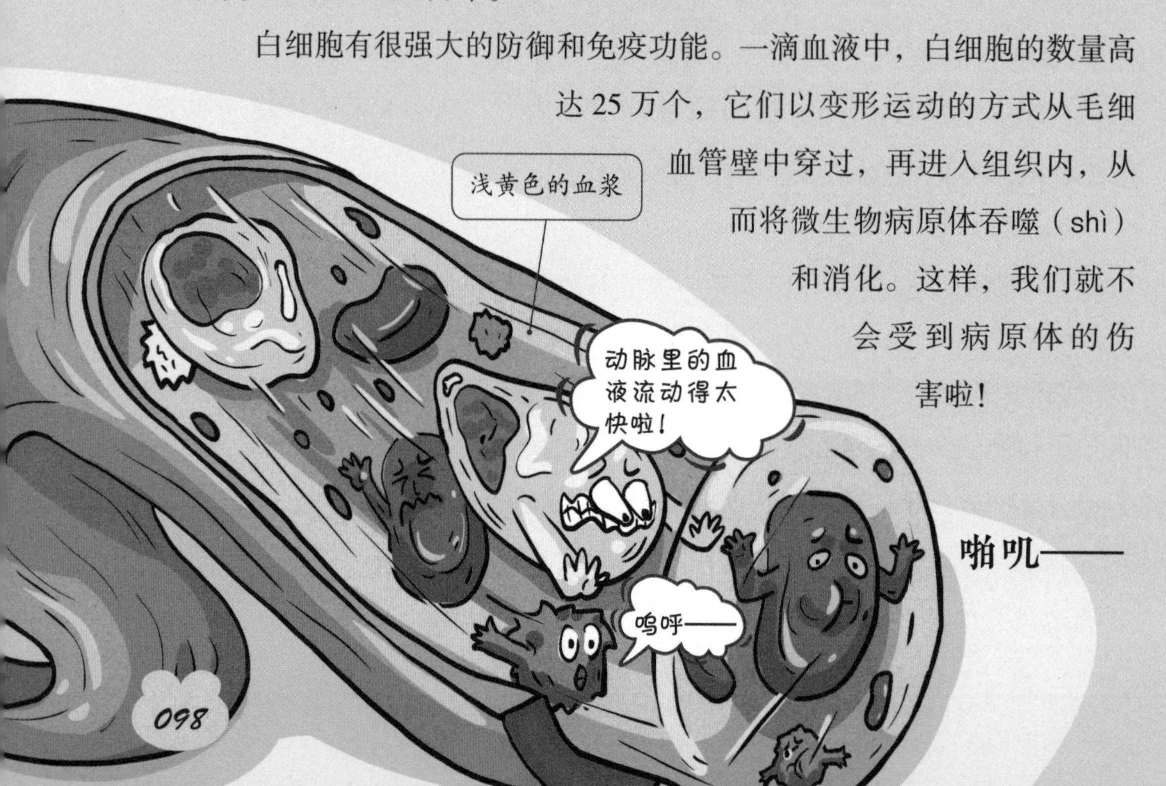

血球家族的“小矮人”：血小板

现在，我们重点了解一下血球家族里有“小个子”之称的血小板。

为什么叫它们“小个子”呢？这是因为，它们的身体只有红细胞的八分之一大。这可真是太小啦！它们的数量不多，正常人体内每毫升血液中只有 10 万 ~ 30 万个血小板。

可能有小读者会好奇，血小板难道真像一块块的“板子”吗？其实，它们大多是两面连起来的圆球体，甚至还有些是不规则的碎片。

生活中，我们拧开水龙头水就流出，将水龙头拧紧，水就不流啦！但是，如果皮肤被划破流了血，过一会儿你会发现，血已经不流了。那么，是谁将血管的“龙头”拧紧了呢？

要说这件事的大功臣，就是“小个子”血小板啊！

它们平常排列在血管壁旁，血管一旦受损，它们便很快赶到“事发地点”紧急集合，然后聚成一团将伤口堵住。这样，血就不往外流啦！这就是血小板的止血作用。

医学家研究后得出结论：正是有了血小板“时时在线，堵险抢修”，我们才免于意外。

呀！要是没有这些功勋（xūn）卓著的“人体工程兵”，我们的身体又会怎么样呢？简直不敢想象。

一二一，向前进：血液循环好规律

血液就像山间的小溪一般在我们的身体里不停奔流，它们不知疲倦地将氧气和养分送到身体各器官，还尽职尽责地将代谢废物运送到排泄系统。

血液的循环很有规律，包括体循环和肺循环两种。

体循环的路线为：从左心室射出的动脉血进入主动脉，然后，从动脉分别流向全身各处的毛细血管；血液经毛细血管壁，在组织液和组织细胞的帮助下，进行气体和物质的交换，动脉血“变身”为静脉血；静脉血经小静脉、中静脉，最后经上、下腔静脉流回右心房。

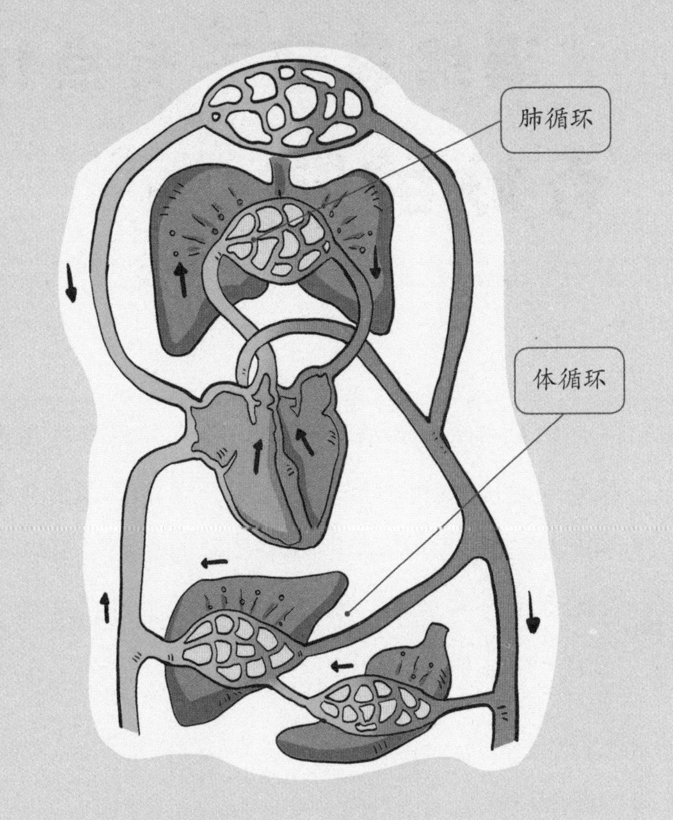

肺循环也有自己的前进路线：血液流经全身，含氧量不高的血液经上、下腔静脉进入右心房、右心室，之后再进入肺动脉，肺动脉负责将静脉血送到肺部，通过呼吸，将二氧化碳排出体外。静脉血在肺泡处吸收到氧气后，血液从肺静脉注入心脏，肺循环宣告完成。

体循环的作用，是将新鲜的氧气和营养物质送达全身，并将代谢产物和二氧化碳带回心脏，使动脉血变成静脉血。肺循环的作用，是让血液与肺泡进行气体交换，使静脉血变成含氧的动脉血。

不管是体循环还是肺循环，它们都是在封闭的系统内完成各自的任务。不过，血液中的血浆也会从毛细血管壁渗透出来形成组织液。肌肉、脂肪等组织以及器官的细胞在这种组织液中浸泡，并借此和血液进行物质互换。

“海绵袋子”有点忙：

奇妙的肺

学习之余，如果爸爸妈妈带我们到空气清新的公园里散散步、放放风筝，再呼吸一口清新的空气，该是多么惬意啊！每时每刻，我们都离不开呼吸，而呼吸需要肺和气管的帮忙。肺包括左肺和右肺，它们看上去就像两个柔软的“海绵袋子”。不过，这两个“海绵袋子”有点忙，它们一刻也不愿意闲着……

气体交换的中转站：肺

肺在我们身体胸部紧靠心脏的位置，是呼吸系统中最重要的器官。呼吸的另一帮手气管，则是肺通向外界的必经之路。

肺的里面满满都是空气。我们要不停地呼吸，才能将废气排出，重新吸入新鲜空气。在肺的不间断工作下，我们才能保证生命活动的正常进行。

我们吸气时，肺会有所扩大，呼气时，肺又会缩小。它恪尽职守忙个不停，不断吸进氧气，又排出二氧化碳，很好地充当了“气体交换中转站”这一角色。

气管是空气进入肺部的通道，是由环状软骨组成的很有弹性的管道。这些软骨像极了大写的英文字母“C”。肺中的气管分为两个主支气管，它们的样子与气管相差无几，却比气管更薄、更纤细。这些支气管又分为很多更细更小的细支气管。

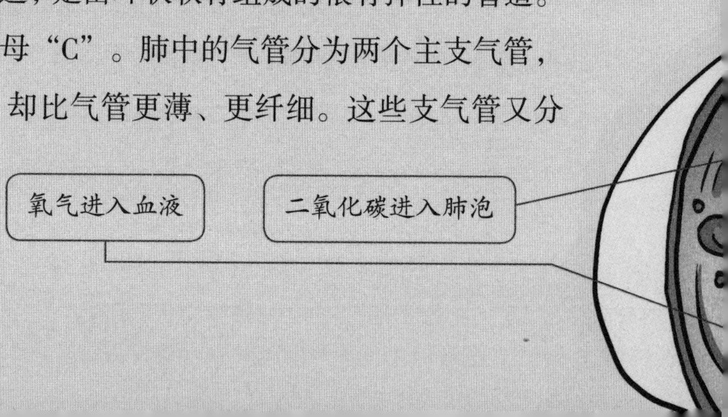

小读者不妨回想一下，你在电视里是不是看到过，有人因为溺（nì）水或触电等原因导致呼吸暂停从而昏迷呢？赶来救助的人会对他做人工呼吸，进行抢救。做人工呼吸时，他们会先让病人躺平，再将病人鼻子和嘴里的脏东西清除干净，之后将病人的鼻孔紧紧捏住，嘴对嘴吹气，直到病人胸部隆起。很快就能看到，病人又恢复了呼吸。

如果没有了呼吸，也就意味着人的生命面临终结。

可可爱爱空气囊：肺泡

其实，不管是左肺还是右肺，每个肺里都有很多微小的肺泡“居住”。

肺泡是由单层上皮细胞构成的半球状小囊泡。肺里的支气管经过多次来回分枝，形成更多细支气管，它们的尾端膨（péng）大成囊，囊的周围就出现

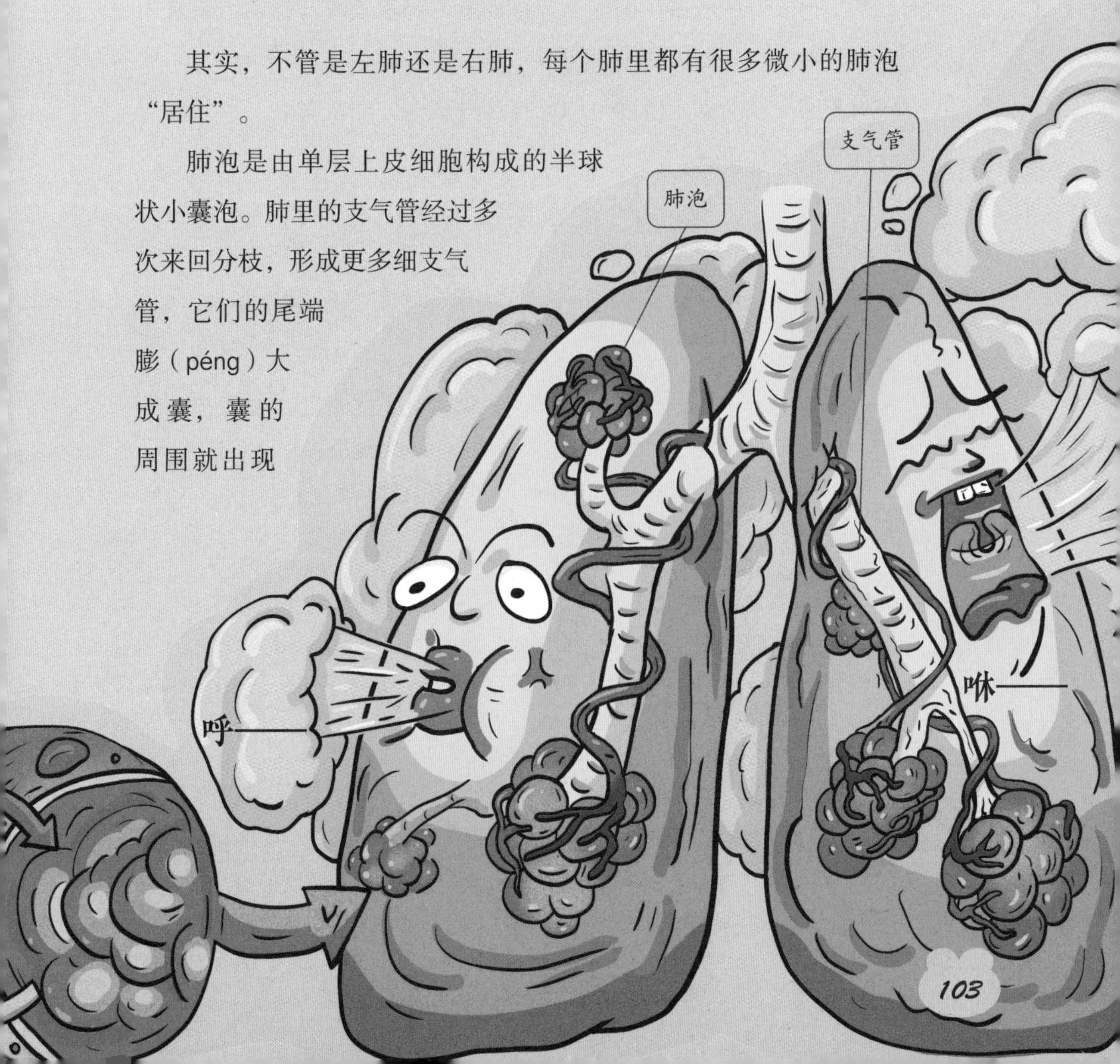

这种突出的小囊泡——肺泡。

肺泡有大有小，形状各异，但平均直径只有 0.2 毫米。

别看小家伙们居住的屋子不大，但这些微小的空气囊的数量高达 3 亿 ~ 4 亿多个呢！想想看，这些可可爱爱的小家伙住在这么小的地方，挨挨挤挤，是不是超萌？

假如有兴趣将这些肺泡全部铺平，它们的总面积可以达到 100 平方米！

肺泡不仅是肺部进行气体交换的场所，还是肺的功能单位。

氧气“想”从肺泡向血液中扩散，等待它的是重重关卡：它需要依次通过肺泡内表面的液膜、肺泡上皮细胞膜、肺泡上皮与肺毛细血管内皮之间的间质、毛细血管内皮细胞膜这层呼吸膜。

呼吸膜的厚度不到 1 微米，因此通透性极强，非常有利于空气进入血液进行气体交换。

假如“毛刷子”停止工作……

我们身边偶尔可以见到一些吸烟的成年人，可能有的小读者还不知

道，吸烟对肺的危害是极大的。因此，我们一定要远离香烟。

近几十年来，肺癌（ái）的发病率和死亡率不断升高，已成为严重危害人类健康和生命的疾病。当然，环境污染以及职业危害也可能是肺癌的“帮凶”，但吸烟绝对难辞其咎（jiù）。

香烟中含有一种叫尼古丁的有害物质，它对肺的伤害是非常严重的。

肺部的支气管中，有很多排列得像士兵一样整齐的“毛刷子”。在这些“毛刷子”的帮助下，进入肺部的空气中的灰尘和其他有害物质，被“毛刷子”层层推向喉部，从而达到排出肺部有害物质的目的。一旦将有害物质清除，那些可可爱爱的小肺泡自然而然就会恢复纯净。

不过，烟可是这些“毛刷子”的敌人。在烟的毒害下，“毛刷子”只能被迫停止工作。不妨想象一下，假如“毛刷子”有一天真的“闹罢工”，但我们又不停地吸入二手烟、汽车尾气、工厂废气等有害物质，如此一来，肺部的保护作用严重受损，肺部就只能深受其害，甚至恶变成肺癌。

所以，远离香烟从我做起，从现在做起。

神通广大的“血筛子”：蚕豆一样的肾

我们每个人每天都要尿尿，这是因为身体里产生的废液，除了以出汗的方式排出体外，剩余的基本都以尿的形式排了出来。你是不是很奇怪，尿是从哪里来的呢？其实，我们的体内有专门负责生产尿液的器官——肾脏。

长在身体里的“蚕豆”

在我们腰部的脊柱两侧，各有一只肾，右肾比左肾略低一些。身体健康的人，肾为红褐色。肾的形态十分有趣，像极了我们平时见到的大蚕豆。在腰、背部大块竖行肌肉的外侧边缘和最下肋骨之间的部位就是肾所在的位置。

教给大家一个辨认肾的位置最简单的方法：将手背向后，双手撑腰，手掌心所对的位置就是你的肾啦！

肾脏也有属于自己的“专员”，它由肾皮质、肾髓质、肾血管、肾被膜和肾盂（yú）组成。这几大“专员”各司其职，一起完成生产、运输尿液的重任。

肾有三层被膜，从内向外依次为纤维囊、脂肪囊和肾筋膜，它们是“肾的卫士”，负责固定肾，保护它的安全。淡红颜色的肾髓质由 15 ~ 20 个锥体构成，位于皮质深面；肾血管有肾静脉和肾动脉两种，肾动脉外径可达 0.77 厘米，简直和我们的手指一般粗，它们是人体污水的运输管道；

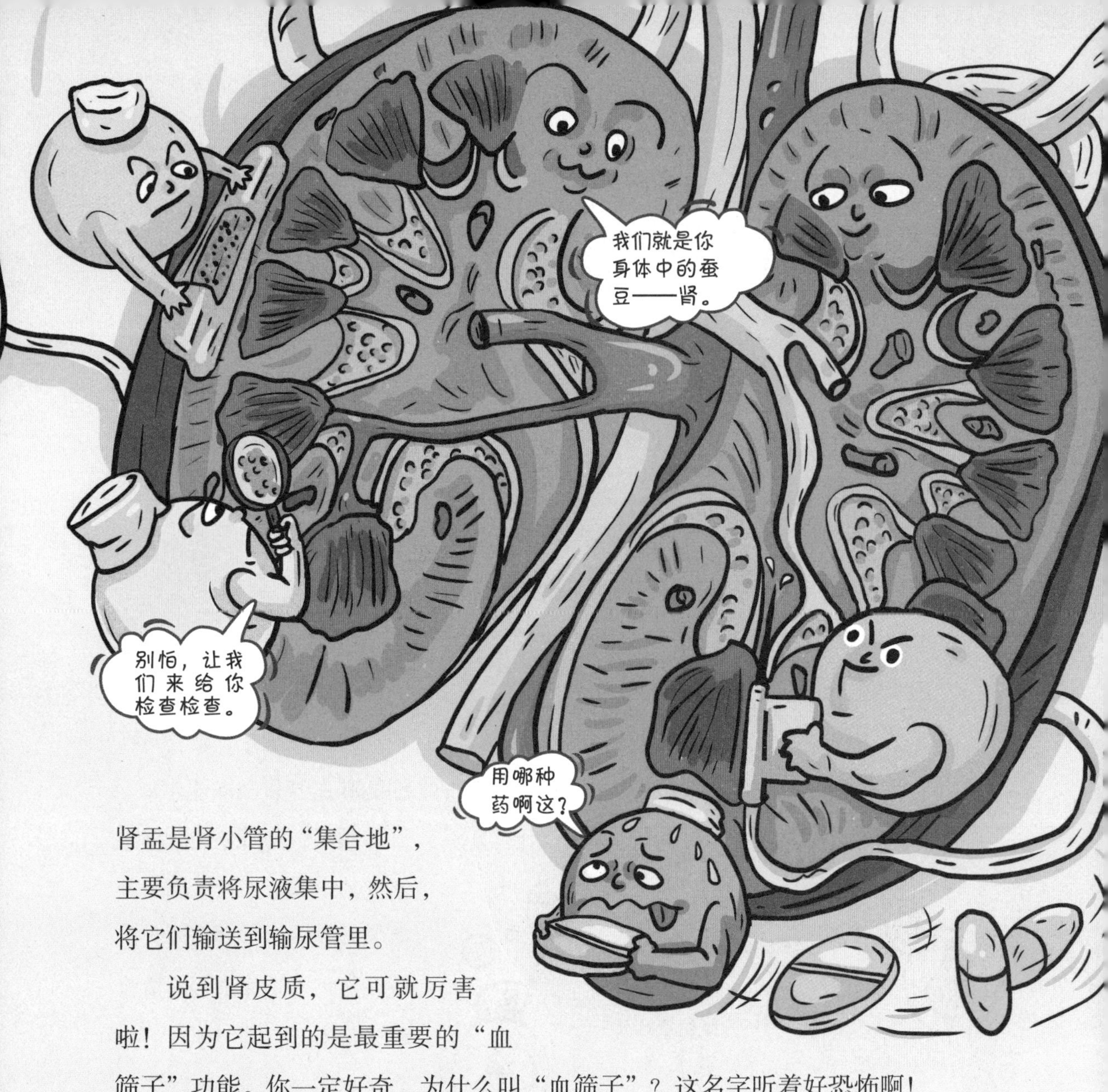

肾盂是肾小管的“集合地”，主要负责将尿液集中，然后，将它们输送到输尿管里。

说到肾皮质，它可就厉害啦！因为它起到的是最重要的“血筛子”功能。你一定好奇，为什么叫“血筛子”？这名字听着好恐怖啊！

要回答这一问题，就要说到肾都有哪些本领啦！

“血筛子”，本领高

肾脏主要负责将我们身体的大部分垃圾排出体外，而且，它还贴心地将我们身体产生的毒素也一并带出去。在这样一个排出毒素、保留营养的过程中，肾脏就要对这些物质进行筛选，所以，大家就给它起了个很形象的外号——血筛子。

肾脏在完成任务的过程中，肾皮质的功劳最大。

不过，肾脏神通广大，它的本领远不只排出体内垃圾这么简单。

血液流经肾小球时，因压力的作用，产生了含有小分子蛋白质的原尿。原尿通过肾小管时，所有的糖、小分子蛋白质和部分盐等物质都被重新吸收，再送回血液，剩下的才是尿。你看，肾脏很好地维持了我们体内的水平衡。

对维持体内电解质和酸碱平衡，肾脏同样会说“So Easy（很容易）”。

在身体代谢过程中，肾脏不仅能将产生的酸性物质排出体外，还能有效控制酸性和碱性物质排出的比例；对体内各种离子，如钾离子和钠离子等，也有很好的调节作用。

此外，肾脏还能分泌促红细胞生成素，这种物质能让造血系统中的红细胞和血红蛋白加速生成。

最后，肾脏还会分泌激素，其中的肾素有让血压升高的效果。你一定会说，血压升高可不是好事，难道肾脏也“搞破坏”吗？别担心，它还会分泌前列腺素，这种激素能调节血压。

知识哈哈镜

身体在新陈代谢的过程中，离不开维生素家族的调节作用。不过，要想让维生素D乖乖工作，还得请神通广大的“排毒小能手”——肾脏来帮忙。因为，维生素D只有经过肾脏的转化后，才能促进胃肠道钙、磷的吸收，促进骨骼生长以及发挥软骨钙化等生理作用。

“小闸门”与“血筛子”

两只肾产生尿液后，究竟是怎么将它们排出体外的呢？这就需要一个弹性十足的“小袋子”——膀胱（páng guāng）来帮忙啦！

尿液一旦产生，就流入膀胱。在膀胱下面，有一个可以通向体外的通道——尿道。在与尿道接近的地方，有一束肌肉就像“小闸门”一样，只要“小袋子”装满了尿液，在大脑这位“总司令”下达的“打开小闸门”的命令下，尿就被排出体外啦！

也许有人会疑惑，有的人切除一只肾还能正常生活，这是怎么回事？

假如肾脏切除手术十分成功，即使只剩下一只健康的肾，也可以继续完成解毒和排尿的工作，是不会威胁人的生命的。

不知道大家有没有留意过，我们的尿是不是大都是黄色的呢？有时颜色深，有时颜色浅，这是什么原因导致的呢？

原来，尿液里有一种废物呈黄色，假如我们喝水太少，进入尿里的水也相应减少，太少的水不能将这种黄色废物稀释，那么排出来的尿就显得很黄啦。

嘀嗒嘀：

“隐性时钟”生物钟

小读者平时有没有留意这样一种现象：如果你平常都是早上六点起床，突然有一天你忘记了定闹钟，结果也能在这个时间点醒来！当朋友拜托你将一件东西还给他时，你一见到他，马上就会想起还东西这件事。是不是很神奇呢？你知道吗，在我们身体里有一个无形的“时钟”——生物钟。它让我们身体的各种功能按一定的规律运行，它可是我们健康、长寿、快乐的保障！

生物钟，倔脾气

有人用这样一个比喻来形容生物钟：它就像开车，什么时候上车，开车前往哪里，什么时候踩油门，踩油门前进多久，它都门儿清，然后

到达目的地后就一脚刹车。

不得不说，这个比喻太妙啦！

我们每个人从出生开始，身体的生长、新陈代谢以及智力、体力的发展等，都会受到生物钟的影响。生物钟有自己的倔脾气，对我们全身各种器官活动进行调节，能以日、周、月、年来发挥自己的作用。如果按照生物钟来安排作息时间，对提高成绩和学习效率可是很有帮助的。

仔细想想，生物钟的妙处还真不少。

第一：提示时间

比如，你在一定的时间点要完成什么事，这个时间点一到，你就自然会想起这件事来。

第二：提示事件

当我们遇到某一件事，在生物钟的提示下，我们会在脑海里浮现出与之相关的另一事件。比如，一看到憨态可掬（jū）的熊猫，我们就会想到，它是中国国宝，喜欢以竹子为食，还是出使他国的友好大使……其实，这些联想都不是无缘无故的，而是生物钟在起作用。

第三：维持状态

我们上一节课时，必须借助生物钟的维持状态功能才能听完课，否则就会犯困或是想逃课。当然，它的维持状态可以是连续的，也可以是断断续续的。

调控中心：松果体

一定有人很好奇，生物钟看不见也摸不着，它是靠什么发挥妙处的呢？其实，我们身体的生物钟有自己的调控中心——松果体。

人体内有种叫褪（tuì）黑素的物质，这种物质就是我们大脑中的松果体分泌（mì）的一种激素。它的分泌受光照和黑暗等因素的影响。昼夜周期中的光照以及黑暗的周期性交替，都会直接影响褪黑素的分泌量。

有研究指出，褪黑素在血浆中的浓度白天降低，夜晚升高。在褪黑素这种昼夜分泌周期的影响下，松果体向中枢神经系统发布时间信号，从而形成生物钟现象。比如，我们的睡眠与觉醒、青春期的到来等。

更有意思的是，人体生物钟有三大成员，它们不仅有自己的专属名字，运转周期也有长有短。如：人体智力生物钟运转周期为 33 天；情绪生物钟运转周期为 28 天；体力生物钟运转周期为 23 天。但无一例外，这三大生物钟都统一听命于松果体。

大家回想一下，平时有没有这种经历：一到阴雨绵绵的天气，好像就更容易昏昏欲睡？其实，这就是褪黑素在“捣蛋”。

当阴雨天光线偏暗，褪黑素就分泌较多，让大脑神经的兴奋度降低，减缓身体的新陈代谢，所以我们更想呼呼大睡，人就逐渐进入睡眠状态。

“第三只眼”：生物钟在哪里

我们每个人都有属于自己的生物钟。如果按照自己的生物钟来安排工作和学习，则会事半功倍。但如果“违背命令”，不按它的节律安排作息时间，就会改变体内的激素量，使神经紊乱，后果将会很严重——疲劳、慵懒、困倦……总之，让你各种不适。

知识哈哈镜

我们如果“乖乖”听话于生物钟，就不仅能提高学习效率，还能减轻疲劳、预防生病和防止意外事故的发生呢！早晨5～6点钟是生物钟的“高潮”，这时起床，精神百倍；7点，记忆力最棒，适合背书；上午10～11点，工作效率最高；下午1点左右，人脑的活动能力最是低落，所以午睡再合适不过；下午4点以后，关节最灵活，适合体育锻炼；晚上7点，适合我们进行长时记忆……

因为生物钟和我们的关系如此亲密，有人甚至称它为人体的“第三只眼”。

亲爱的小读者，你是不是也喜欢周末睡懒觉呢？其实，这可不是什么好事，因为这样会让我们的生物钟紊乱，导致睡眠时间延迟。如此一来，星期天晚上你就不容易睡着，星期一上午还会感觉不清醒，需要好几天才能结束这种紊乱状态。这真是得不偿失啊！

生物钟看不见也摸不着，但我们总是受它的影响。你一定也很好奇，它究竟藏在哪里呢？

有人认为，生物钟现象与褪黑素密切相关，而褪黑素是由松果腺分泌，因此，生物钟也应该位于松果体上。

也有人认为，它存在于大脑中，位于下丘脑前端视交叉上核内，这个部位通过视网膜感受外界的光与暗，从而使它和体内的时钟节奏保持一致。

到目前为止，虽然这些部位都发现有生物钟的相关结构，但生物钟的具体位置依然没有定论。

前方高能！

免疫系统保卫战

奇怪，明明身体一向很健康的我们有时候也会生病。生病可真让人烦恼！那么，我们为什么会生病呢？这多数是因为有一些外来“侵犯者”侵入我们的身体。罪魁祸首有细菌、真菌和病毒等病原体。不过也别太担心，虽然不能拿起“武器”与它们正面交锋，但我们体内有一支24小时待命的强大军队——免疫系统，随时为健康保驾护航。

雄赳赳，气昂昂：抵御病菌的三道防线

免疫系统是身体抵御病原体袭击最重要的保卫系统。就是因为有了它，即使我们生活的周围有很多能引起疾病的微生物，我们也不会轻易生病。

这支护卫我们健康的免疫系统由免疫器官、免疫细胞以及免疫活性物质组成。为了护卫我们周全，它们对病原体严防死守，筑起了三道防线。

第一道防线是皮肤和黏膜，它们分泌的脂肪酸和乳酸等有杀菌的作用，还能将病原体拒之门外，起到预防疾病的作用；第二道防线是体液中的吞噬细胞和杀菌物质，它们主要负责清除人体内死亡、衰老和有所损伤的细胞；第三道防线是免疫器官和免疫细胞，它们主要负责辨别、修补以及清除人体内产生的异常细胞。

其实大多数时候，第一道防线和第二道防线就能很好地将大多数病原体打败。这两道防线称为先天性免疫，也叫非特异性免疫。

第三道防线有点特殊，它是我们在出生之后才逐渐具备的防御能力，只对一些特定的病原体或异物有杀伤力，所以它叫后天性免疫，也叫特异性免疫。

我的“战场”，我的“兵”

既然是战斗，又怎么少得了战场呢？

我们体内有 500 ~ 600 个淋巴结，每一个淋巴结都含有数十亿个白细胞。淋巴通道上就有很多小型战场。如果因为感染病毒，免疫系统开始作战后，外来侵犯者和免疫细胞就会在此交战，这时淋巴就会“胖乎乎”的，变肿了。

此外，淋巴结还承担着打扫战场的工作，负责将病毒、细菌等残兵败将通通运走。

免疫细胞的成员组织主要包括淋巴细胞和各种吞噬细胞，它们没有颜色，呈透明状。就像人们称无色的开水为“白开水”，免疫细胞也被称为白细胞。

免疫细胞与病毒作战时，B 淋巴细胞和 T 淋巴细胞作为淋巴细胞的先锋，负责生产抗体；位于组织内的吞噬细胞的主成员巨噬细胞和单核吞噬细胞，负责将细胞残片和病原体进行吞噬和消化，并唤醒其他免疫细胞，让大家一起抵抗病原体。

聪明的小读者一定有这样的感觉，

巨噬细胞这名字真是威武又霸气。还别说，事实也真是如此。

巨噬细胞简直就是住在身体里的“变形金刚”，它们不仅能变形，而且吞噬能力惊人。一旦发现伤口上有病菌侵入，它们就立刻将其团团包围，然后将病菌吞到肚子里，所以人们亲切地称它们为“身体清道夫”。

记录在册的“侵犯者”清单

位于心脏上方的胸腺是T细胞“发育成熟”的地方。胸腺有很好的免疫调节功能，不过随着年龄增长，它会逐渐衰老和萎缩，功能也大不如前，对很多病原体的监视功能都大打折扣。

其实，脾也是免疫细胞和病原体大战的又一场所。从前文可知，脾在胚胎时是造血器官，但自骨髓接过造血重任后，脾继续发扬无私奉献的精神，蜕变为人体最大的免疫器官。它不仅能合成一些活性物质，还能很好地过滤血液细胞呢！

在一系列复杂的战斗后，免疫系统一旦成功地将病原体打败，取得战斗胜利，免疫系统就将“侵犯者”的信息记录在册，如果之后这种“侵犯者”再次来犯，就能更快速地将其消灭。

尽管我们的身体有免疫系统严防死守，但仍有病菌伺机而入。身体受伤后，病菌趁机进入体内捣乱，这时免疫细胞会紧急前往，与病菌殊死搏斗。有时，我们会看到伤口红肿或有浅黄的脓（nóng）液流出来，这就是它们和病菌打斗留下的痕迹啊！

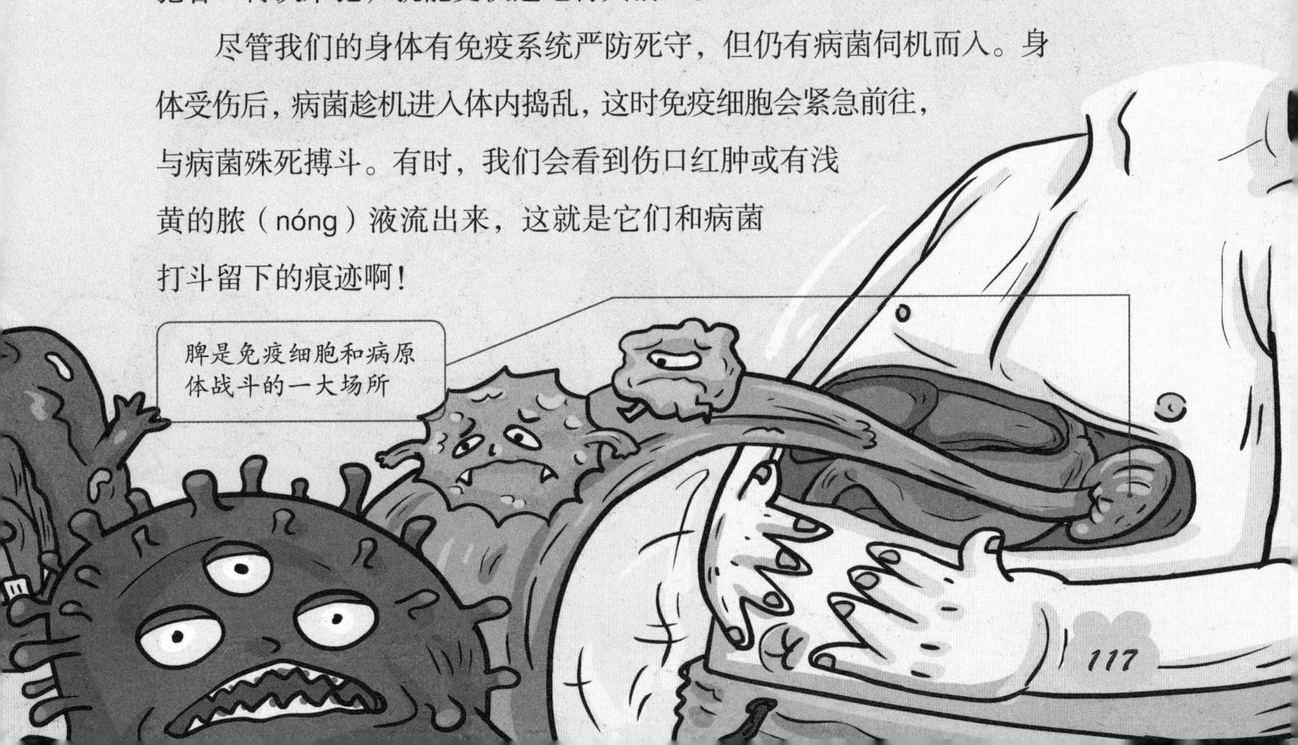

“脏脏臭臭”藏学问：

健康小秘密

亲爱的小读者，当你和其他小朋友玩得正“嗨”时，如果谁冷不丁“噗”的一声放了个屁，你是不是会赶紧捂着鼻子走开呢？当你看动画片正起劲时，你的肚子突然有情况，不得不去拉便便，你是不是觉得真耽误事儿？当你正在公园里欣赏风景，有人“呸”地吐一口痰（tán），你是不是觉得大煞（shà）风景，让人兴致全无？其实，这些让我们觉得讨厌的事情，还藏有一些关于健康的小秘密呢！

有屁快放！一屁真的值千金

每个人都会放屁，这是一种正常的生理现象。

屁的产生，是食物与唾液、胃液、胆汁等在肠道充分混合后，在各种产气厌氧菌、产气好氧菌的分解之下形成的气体。

屁有很浓重的异味，很多动物还用屁作为保护自己的“武器”呢！虽然我们的屁不需有要这种功能，但它却能提示我们的身体是否健康。

正常情况下，放屁是胃肠道正常运行的表现。不过，在肠粘连、肠套叠等引起的肠梗（gěng）阻，或者腹腔内脏器官发生炎症、穿孔等病变导致肠麻痹时，病人就会出现呕吐、腹泻、腹胀以及不能放屁的现象。为急性腹泻病人诊治时，医生就会一再询问病人是否放屁，以此作为诊断一些肠道疾病、腹腔疾病的参考。

病人做了腹部手术后，能否放屁也成为医生判断肠道是否通畅的依据。手术后的 1 ~ 2 天内，因麻醉药物的作用，病人是无法放屁的。一旦病人可以正常放屁，则说明肠蠕动已经恢复正常了！

在医学上，有“一屁值千金”的说法。因此，有屁就要放，不过，为了不影响别人，还是要避开他人才文明。

叮咚，来自肠内的“书信”：便便

说到便便，我们都会觉得恶心。但是你知道吗？便便就像一面镜子，可以清楚地“照”出我们肠道内的情况，我们以此来了解身体的健康状况。

便便是我们的大肠排遗物。如果说“便便”“臭臭”是大肠排遗物的小名，那么“粪便”就是它的大名。

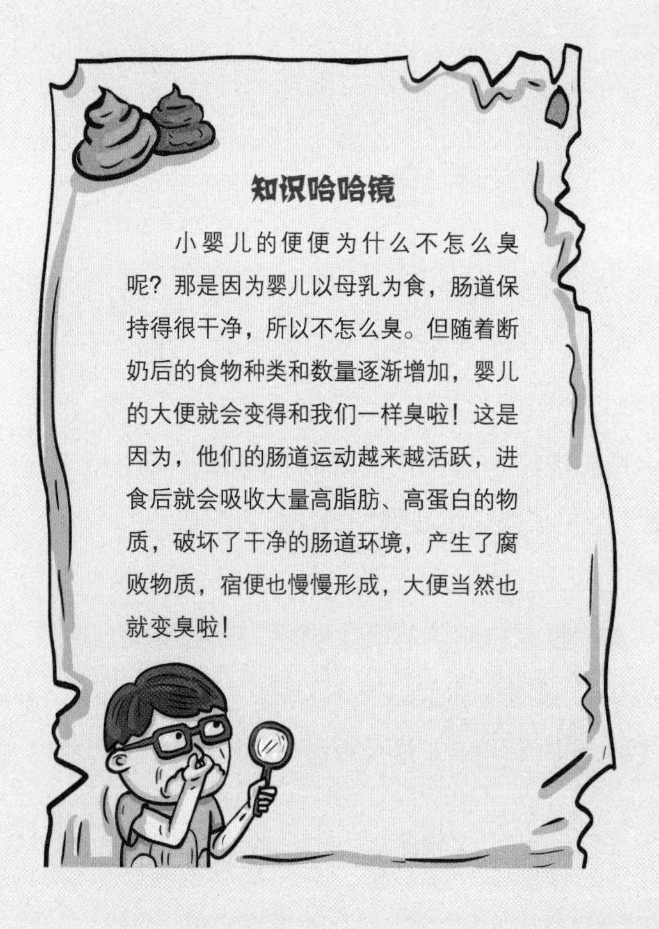

我们的身体状况和肠道密切相关，肠道健康又和便便紧密相连。因此，便便被称为“来自肠道内的书信”。

平时，如果不是借助专业仪器，我们是无法知道肠内情况的。这时，最简单的方法就是自己学会对便便的颜色、形态和气味进行辨别。那么，该怎么通过大便来判断自己的肠道是否健康呢？

1. 从形态来判断

如果便便的颜色和形态像香蕉一样，那么恭喜你，你的肠道非常健康；如果是块状，说明便便水分含量少，你的肠道排便有点吃力；如果便便像泥巴一样比较稀，这说明消化不良，可能有结肠炎；如果便便是水状，这可是危险的信号，它表示水和食物几乎没被肠道吸收，肠道表示“抗议”，正闹“罢工”呢！

2. 从气味来判断

便便臭不可闻，这几乎是共识，不过，正常的便便没有严重的恶臭。假如便便充满恶臭，就说明肠道内的腐败已经很严重，一定要引起重视。

人体免疫的“战利品”：痰

不管何时，我们都要将“文明”二字放在心上。一个文明的好孩子，一定不会随地吐痰。因为随地吐痰会对别人的健康造成危害。但我们也不用谈“痰”色变，因为它并不是健康的大敌，而是我们人体呼吸道排污的一种表现呢！

平时，我们呼吸时吸入体内的不仅仅是空气，很多灰尘也会趁机而入。尽管鼻毛可以阻挡部分灰尘，但总有漏网之鱼穿越防线，抵达气管。

气管壁上有一层像胶水一样黏黏的液体，就是它们将混进来的灰尘、细菌通通收押，然后分泌出一种叫溶菌酶的物质，能起到杀菌的作用。

在气管内，痰液的任务就是将被杀死或仍有活力的细菌和清理出来的灰尘收集到一起。这也就是我们在空气污浊的环境里，喉咙里的痰格外多的原因。

位于气管中的小纤毛可以将这些脏东西逐渐推到咽喉部位。这些小纤毛十分勤快，每分钟能运动 200 多次呢！

小读者一定好奇，谁负责将这些脏东西清理出我们的人体呢？原来，人体通过咳嗽的方式把痰从气管排出。

如此看来，痰其实是人体免疫系统的“战利品”。因为它含有被抓捕的病毒、细菌等“恐怖分子”，所以，一定不能随地吐痰，以免病毒、细菌死灰复燃，再次危害大家的健康。

图书在版编目（CIP）数据

生物太有趣了. 生物进化与身体奥秘 / 徐国庆著. —成都：天地出版社，2023.6（2024.4重印）
（这个学科太有趣了）
ISBN 978-7-5455-7623-8

Ⅰ. ①生… Ⅱ. ①徐… Ⅲ. ①生物学－少儿读物
Ⅳ. ①Q-49

中国国家版本馆CIP数据核字（2023）第012293号

SHENGWU TAI YOUQU LE · SHENGWU JINHUA YU SHENTI AOMI

生物太有趣了 · 生物进化与身体奥秘

出 品 人 杨 政
作　　者 徐国庆
绘　　者 李文诗
责任编辑 王丽霞　李晓波
责任校对 张月静
封面设计 杨 川
内文排版 马宇飞
责任印制 王学锋

出版发行 天地出版社
（成都市锦江区三色路238号 邮政编码：610023）
（北京市方庄芳群园3区3号 邮政编码：100078）
网　　址 http://www.tiandiph.com
电子邮箱 tianditg@163.com
经　　销 新华文轩出版传媒股份有限公司

印　　刷 三河市嘉科万达彩色印刷有限公司
版　　次 2023年6月第1版
印　　次 2024年4月第5次印刷
开　　本 787mm × 1092mm 1/16
印　　张 23.5（全三册）
字　　数 324千字（全三册）
定　　价 128.00元（全三册）
书　　号 ISBN 978-7-5455-7623-8

咨询电话：（028）86361282（总编室）
购书热线：（010）67693207（营销中心）

如有印装错误，请与本社联系调换。

生物太有趣了

超神奇的动物与植物

徐国庆◎著　李文诗◎绘

天地出版社 | TIANDI PRESS

前　言

不负少年不负梦——有趣的生物世界

人类是怎么起源的呢？

显微镜下的世界有什么秘密？

我们的身体里是不是藏有一面小鼓，不然怎么“咚咚”响个不停？

“大胃王”海星被“五马分尸”了，怎么还“乐”个不停？

为什么说小小的细胞也很“励志”呢？

…………

宇宙如此神秘，生物世界如此神奇。

很难想象，生命的基本组成单位竟然是细胞。我们的身体无时无刻不在进行着一场场没有硝烟的、激烈的“战争”，在显微镜下无所遁形的微生物“轻骑兵”，在我们的身体中来去自如；有的微生物不眠不休，在我们体内抢夺细胞、扩充领地……

这时候的你，脑子里一定装满了无数个调皮的小问号吧？别急，不管你的问题多么千奇百怪，“生物太有趣了”系列丛书都将为你一一揭晓答案。

在《生物进化与身体奥秘》一书中，你将了解到：生命诞生的“摇篮”、生物界的“重磅炸弹”、生态系统“大家庭”中的各位“成员”，以及两栖动物的进化与哺乳动物的诞生……当然，

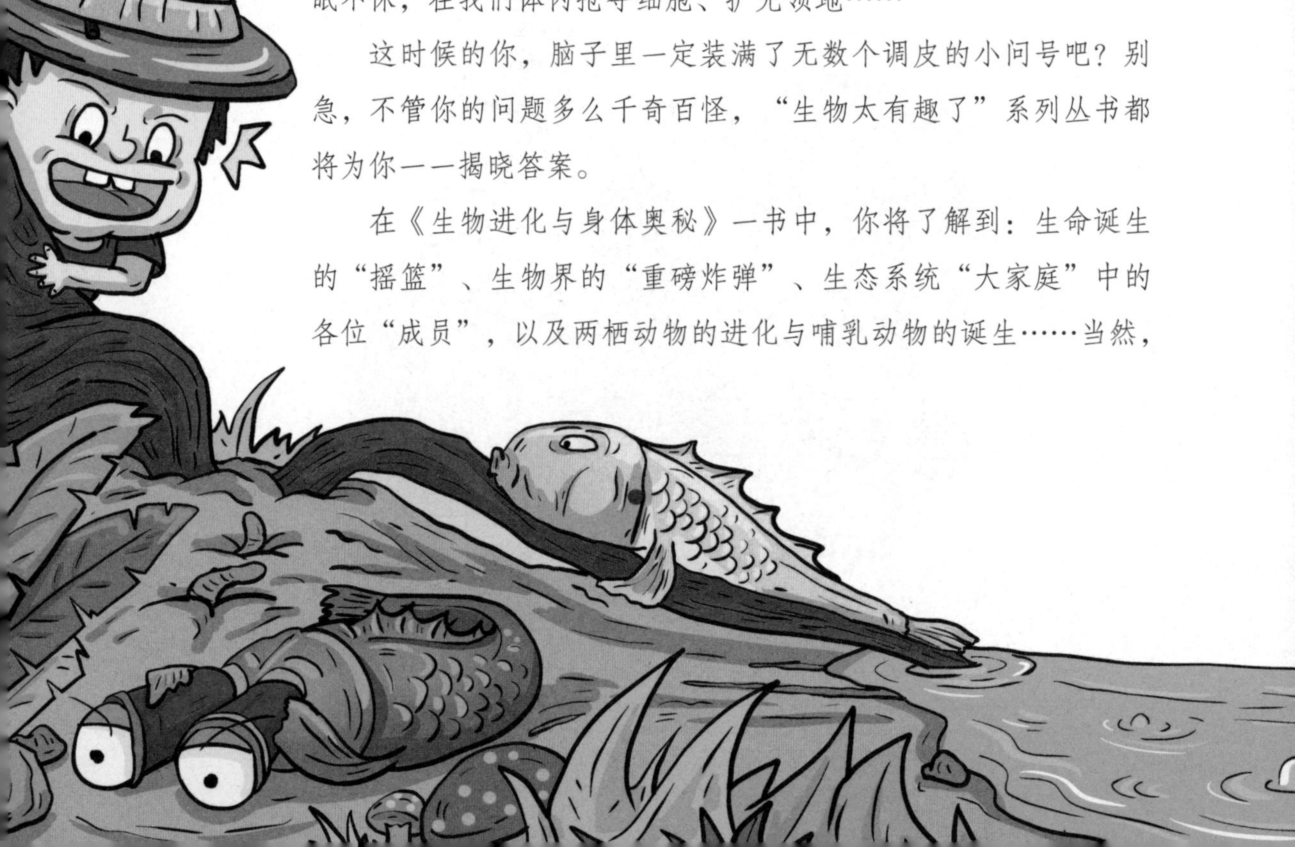

我们还将带领你揭晓人体各部位鲜为人知的奥秘。

在《超神奇的动物与植物》一书中，我们将告诉你：在庞大的动物王国里，有各种各样的“长鼻怪”；动物“宝爸、宝妈”们有令人大跌眼镜的“育儿经”；水里的鱼儿看似老实，其实它们“逮”着机会就想看看外面的世界；若论演技，动物界的“演技达人”与我们人类的当红明星相比毫不逊色……在神奇的植物王国里，既有牢不可破的“友谊”，也不乏“友谊的小船说翻就翻”；“高智商”的植物一旦伪装，那炉火纯青的“易容术”就会让人真假难辨……

在《有趣的细胞与微生物》一书中，我们将与你一起探寻有趣的细胞起源，并跟随它们的脚步进行一次细胞世界“大冒险”。千万别以为细胞一成不变，只要时机适宜，它们便会完成分裂，甚至不惜“自杀身亡”；微生物可是用身体吃东西的“超级无敌大胃王”，繁殖力惊人；让人“又爱又恨”的细菌成员们也各个“身怀绝技”……

翻开这套书，你会发现：一个个看似深奥又神秘的生物现象，通过浅显易懂、富有童真童趣的语言向你娓娓道来，不知不觉中便让你忍俊不禁，爱不释手。

当然，如果俏皮、活泼的语言还不足以满足你，幽默、夸张的插图绝对会让你大饱眼福。突破常规的知识点、与文字相得益彰的插图，就这样慢慢铭刻在你的脑海里。

此外，我们还别出心裁，特意设置了“知识哈哈镜”这一板块。作为知识的补充，它不仅能拓宽你的视野，有趣的知识还能让你捧腹大笑。

不负少年不负梦，快让我们相约，在奇妙的生物王国里畅游吧！

徐国庆

目录

你好！“长鼻怪” / 002
可甜可盐：我就是“最靓的仔” / 010
宝贝，别怕：超奇葩的“育儿经” / 014
“我”想有个家：那些出色的动物建筑师 / 018
我的武器我的牙：尖牙利齿威力大 / 022
稀奇，真稀奇：那些鱼儿不安分 / 026
不死，不死，就不死：小动物，大智慧 / 030
闪开，“刺球”来啦 / 034
“绝技”也恶心：鲜为人知的秘密武器 / 038
丑也要有个性：海底世界的另类 / 044
放个屁，臭死你：又臭又恶心的“化学武器” / 049
比比谁最坏：古灵精怪的“虫虫部落” / 054
论演技，天下我第一：动物界的“演技达人” / 058
感觉器官“总动员”：另类探知能力大揭秘 / 062

植物“中枢器官”：根儿秘密多 / 067
另类“高速公路”：茎 / 072
制造养分的“绿色工厂”：叶 / 076
这朵花儿说：“我”是雌雄同体哦！ / 080
真果子，假果子：“火眼金睛”辨果子 / 084
八仙过海，各显神通：传播种子有策略 / 089
紧急求助：植物的昆虫救援队 / 094
天生一对好朋友：“小瘤子”与小豆子 / 098
寄生？半寄生？分不清的寄生植物 / 102
美人脸，蛇蝎心：猪笼草的“嘴唇”好致命 / 106
炉火纯青的“易容术”：聪明植物会伪装 / 110
“艺高人胆大”：恶劣环境怕个啥 / 116

翻开这一页，
一起来探索
奇妙莫测的
生物世界！

你好！“长鼻怪”

亲爱的小读者，如果问你世界上什么动物的鼻子最长，你一定毫不犹豫地回答：“大象。”但是，你知道大象的鼻子为什么那么长吗？它们是不是和童话故事《木偶奇遇记》里的匹诺曹一样，因为撒谎所以鼻子才变长的呢？才不是这样呢！还别说，在动物王国里，像大象一样的“长鼻怪”还真不少……

鼻子就是“巧巧手”：草原象

如果问世界上现存最大的陆地动物是谁？那一定要数体重 3 ~ 5 吨的大象啦！平时，喜欢群居的非洲草原象总是结成大小不一的群，在草原上优哉（zāi）游哉地甩着长鼻子，闻闻这里，嗅（xiù）嗅那里，惬（qiè）意得让人羡慕。

我猜你一定不知道，严格意义上来说，非洲草原象长度近 2 米的“象鼻”并不完全是鼻子，而是由鼻子和上嘴唇共同组成的呢！

在 4 万多块肌肉和肌腱（jiàn）的“通力协作”下，草原象的长鼻子能够轻易地将数百千克的物体高高举起。

千万别以为“大力士”们只能干粗活。悄悄告诉你，它们的鼻孔周

知识哈哈镜

说非洲草原象是“大胃王”一点儿也不过分，它们每天要吃掉 150 千克的植物呢！有时候，食物位置太高够不着，它们就用强有力的鼻子将树干卷住，象牙和身体“齐心合力”将树推倒，然后再慢慢享用胜利的果实。非洲象肩高可达 4 米，饮水时不会低下“高冷”的头，而是很绅士地用象鼻汲（jí）水送入口中。

围长着两个像手指一样的凸起，即使像树叶等细小的物体，也能灵巧地牢牢捏住。这可真是“张飞穿针——粗中有细”啊！因此，它们的长鼻子又有“巧巧手”的美誉。

既然是“巧巧手”，那么草原象的长鼻子就真是一刻不得闲。在水中撒欢儿时，它们的鼻子化身“沐浴喷头”，将水吸起来后再像喷泉一样洒满全身；游泳过河时，鼻子又是现成的“呼吸管”，用来保证呼吸；休息玩耍时，“巧巧手”又“抓”起沙土扬在身上，既能赶走寄生虫，又能充当“防晒霜”……

“低配版”象鼻也不错：马来貘（mò）

马来貘又名“五不像”，其鼻子像大象的、耳朵像马的、后腿像犀牛的、身体像熊的、足像老虎的，呆萌的样子很是有趣。

马来貘是马来西亚“国宝级”动物，平时以“素食”为主。和大熊猫一样，马来貘主要以竹子为食，也吃各种树枝与树叶。在森林或沼泽中行动时，它们的眼睛很不给力，没办法，谁让它们都是“近视眼”呢！视力不好，嗅觉和听觉当然就要更敏锐才能生存啦！

别看马来貘也有长鼻子，但它们的长鼻子看起来更像是非洲草原象的“低配版”。你一定会怀疑，难道马来貘和大象之间有什么亲缘关系吗？不！它们之间没有亲缘关系，鼻子相似只是趋同进化的结果。

找寻食物时，马来貘主要仰仗敏锐的嗅觉。另外，只要扬起鼻子露出牙床，它们就能轻松辨别出同类在领地附近留下的尿液标记。它们的鼻子虽然也能拉枝条、捡水果、摘树叶，但比起非洲象可就差得不是一星半点儿啦！

“一生不离水”是马来貘一直坚持的原则。

在水下玩“深潜”时，它们不仅能潜伏 90 多秒，还能在水里抓握植物当玩具。与水为伴，既能躲避敌人，还能冷却身体，真是两全其美，难怪它们对水如此“迷恋”呢！

长鼻子，样样行：黑象鼩（qú）

在非洲东海岸的深山中，有一种用长鼻子寻找食物的“密林高手”，小读者知道是谁吗？

想必你一定没见过体长 30 厘米左右的黑象鼩吧？它们身形娇小，活泼灵动，不管白天黑夜，随时都像打了鸡血一般斗志昂扬。但活跃可不是什么好事儿，因为活跃意味着代谢率高，代谢率高意味着寿命短暂。黑象鼩也不例外，它们的寿命大多只有短短的两三年。

千万别因为这小家伙寿命短暂，就轻视它们，它们和大象竟然有着相同的祖先：一种与老鼠类似的小型生物。

不过，漫长的7000万年过去了，“老鼠”有的已然成了大象，但黑象鼩的样子始终如一。小读者不妨这么理解：我们现在看到的黑象鼩，与恐龙看到的黑象鼩样子几乎一样。

既然黑象鼩也是“长鼻怪”，那么它们的鼻子总要有点儿“特色”才能当得起这一称号。

说起黑象鼩的鼻子，那可是挖坑、清障、找食物，无一不精。它们的鼻子像极了一根灵活的探针，一边四处嗅闻，一边在厚厚的枯枝败叶里试探、翻找。一旦发现甲虫、白蚁等“美食”，它们便赶紧用长鼻子翻土挖坑，再伸出舌头将虫儿们一一舔到嘴里。在清理逃跑用的“应急通道”时，长鼻子也能大派用场。

最炫大鼻子：北象海豹

虽然生活在太平洋海域的北象海豹也是名副其实的“长鼻怪”，不过，它们的长鼻子可不是与生俱来的。

这种海豹有明显的“两性异形”。简单来说，就是雄性和雌性的外貌有着显著差异。只有成年雄性北象海豹才身材魁梧，脸上长着 30 厘米的臃（yōng）肿大长鼻子。雌性不仅体形更苗条，而且鼻子可小啦！

不过，雄性北象海豹只有到了 3 岁左右时，鼻子才慢慢发育，最终长成胖乎乎的样子。有了大鼻子，雄性北象海豹也就有了“炫耀”的资本。

繁殖季节一到，雄性北象海豹之间就会发生激烈争斗，胜利的一方往往能建立包含数十位“妃子”的“后宫”。每年 12 月至次年 1 月，雄性北象海豹们都不忘在沙滩上“炫耀”一番大鼻子，用鼻子发出响亮的吼声，以展现“男子汉魅力”。

此外，它们的长鼻子还自带“加湿器”功能呢！繁殖季节期间，它们将绝食 3 个月之久。虽然脂肪很厚，比较“扛饿”，但北象海豹所需的水分主要来自食物和脂肪，绝食意味着没有额外的淡水来源。所幸，它们的长鼻子到处是空腔，在呼气时能及时留住一部分湿气，这些水分对于极度缺水的雄性北象海豹而言，真是太珍贵啦！

可甜可盐：
我就是“最靓的仔”

在奇妙的动物王国里，骆驼任劳任怨，随时背着重重的驼峰；长颈鹿总是仰着长长的脖子，优雅地迈着“模特步”；“伪装大师”比目鱼，两只眼睛一边长；千足虫的脚，一只两只三四只……数也数不清。其实，动物们怪怪的长相“可甜可盐”，都是为了生存啊！

怪我咯！易遭雷劈的长颈鹿

在茫茫的大草原上，几只长颈鹿穿着带网纹的黄褐色衣服，仰着高挑细长的脖子，正围着几株洋槐树优雅地进餐呢！

知识哈哈镜

“草原绅士”长颈鹿的脖子能 360° 转动，大眼睛是天生的“瞭望哨”，有“千里眼” 之称。吃东西时，它们的耳朵会不停地转动，探听周围的动静。原来，长颈鹿是“胆小鬼”呀！遇到天敌，它们就三十六计——走为上。一旦落入“敌手”，它们也会殊死一搏，四只蹄子就像巨大的铁锤一样踢向敌人。千万别试图欺负看似温驯的长颈鹿，因为它们发起怒来，能一脚将一头成年狮子踢死呢！

长颈鹿可是动物王国里出了名的“大高个儿”，从头到脚有 6 ~ 8 米高，相当于两三层楼的高度啊！即使刚出生的长颈鹿宝宝，也有 1.5 米高，说它们是陆地上最高的动物真是恰如其分。

平时，它们一伸脖子就能吃到树上的叶子，这本事可让不少动物心生羡慕。其实，一开始长颈鹿的脖子并不长，但在残酷的生存竞争中，脖子短的长颈鹿被淘汰出局，能吃到更高处树叶的长颈鹿留存了下来，久而久之就成了现在的样子。

不过，“大高个儿”也不都是好事，麻烦也不少呢！

为了应对随时可能出现的危险，它们只好站着睡觉。如果躺着睡觉，它们从地上站起来往往需要一分钟，这样逃生能力可就大打折扣啦！

奇怪的是，它们的前腿比后腿长得多，这样的“配置”可不高明。

喝水时，长颈鹿得将前腿叉开，站成一个极不稳定的倒“V”字形，因此摔倒在所难免。虽然它们偶尔也跪着喝水，但也极为不便。

最让人哭笑不得的是，长颈鹿遭到雷劈的概率也远远高于其他动物。对此，它们只好无奈地表示：怪自己长得高咯！

给眼睛“搬搬家”：比目鱼

在奇妙无穷的海底世界，生活着各种奇形怪状的鱼儿。虽然鱼儿众多，但会给眼睛“搬家”的鱼儿，比目鱼可是独一份儿。

比目鱼喜欢在浅海的沙子下居住，这家伙可是伪装高手。大多数时候，它们以薄薄的沙子为掩护进行捕食，背部的颜色与沙子极其相似，即使视力再好的鱼儿，也难以发现隐藏在沙子下的比目鱼。因此，比目鱼有“海底变色龙”的名号，也就是说它们能随环境的颜色而改变自己的体色。

如果问比目鱼究竟有什么不同？那一定是集中长在同一侧的两只眼睛啦！

千真万确。

比目鱼就是这么有范儿。不过，这种奇怪的样子不是与生俱来的，刚孵（fū）化出来的小比目鱼，眼睛也是生在两边的。不过，20多天后，它们就开始给眼睛“搬家”：一侧的眼睛向头上方慢慢移动，直到和另一只眼睛接近时，“搬家”才宣告完成。

当然，“眼睛搬家”也不是为了好玩儿。在水中游动时，比目鱼不像别的鱼儿脊背向上，而是有眼睛的一边向上，侧着身子游泳。捕猎时，它们就静静地在沙子里潜伏，只露出两只眼睛以等待猎物。

如此一来，两只眼睛在同一侧的优势就显而易见啦！

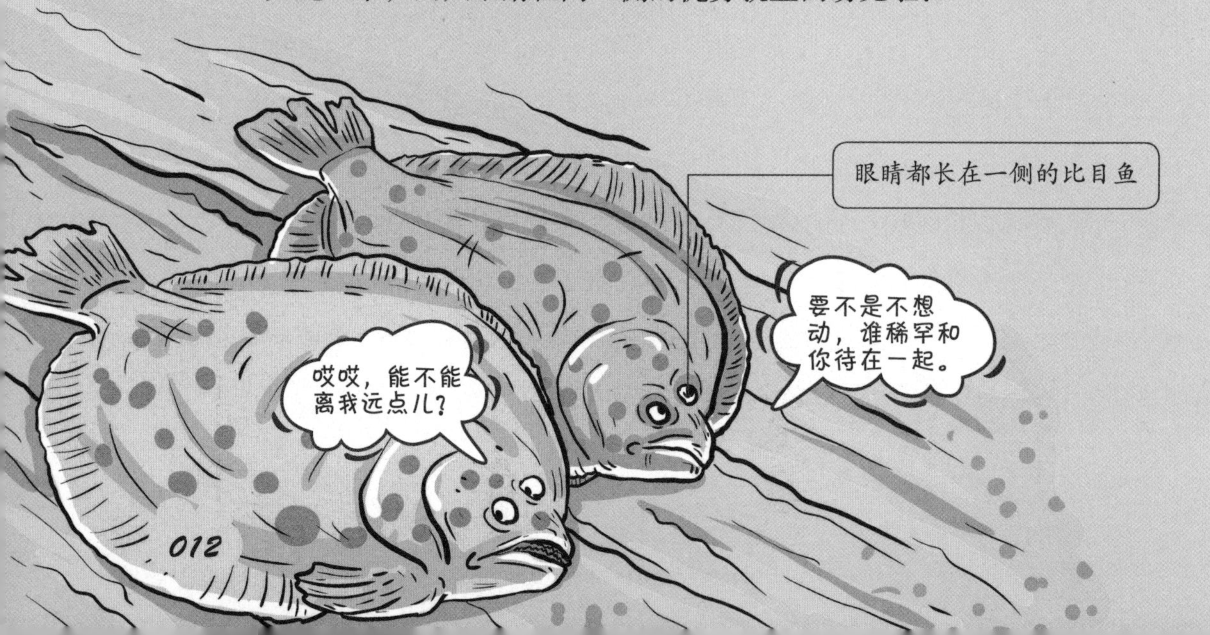

嘻嘻，脚也没有那么多啦：千足虫

呀！草丛边那个肥头大耳、肉乎乎的家伙好奇怪，黑黄相间的身体两边竟然长满了密密麻麻的小脚，一只、两只、三只……不好，它好像听到什么动静，连滚带爬、惊慌失措地逃跑啦！

难道是蜈蚣吗？不，这家伙的脚可比蜈蚣不知多了多少倍呢！

长这么多脚丫子的就只能是千足虫啦！幸亏它们不穿袜子，不然，它们一天什么都不用干，就忙着穿袜子吧。

小读者一定好奇，难道它们真有 1000 只脚吗？

事实上，节肢（zhī）动物千足虫名不副实，远没有 1000 只脚，但大多数都有几百只小脚丫，尤其是北美有种千足虫，共有 690 多只脚呢！

有这么多只脚，走路一定又酷又炫吧？

当然啦！

它们行走时，左右两边的脚同时行动，前后足依次前进，密接成波浪式运动，看起来可有节奏啦！不过，脚丫多反而影响了它们的前进速度，导致行动迟缓。

和比目鱼怪异的眼睛一样，它们这么多只脚也不是天生的。

刚出生的千足虫身体只有 7 节，经过一次蜕（tuì）皮后，增加到 11 节；再蜕一次皮，体节增加到 15 节……在一次次的蜕皮中，随着体节慢慢增多，脚丫也越来越多啦！

宝贝，别怕：
超奇葩的“育儿经”

很多时候，当形容爸爸妈妈对我们无限宠爱时，人们会说“含在嘴里怕化了，捧在手里怕掉了”。其实，在动物王国里，还真有很多鱼爸爸会把鱼宝宝含在嘴里呢！不仅鱼儿的“育儿经”有点儿奇葩，袋鼠妈妈的爱也让人大吃一惊，它们连宝宝的便便都会舔呢。海马宝宝最纠结，它们不知道应该称呼雄海马为爸爸还是妈妈……

爱你，就把你“吃掉”：黄头颚鱼

人类社会中，很多宝宝的爸爸因为忙于工作，都没有时间陪伴宝宝。但生活在水里的黄头颚鱼宝宝就幸福多啦！因为，它们就是在鱼爸爸的嘴里孵化的呢！

生物学家们在加勒比海水下 18 米深处发现了体色浅灰或浅蓝，身上布有数个淡蓝色小斑点的黄头颚鱼。令人吃惊的是，它们嘴里满满当当的都是小鱼卵。

呀！它们该不会吃掉了自己的宝宝吧？这也太残忍啦！

才不是这样呢！事实完全相反，雄性黄头颚鱼就是因为爱宝宝，才将它们“吃”到嘴里。

你看，它们多小心翼翼啊！

它们先将头部和半个身体从洞穴里探出来，静静等待 20 分钟左右才将嘴巴张开，目的就是让鱼宝宝们好好透透气。

快看！它们还让嘴里的一堆鱼卵不停地旋转，以保持鱼宝宝们干净且不会缺水。多奇妙啊！如此快速的旋转，居然一枚鱼卵都没有掉出来，鱼爸爸可真称职啊！

聪明的小读者一定会问，鱼爸爸怎么吃东西呢？

原来，雄性黄头颚鱼在孵化鱼卵期间几乎不会进食。等嘴里的鱼宝宝们都孵化完成并能够游泳和觅食的时候，它们才算完成任务。因此，等鱼宝宝孵化结束时，它们已经变得极其消瘦了。

便便给你舔干净：袋鼠妈妈

袋鼠妈妈，有个袋袋。

袋袋里面，装着乖乖……

现在，一些长大成人后还要靠父母养活的人，会被称为“袋鼠族”。奇怪，这是为什么呢？

说到母爱，袋鼠妈妈可是名副其实的第一名。

刚出生的小袋鼠只有 3 厘米长，体重不足 3 克，只有袋鼠妈妈的三万分之一，可真柔弱啊！真让人担心，它们这么小，能顺利长大吗？

放心，袋鼠妈妈有的是办法。

宝宝一出生，袋鼠妈妈就会将脐带咬断，用舌头将从子宫到育儿袋的毛舔湿、分开，从而为宝宝铺好一条通往育儿袋的路。

知识哈哈镜

袋鼠的后腿强壮有力，是哺乳动物中的“跳高冠军”。跳跃时，它们用尾巴保持平衡；缓慢行走时，又粗又长的尾巴化身为第五条腿。受袋鼠育儿袋的启发，我们人类研制出保育箱。不过，保育箱远不及育儿袋那么先进，因为小袋鼠咬住育儿袋里的乳头时，乳头就会自动分泌乳汁，以便没有力气的小袋鼠吮（shǔn）吸。

不过，这时的袋鼠宝宝眼睛都没睁开呢，它们想爬进妈妈的育儿袋还真不容易。在它们凭着本能前往育儿袋的途中，一些袋鼠宝宝也会中途夭折。

袋鼠妈妈的育儿袋是袋鼠宝宝最温暖的“摇篮”，这里的温度和妈妈子宫里的温度十分接近。

此后，一天 24 小时，袋鼠妈妈都会将袋鼠宝宝抱在怀里，直到育儿袋再也装不下它。不管大便小便，袋鼠宝宝都拉在育儿袋里。不用担心小袋鼠的生活环境脏、乱、差，因为袋鼠妈妈早就将便便舔得干干净净啦！

世上只有“爸爸”好：海马

“世上只有妈妈好，有妈的孩子像块宝……”

嘘（xū）！小点儿声，如果让雄海马听见了，它们一定一万个不乐意。

海马除了脑袋像马，别的部位和马毫不相关。它们相貌奇特，尾巴细长，“马头”与身体呈直角。游泳时，它们直立于海水之中，通过波浪式摇动慢慢前进。由已经退化的尾鳍和尾骨、鳞片特化而成的长尾巴，不仅能弹跳，还能勾缠水草，以免自己被汹涌的海水冲走。

此外，它们还有一套独门绝技呢！

在大家的印象里，生宝宝一定都是妈妈的事儿。不过，这一说法在海马世界却被彻底颠覆啦！

在做准爸爸之前，雄海马的腹部会长出一个叫孵卵囊（náng）的透明囊状物，这就是它们的“育儿袋”。

每年春夏之交，海马们就会在水中追逐嬉戏，寻找伴侣。当找到心仪的“爱人”，它们就把尾巴缠在一起，雌海马把卵子排到雄海马的“育儿袋”中，卵子受精后，“育儿袋”就自动闭合。之后，雄海马就扮演起妈妈的角色啦！

在雄海马无微不至的照料下，小海马逐渐发育成熟，肚子大大的雄海马就将尾巴缠绕在海草上，不停地进行前俯后仰的摇摆动作。借着肌肉收缩，只要向后仰一次，海马宝宝就趁“育儿袋”打开之时，一个接一个地弹了出来。

虽然刚出生的海马宝宝还不到 1 厘米，但短短 5 个月之后它们就“长大成人”啦！对于“称呼雄海马为爸爸还是妈妈”这个问题，恐怕海马自己也不清楚呢！

“我”想有个家：

那些出色的动物建筑师

在非洲广袤（mào）的草原上，有很多形状各异、外表看似凹凸不平，但底部却整洁光滑的小土堆。这些小小的土堆看似普通，实则暗藏玄机。这不是小孩子的调皮之作，而是白蚁建造的“摩天大楼”。海狸以高智商和巧夺天工的建筑技术闻名于世，它们能在最恶劣的环境里建造最美轮美奂（huàn）的住房。蜜蜂不仅在筑巢时表现出惊人的设计才华，更是天才数学家……

“地下宫殿”哪家强，白蚁名号响当当

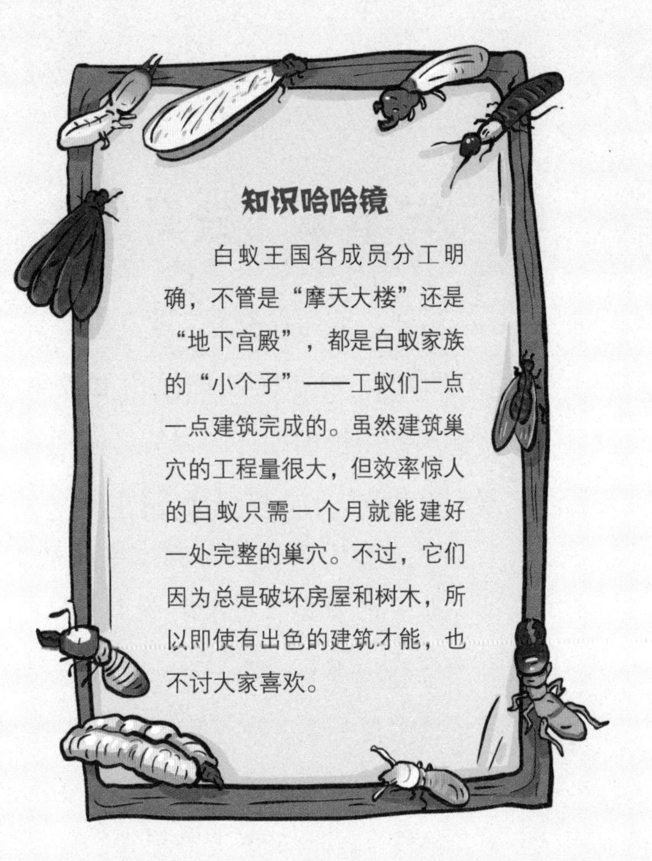

如果要对动物们的建筑本领论资排辈，有“大自然推土机”之称的白蚁绝对稳坐头把交椅。按照人类与白蚁的大小比例来算，它们设计施工的“摩天大楼”可是比纽约帝国大厦的1.5倍还高呢！

白蚁的巢穴一般建在地势较高的地方，有时它们会将树干或树枝包在巢穴里，这样既能避免积水，还能解决温饱问题。建造巢穴时，白蚁们奉行坚固实用的原则。巢穴内不仅四通八达，可供上百万只白蚁生活，它们还挖掘隧（suì）道以保持巢穴湿度。为了保持恒温，白蚁们还建造起高耸的土丘作为通风管道，利用空气对流达到目的。

如此巧妙的构造，真让我们人类汗颜啊！白蚁建造地下宫殿的本领堪称登峰造极。

白蚁的地下宫殿精美壮观，外层为厚而坚实的防护层，里面才是片状或蜂窝状的住所。白蚁巢有主巢、副巢之分。在巢穴最舒适的地方，是专供蚁王和蚁后居住的片状“皇宫”，兵蚁肩负守卫“皇宫”的重任，因此住在“皇宫”四周，这里是主巢；蜂窝状住宅则供工蚁们居住，这里是副巢，可以有好几个。

为方便物资运输以及消息互通，主巢、副巢间还建有很多宽敞的通道呢！

有本事“放马过来”：河狸

胖乎乎的河狸像极了黄鼠狼。

此时，一只河狸正忙着用门牙将树啃断，树向河里倒去，借着水流，树干被冲到围堤的地方。之后，河狸将它们一根根垂直地插进水里当作固定木桩。最后，河狸用准备好的淤（yū）泥、石子、树枝等材料建筑堤坝。

因为有堤坝拦截，河湾里很快就形成一个小湖。微风吹拂，小湖波光粼（lín）粼，好美呀！

建造堤坝只是第一步，造房子才是河狸的最终目的。因为在水里建房子，水位不能太高，否则就会冲毁房屋，但又需要一定的水位。

可是，河狸为什么要在水里建房子呢？

河狸胆小，对于天敌狐狸、狼、野猫等没什么自卫能力，只好选择夜间活动。但它们擅长游泳和潜水，面对那些“旱鸭子”天敌，住在水里反而最安全。

面对虎视眈（dān）眈的天敌，河狸只能“不厚道”地表示——有本事你下河啊！

快看，河狸的房子：

房顶圆圆，树枝做“骨架”，外面涂着厚厚的黏（nián）土；宽敞的空间足够储存整个冬天吃的食物；床铺松松软软，保证睡眠舒适；“天花板”上的透气孔便于空气流通……

当然，河狸也有“小心思”，它们的房子可是有两处大门呢！一旦有外

敌闯入，后门就是很好的逃生通道。

建筑这事儿，天赋很重要：蜜蜂

树林里，莲蓬一样的蜂窝上密密麻麻地开了很多出口，数也数不清的蜜蜂出出进进，忙个不停。

奇怪，这么小的蜂窝怎么装得下这么多蜜蜂呢？难不成它们在里面玩“叠罗汉”的游戏吗？

蜜蜂可不会这么无聊。

仔细看，由一个又一个六角柱形体蜂室组成的蜂巢堪称精美的艺术品。这些蜂室大小相等，背对背排列，它们整齐有序，紧密相连，就像精心设计过一样。

经过测算，组成蜂巢底盘的菱（líng）形，所有锐角都为70° 32′，所有钝角都为109° 28′，无一例外。

数学家们后来得出结论：假如要制成最大菱形容器，这一角度用料最少，密合度最高，可用空间也最大。

和白蚁一样，蜜蜂家族的分工也很明确。其中，采蜜、清洁、保卫家园、筑巢修补，都由工蜂完成。工蜂在建造蜂巢时，仅用蜂蜡一种材料就够了！负责采蜜的工蜂吸足花蜜，体内的蜜汁经过吸收分解形成蜂蜡，再通过腹末的蜡板分泌腺，分泌出一层薄的蜡片。它们先用足上的毛将分泌的蜡片刷下，嚼（jiáo）成小板后传给在箱板上准备就绪的工蜂，工蜂再将其均匀地涂在作为基础的顶板上。另一只工蜂会从顶板垂下的蜡柱中做一个六边形的洞。经过一番精雕细琢，第一个六边形蜂房就大功告成啦！

之后，蜂房一个接一个建好，直到成为一个精致独特的蜂巢。

我的武器我的牙：尖牙利齿威力大

亲爱的小读者，什么动物牙齿最多呢？相信你脑海里首先浮现的一定是有“海上杀手”之称的大鲨鱼。确实，它们排列得整整齐齐的牙齿都是尖利的三角形虎牙，好比一把把锋利的、性能良好的餐刀。不过，鲨鱼却不是牙齿最多的动物。那么，正确的答案是什么呢？就让我们一边找寻答案，一边认识不同动物的牙齿吧！

别看我小，牙齿我最多：蜗牛

鲨鱼一生有数千颗牙齿生出来，它们前排的牙齿刚一脱落，后面的牙齿便会很快补上。千万别以为鲨鱼的新牙齿威力不够，其实，它们的新牙齿比旧牙齿更厉害。

不过，在蜗牛面前，“海上杀手”也不敢说自己是牙齿最多的动物。

从遥远的年代开始，地球上就有了蜗牛的足迹。蜗牛家族极其庞大，有 4 万多个种类遍布世界各个角落。

除了历史久、种类多，你一定想不到，它们还是牙齿最多的动物呢！有的蜗牛竟然有 2.6 万多颗牙齿，这太不可思议啦！

你一定好奇，蜗牛嘴巴都很难看见，它们真有这么多牙齿吗？

原来，蜗牛触角下面有一个像针尖一般难以被察觉的洞，它们平时就靠这里吃东西。蜗牛特有的齿舌呈带状结构，上面布满牙齿，每排 105 颗，有 135 排，平均算来，每只蜗牛都有 1.4 万多颗牙齿呢！

蜗牛的牙齿不仅多，而且十分锋利。

如果将蜗牛关在一个坚硬的盒子里，不用多久，盒子就会被它们咬出一个可以逃生的破洞。不过，蜗牛的牙其实不能咀嚼食物。可我们也看到，不管什么样的叶子，蜗牛都照吃不误呀？原来，蜗牛是用齿舌碾碎食物，以便消化。

呀！蜗牛除了用硬壳保护自己，牙齿也超厉害呢！

别说我丑，牙齿会走路：海象

说到海象，你是不是觉得它们也像大象一样有个长鼻子呢？其实，它们是因为有和大象一样又大又长的牙，才叫海象的！

海象身体庞大，皮肤像老树皮一般粗糙，圆圆的脑袋上有个大鼻子，不仅没有耳廓（kuò），眼睛也小小的。如果说有什么特别的，也就是那一对巨大的长牙啦！

不好，北极熊来啦！

海象妈妈赶紧将小海象放到背上，后肢弯向前方，又尖又长的獠牙钩住一块浮冰，带动肥胖的身子飞快地向海象的大部队移动。

天哪，海象走路是用牙的吗？难怪有人说海象的牙齿是它们的“第五只脚”呢！

不过，它们的牙齿绝不只会走路这么简单，还是防御敌人的有力武器。面对敌人，海象用獠牙对准敌手，一旦发动进攻，就会在对方身上留下两个血窟窿（kū long）做纪念。

除非对手够傻，不然看到它们刺过来的獠牙，早就逃之夭夭了！

就连在寻找食物时，牙齿也能派上用场。潜入水里觅食时，海象会用獠牙不断挖掘泥沙，很快就能找到潜藏其中的软体动物，这可是它们最喜欢的美食呢！

虽然海象经常为了争夺配偶大打出手，但在用利剑般的牙齿互相攻击时，它们并不会真的殊死搏斗。其中一方一旦被牙齿刺中，就会立即很绅士地表示投降认输，从而结束战斗。当然，获胜者也绝不会赶尽杀绝，而是得意扬扬地带着配偶离开。海象吃掉足够的食物，体内就能积累很多脂肪，这样，它们就能连续十几天什么也不吃了！

虎牙的威力你别猜

通过观察，我们不难发现，食肉动物进餐和捕猎时，锋利的牙齿绝对是标配。它们正因为有了“虎牙”这种强有力的武器，才能将猎物死死咬住，不让其有任何逃生的机会。

吃饱了，看什么东西都不想吃了。

在动物王国里，有些动物的“虎牙”十分发达。比如野猪，它们的獠牙甚至会突出来，露在嘴巴外面。虽然这副尊容不太雅观，但对野猪来说，这牙齿可是非一般的厉害啊！

有的地方流传有“一猪二熊三老虎”的说法。为什么把野猪的危害排在第一位呢？除了野猪数量多，还因为它们破坏力惊人。

除了坚实的身躯，野猪獠牙的威力更不可小觑。它们长出唇外的巨大獠牙，能轻而易举地将粗大的树枝和粗壮的树根咬断。对雄性野猪而言，除了寻找食物，獠牙还是对付敌人、争夺领地和配偶的武器呢！

大象和野猪一样，恨不得让所有人都知道它们长了“虎牙”，总是把牙露在外面。不过，我们把大象的牙叫“象牙”。象牙的威力同样惊人，撞倒树干那都不是事儿。

以前，对于大象来说极其珍贵的象牙会被人类割掉，然后加工成各种名贵的艺术品、首饰或珠宝。因为象牙价值高，所以大象面临着灭顶之灾。一些人为牟（móu）取暴利，不惜杀害大象，导致大象数量锐减。因此，我们要远离一切象牙制品。

稀奇，真稀奇：那些鱼儿不安分

在我们的认知里，鱼儿就应该生活在水里。可是你知道吗，在鱼儿的世界里，偏偏有一些鱼儿不安分，它们不是爬到树上看风景，就是长出翅膀飞上天空去旅行。更有一些鱼儿甚至想和水划清界限，从水里离开后，好几年都不回去……天哪，难道这些鱼儿也有“世界那么大，我想去看看”的念头？

不得了，鱼上树了！

树上风景真不错：攀鲈（lú）鱼

大雨过后，空气格外清新，美丽的彩虹横跨两山之间，真美啊！

怎么回事？一条鱼儿竟然不知死活地从池塘里跳了出来，接着一扭一扭地爬到一棵树上。莫不是连鱼儿也被雨后美景吸引了？

呀！又有好多鱼儿相继离开水面开始爬树了。这些鱼儿难道不知道“鱼儿离不开水”的道理吗？

别急，它们可是攀鲈鱼啊！

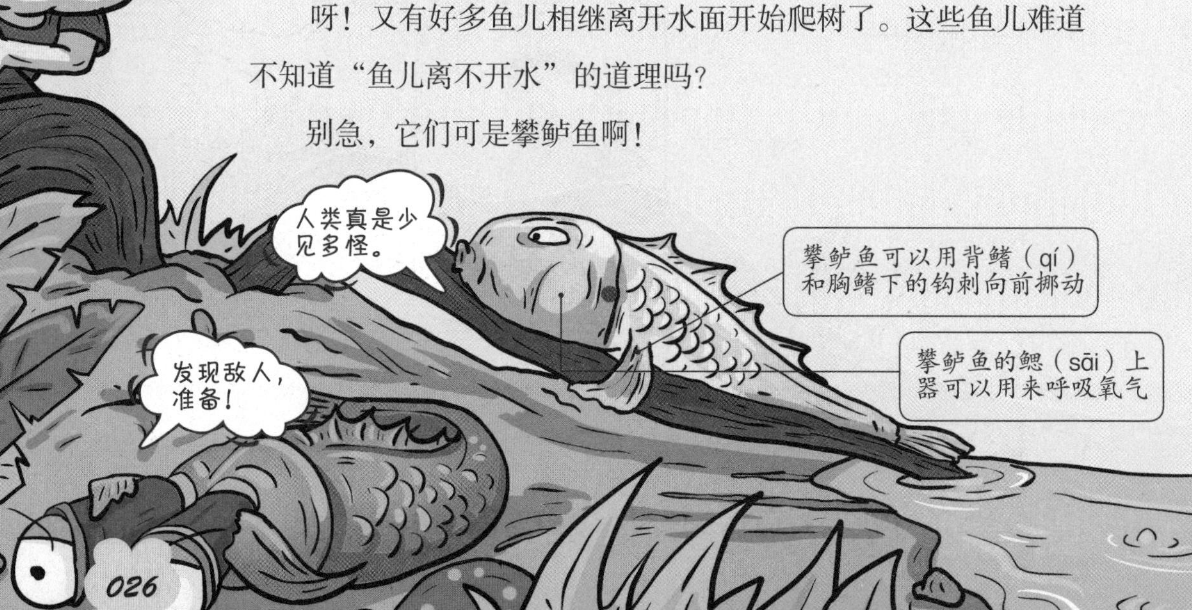

攀鲈鱼喜欢在雨后离开沉闷的水域，爬到树上看风景。当然，能在树丛里找到爱吃的虫子就更美啦！

你一定好奇，它们为什么能离开水呢？这太奇怪了呀！

攀鲈鱼鳃边长着像木耳一样的、布满毛细血管的副呼吸器——鳃上器。空气中的氧气能通过这些毛细血管进入它们的血液中，体内的二氧化碳则通过这些毛细血管排出体外。鳃上器不仅能帮助它们在湿润的土壤中生存，还能让它们在没有水的情况下生活较长时间。

可它们没有脚，又怎么爬树呢？

原来，在攀鲈鱼的头部下面有一排十分发达的棘（jí）刺，背鳍、胸鳍和臀鳍上也都有坚硬的钩刺。行走时，它们用胸鳍支撑身体，尾鳍左右摆动，就这样慢慢向前挪动。

你看，它们行走的样子是不是和海豹很像呢？

破浪飞行的“长梭”：飞鱼

湛蓝的大海上，浪花朵朵，波涛阵阵。

海面上，除了展翅飞翔的海鸥，竟然还有一群长着翅膀的鱼儿时隐时现，这破浪前行的画面真是壮观啊！

知识哈哈镜

攀鲈鱼十分讲究团队精神，它们成群结队地一起生活，要是有别的鱼儿敢欺负自己队伍中的任何一员，那么其他攀鲈鱼立即就会还以颜色——群起而攻之。它们这种为朋友义无反顾的精神，可真让人佩服呢！另外，一旦生活的环境被污染，攀鲈鱼就会毫不留恋地马上“搬家”，即使需要很大的毅力才能穿越堤坝、爬过坡地，它们也决不放弃。

没有看错吗？鱼儿竟然能长着鸟儿一样的翅膀，飞离水面后在空中划出一道美丽的弧线？千真万确，有的鱼儿真的会飞，它们就叫飞鱼。

飞鱼的模样很奇特，长长的胸鳍一直延伸到尾部，看上去整个身体就像一个织布的“长梭”。有如此优美的体形，它们便能在水中以每秒10米的速度进行高速运动。

经过测算，飞鱼能轻易跃出水面10多米，在空中停留时间可达40多秒，最远可飞行400多米呢！

其实，飞鱼并不是真的在飞行，只能算滑翔。

飞鱼在水下加速游向水面时，它们的胸鳍和腹鳍会紧贴身体形成流线造型。当它们冲破水面时，它们的大鳍就会像鸟的翅膀一样张开，还在水里的尾部则快速拍击，以此得到额外推力。一旦推力足够，飞鱼便像箭一般破水而出，并以每小时16千米的速度在空中滑翔。当它们落回水中时，它们的尾部可以再次将身体推出水面，这样的滑翔可以连续多次进行。

飞鱼飞离水面可不是为了好玩，而是为了躲避捕食者。它们大多在海水上层活动，很容易被其他凶猛的鱼类捕食，在遭到攻击或受到刺激时，飞鱼才一展飞行绝技。

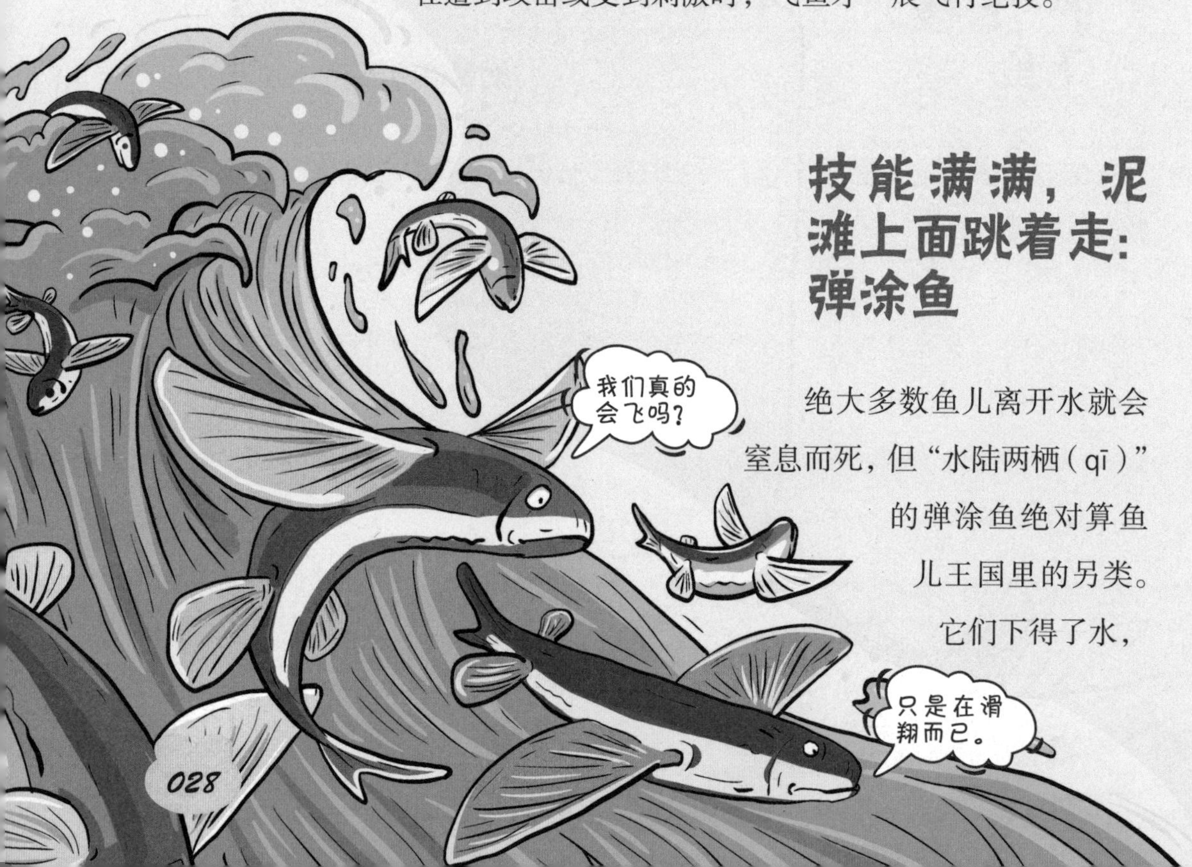

技能满满，泥滩上面跳着走：弹涂鱼

绝大多数鱼儿离开水就会窒息而死，但“水陆两栖（qī）”的弹涂鱼绝对算鱼儿王国里的另类。它们下得了水，上得了岸，钻得了洞，游得了泳……堪称技能满满。

灰褐色的弹涂鱼身上花斑密布，头顶还长着一对可以眨的大眼睛。只要一退潮，它们就开始“放飞自我”，借助宽大的胸鳍，爬上泥滩悠闲地散步。感觉散步太单调，那就蹦一蹦、跳一跳。

于是，我们便能看见很多体长仅数十毫米的弹涂鱼蹦着、跳着来到泥滩上，或享受阳光浴，或在树丛里捕食昆虫。

弹涂鱼有很好的弹跳能力，是鱼儿家族里名副其实的弹跳冠军。在陆地上，它们像蜥蜴一样活泼好动，离开水生活对它们来说是小菜一碟。

在水中，弹涂鱼用鳃呼吸，在岸上活动时，它们则用另类的呼吸法——它们的皮肤表层以及口腔、鳃腔的内壁上遍布比头发丝还细的毛细血管组成的网，氧气可通过它们进入血液。

虽然岸上没有水的浮力，但是弹涂鱼有发达的胸鳍和腹鳍。它们位于身体底部的腹鳍能掌握平衡，支撑躯干；身体两侧的胸鳍，起着爬行动物前肢的作用。弹涂鱼就这样靠这些鳍在泥滩上滑行。

大多数时候，它们都以这种“前轮驱动”的模式前进。在受到惊吓或大敌当前时，它们也能用强健的胸鳍和尾鳍腾空而起，所以它们还有一个有趣的名字——跳跳鱼。

不死，不死，就不死：小动物，大智慧

对动物而言，最危险的时刻莫过于生命受到威胁的时候。力量足够强大的动物当然可以选择与对手一较高下，可双方力量悬殊的时候，弱小的一方又该怎么办呢？难道只能坐以待毙吗？不，不是这样的。有的动物深谙（ān）“留得青山在，不愁没柴烧”的道理，命悬一线之际，它们甚至不惜用“自残”的方式保全性命。这算不算一种大智慧呢？

给你点儿“甜头”尝一尝：壁虎

夏夜格外宁静。

一只壁虎静静地趴在墙壁的缝隙里专心地捕食飞蛾，

完全没注意身后的危险——一条蛇正悄无声息地向它慢慢靠近。

蛇突然发动进攻，壁虎猝不及防，等它意识到危险的时候已经来不及了。于是它当机立断，决定断尾求生。“啪”，一截尾巴掉落下来。蛇始料不及，被吓得一激灵，趁它愣神之际，壁虎逃之夭夭。

仔细一看，被壁虎“抛弃”的尾巴还在不停抖动呢！这可太奇怪啦！

身体扁平的壁虎又叫四脚蛇，它们的趾和指有很好的黏附能力，不管墙壁、天花板还是其他光滑的平面，它们都能在上面快速爬行。

虽然昼伏夜出的壁虎颜值不高，但总是捕食蚊子、飞蛾等害虫，所以它们是有益无害的动物。

壁虎很容易受到惊吓，当面临危险时，它们便会像刚才那样“弃车保帅”——将尾巴当作给对方的“甜头”，自己则趁机逃跑。

在动物学上，这种行为叫“自切”。那么，为什么断了的尾巴还会摆动呢？

因为刚被壁虎“舍弃”的尾巴里，还有很多依然活跃的神经。这样一来，就能起到吓唬敌人、分散敌人注意力的作用了！完全不用担心壁虎会因为断尾而影响生活，过不了多久，新的尾巴就会长出来。

我可不是吃素的：海星

如果说壁虎断尾求生只是保护自己的方式，那么海星在被“五马分尸”后的报复式生长，则是对敌人的最好回击。

不同于壁虎，海星的颜值极高。只要见过它们的人，都会被它们美丽的外表所吸引。它们很像星星，尽管体形大小不一，但都颜色绚丽。出于喜爱，人们便给它们起名为“海星”，把它们当作散落在海里的星星。

海星身体又扁又平，既没有脑袋也不见尾巴，就像多边形的星星。它们最明显的特点是，除了身体中央部分的体盘，就是从体盘上长出的

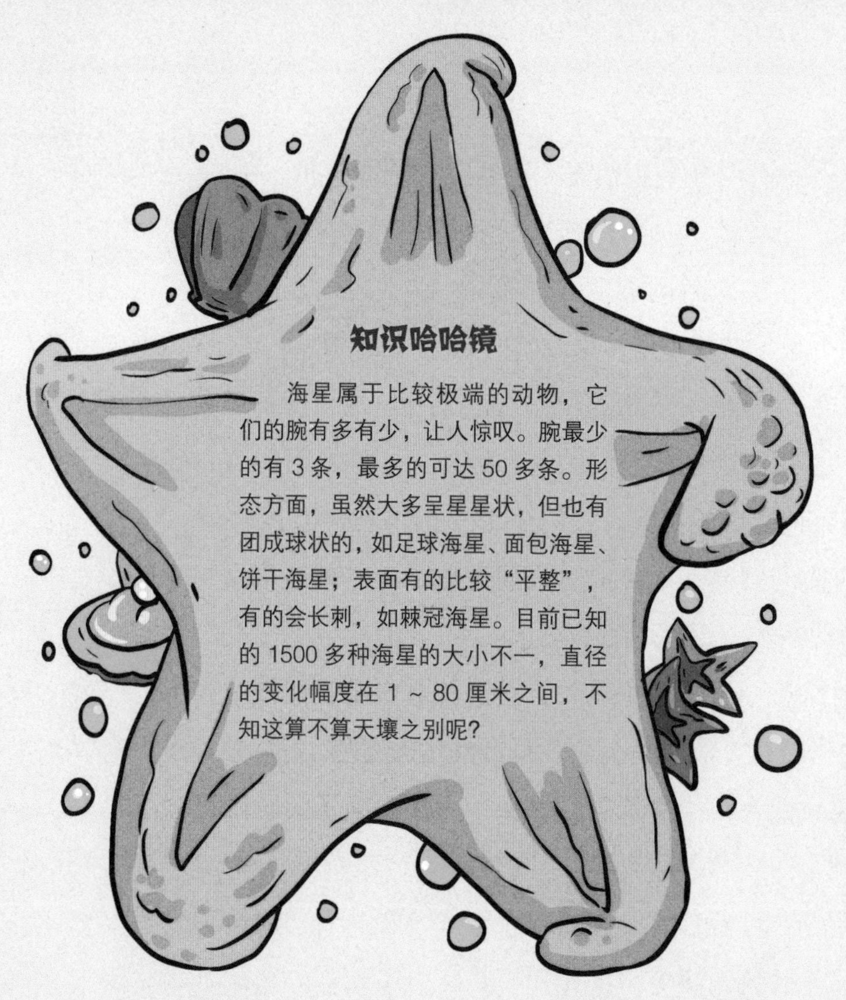

一条条腕了！

大多数海星只有五个腕，最多有几十个腕的。腕下并排长着四列密密的管足，这些管足既能帮助海星攀附在礁（jiāo）石上，还是很好的捕猎武器呢！

千万别以为美丽的海星善良又温柔，事实上，它们可不是吃素的。

依靠管足，它们每分钟可爬行 5 ~ 8 厘米，每条腕上都有红色的眼点，这就是海星用来感觉光线的“眼睛”。

捕猎时，它们小心翼翼地接近猎物，再用管足给猎物来个“全包围”；之后，它们会将胃袋吐出，分泌出有麻醉作用的消化液，在体外将猎物消化后，再吸入口中慢慢享用。

“五马分尸”？好喜欢

由于行动缓慢，海星主要以行动同样迟缓的海胆、螃蟹、牡蛎等为食。你一定想不到，小小的海星可是“大胃王”，一只海星一天的时间里就能吃掉 20 多只牡蛎呢！

对渔民来说，海星意味着灾难，因为食量超大的海星总是和饲养的鱼、虾争夺食物。出于对海星的痛恨，渔民一捉到海星，就忍不住将它们剁成好几块，来个“五马分尸”的酷刑。

不过，这样不但没给海星带来灭顶之灾，反而导致它们更加猖（chāng）狂，这可让渔民们没办法了！

原来，海星的再生本领极强，它们的每一块碎片都能“化腐朽为神奇”——重新长出失去的部分。

小读者不妨这么理解，拥有“魔力”的海星，它们能让自己的任何一部分都长成一个新海星。

这么说来，被渔民“五马分尸”的海星还会偷着乐呢！不知道渔民知道这样的结果，会不会气得吹胡子瞪眼呢？

在奇妙的动物王国里，像海星这样再生本领极强的动物还有水蛭（zhì）。和海星一样，水蛭也是“不死之神”的化身，它们的断体也比较容易再生，尤其是带有头部的断体具有更强的再生能力呢！

闪开，“刺球”来啦

在大自然优胜劣汰（tài）的法则下，动物们为了更好地生存繁衍（yǎn），都有对付敌人的“撒手锏（jiǎn）”。不过，有的动物才不愿费事呢，它们干脆就用自己的身体对付敌人。小小的刺猬就是这样呢！它们浑身上下有超过1万根由体毛变成的刺，谁敢侵犯，那被扎的滋味别提多“酸爽”了！别看大鲨鱼在海底横行无忌，可假如遇到刺豚（tún），也得考虑要不要绕道而行……

伤不起的“铁蒺藜”：刺猬

嘴巴尖尖、耳朵小小的刺猬看起来萌态十足。

它们行动迟缓，喜欢单独行动。不过，它们的鼻子很长呢！当嗅到地下有蚂蚁和白蚁等美食时，它们就会用爪挖出一个洞口，然后将又长又黏的舌头伸进洞内转一圈。呀！舌头上沾满了美味的蚂蚁呢！

虽然刺猬看起来身单力薄，但却有保护自己的“独门秘籍”。一旦受到惊吓或它们认为来者不善，刺猬就将长满棘刺的身体缩成一团，不仅将脑袋和四肢包住，就连短短的尾巴也藏得严严实实。

它们浑身竖起的棘刺如根根钢针一般，整个儿也像极了古代战场上的兵器——铁蒺藜。面对这么一个全副武装的“刺球儿”，真替袭击它们的家伙担心，这该从哪里下手呢？

千万别小看它们身上的刺，虽然刺猬的刺无毒，但假如这些刺刺入敌人的身体，不仅会让敌人疼痛难忍，随着时间流逝，疼痛还会加剧呢！尤其是非洲刺猬，它们身上的刺就像一个个锋利无比的“小吊钩”，只要刺入敌人的身体，根本别妄想拔出来。如果你非要和这些刺较劲，结果只能是越使劲，刺越往里钻。

想想都觉得可怕！

“鸡蛋怪鱼”你别惹：刺豚

美丽的海底世界，各种鱼儿自由游弋（yì）。突然，一只面目狰狞（zhēng níng）的大鲨鱼张着血盆大口游来啦！

眨眼间，鱼儿们踪影全无，只有一条鸡蛋形状的怪鱼面不改色。大鲨鱼当然不客气，将它一口吞了下去。

唉，可怜的小家伙。

咦？怎么回事？只见大鲨鱼气急败坏地将一只刺猬一样的动物从嘴里吐了出来，满嘴还鲜血直流……

“鸡蛋怪鱼”竟然大败大鲨鱼，这一波操作可真够猛呢！

原来，它就是刺豚！

好奇怪，大多数鱼都是流线型身体，可刺豚的身体却呈卵圆状；嘴巴像鸟嘴，眼睛也凸了出来；最明显的是，它们浑身长满了由鳞片演变而来的根根硬刺。不过，这些刺平时都贴在身上，只有遇到危险时才派上用场。

别看刺豚游泳速度缓慢，可就连“海洋杀手”大鲨鱼也拿它们毫无办法。另外，刺豚除了用硬刺当武器，别的本领也不少呢！

变大，变大，再变大

和刺猬一样，刺豚遇到危险时，也会立即将身上的硬刺竖起来，以至于敌人不知从哪里下嘴。

不过，刺豚比刺猬还多了几样本事。

首先，它们体内含有河豚毒素，一条刺豚身上的河豚毒素，就能将33名成年人毒死。这毒性可真让人不敢小觑（qù）呢！

此外，它们还能让身体像吹气球一样变大，变大，再变大，甚至能大到原来的好几倍呢！想想看，刚刚还是卵圆形的小鱼儿，瞬间变成一个鼓鼓囊囊的大刺球，即使对方再厉害，也得掂（diān）量掂量吧！

将身体变大，除了可以虚张声势，还能让那些体形较小的敌人无法将自己吞下。这可是一举多得啊！

刺豚能有这种本领，是因为肠子下面有一个呈带状的气尖。遇到危险时，它们就冲向水面，张嘴吸入空气，气尖中便充满气体。即使来不及吸入空气，也没关系，那就用海水当“替补”。刺豚腹部皮肤松弛，吸入大量海水后，头部和腹部就能变大、再变大……

一旦危险警报解除，刺豚就在极短的时间内将体内的空气或海水排出来。否则，它们就会因身体过度膨胀（péng zhàng）而死。

“绝技”也恶心：

鲜为人知的秘密武器

想想看，假如有一种动物面对敌人时，它的眼睛里突然喷出鲜血来，恐怕再强大的对手见此情景都会不寒而栗（lì）吧！这可不是危言耸听，生活在索诺拉沙漠的角蜥（xī）就将这种特技练得炉火纯青。还有一种生活在印度尼西亚的科莫多巨蜥更让人觉得恶心，它们不仅面目可憎，而且以致命的口水作为武器……

武装到牙齿：“小恐龙”角蜥

生活在沙漠里的角蜥正忙着美美地吃“蚂蚁餐”呢，却不知何时，身后多了一位步步紧逼、虎视眈眈的不速之客——响尾蛇。

角蜥顿时思维短路，不敢动弹。就在响尾蛇志得意满准备下口时，角蜥一转身，“哧溜——”一声，眼睛里突然喷出一股鲜红的血液，不偏不倚，直直地喷在了响尾蛇的脑袋上。

什么鬼？

面对突如其来的变故，响尾蛇被吓得溜之大吉。

角蜥是蜥蜴（yì）家族中的一员，短短的身体肥肥胖胖，尾巴又粗又扁，末尾尖尖，不像其他蜥蜴那样容易脱落以逃避敌害。

角蜥全身覆盖着坚硬的鳞甲，尤其是脑袋上还有呈放射状排列的尖棘，要是被这些尖棘扎一下，那可有的受啦！

即使眼睛这样最脆弱的部位也可以关闭自如，这样一来，角蜥简直武装到了牙齿。它看起来多像一只全副武装的小恐龙啊！

角蜥力气小，个子也不大，凭着鳞甲不足以应对残酷的竞争，因此它们只能做“多手准备”。

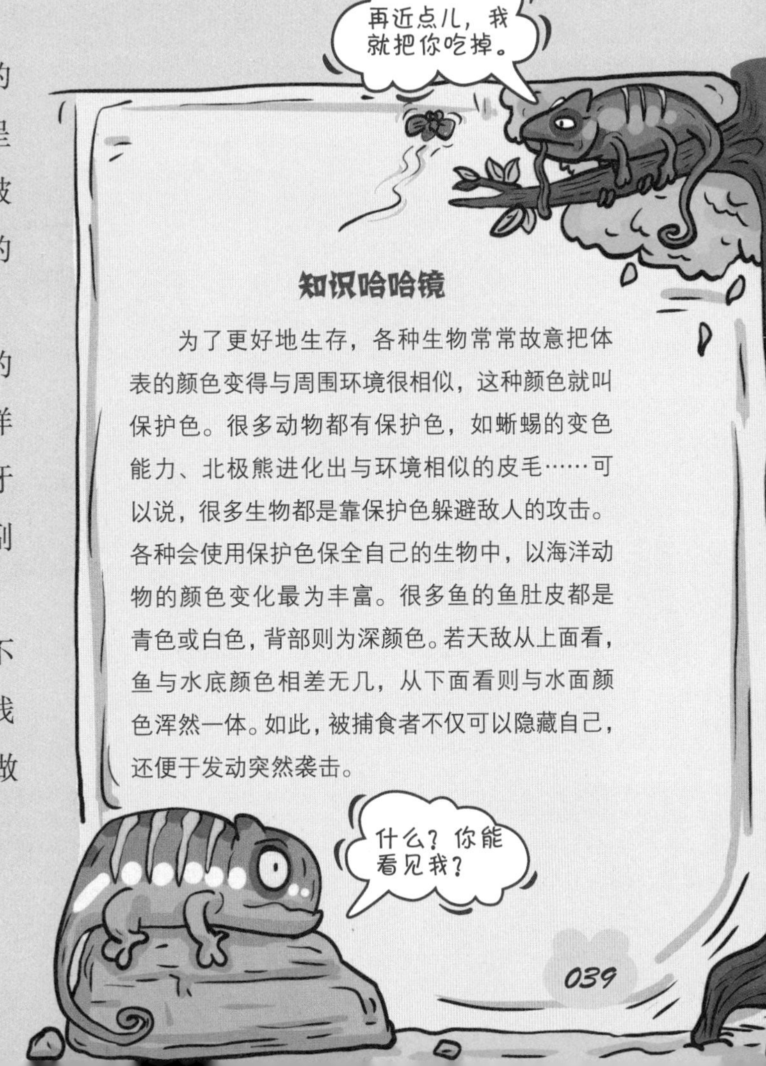

知识哈哈镜

为了更好地生存，各种生物常常故意把体表的颜色变得与周围环境很相似，这种颜色就叫保护色。很多动物都有保护色，如蜥蜴的变色能力、北极熊进化出与环境相似的皮毛……可以说，很多生物都是靠保护色躲避敌人的攻击。各种会使用保护色保全自己的生物中，以海洋动物的颜色变化最为丰富。很多鱼的鱼肚皮都是青色或白色，背部则为深颜色。若天敌从上面看，鱼与水底颜色相差无几，从下面看则与水面颜色浑然一体。如此，被捕食者不仅可以隐藏自己，还便于发动突然袭击。

首先，它们练成了神奇的拟态技术。在沙漠中，它们能惟妙惟肖地模拟出砂砾（lì）的形状，和周围的环境融为一体，让敌人真假难辨。其次，随着季节的冷热交替，它们的肤色深浅变化不一，这样能很好地调节身体热量。

给你点儿厉害尝一尝

角蜥头上长着尖棘，身上的每个鳞片都相当于一把锋利的匕首。一旦敌人不怀好意，它们便不停地晃动头部以恐吓对方：是不是想让我给你点儿厉害尝一尝？

不过既然出来混，谁也不是被“吓大”的，不是吗？当然有“人”不吃角蜥这一套。既然不能将对方吓跑，那就使出看家本领好啦！一开始，

角蜥就像个吹足了气的气球，肚子鼓得好大好大。之后，它们将身上的每根刺都竖立起来，眼睛瞪得大大的，并开始变红，紧接着，就会像“喷火龙”一样从眼睛里喷出一股鲜血。

但凡见过这种阵势的动物都唯恐避之不及，赶紧退让三分。

不过，这招喷血技看似挺恐怖的，其实却没什么杀伤力。因为，这不过是角蜥为了保护自己，虚张声势而已。

使用这招“终极必杀技”时，角蜥的一束闭孔肌会压迫主血管，使脑血管的血压升高。这个压力对眼睛瞬膜里的娇嫩血管来说非常之高，导致血管破裂，鲜血喷出。

即使没有杀伤力，但能吓跑敌人也就妥了！

“吃货”的世界你不懂：丑八怪科莫多巨蜥

“打架啦，打架啦！”

森林里吵吵闹闹，原来一头强壮的公鹿正和一只身形庞大的科莫多巨蜥打架呢！

只见科莫多巨蜥用尾巴一扫，公鹿就应声倒地。科莫多巨蜥当然不会放过这个好机会，张着血盆大口一下就将公鹿的喉咙咬住。巨大的疼痛让公鹿难以忍受，奋力挣扎一番后，公鹿仓皇逃走。呀！它脖子上的伤口还在不停滴落科莫多巨蜥脏兮兮的口水呢！

没过几天，公鹿就停止了呼吸。科莫多巨蜥不厚道地笑了。

科莫多巨蜥是世界上个体最大的蜥蜴，堪称蜥蜴家族里的“巨人”。不过，这些“巨人”都是丑八怪：皮肤粗糙不说，还长满小疙瘩（gē da）；脑袋尤其大，尖牙利齿，细长的舌头还分叉；身后拖着条长尾巴，这尾巴的长度相当于头部和身体加在一起呢！

这些“巨人”还是资深的“吃货”。

每天，它们需要摄入充足的营养，小到昆虫、鸟类，大到猴子、野猪，它们照单全收，来者不拒。吃腻（nì）了“山珍”，那就尝尝“海味”，有时候，游泳技术高超的科莫多巨蜥还会前往海边尝尝鲜，吃一些虾、螃蟹……

细菌算个啥，毒液才致命

科莫多巨蜥喜欢每天清晨享受温暖的日光浴。身上被晒得暖洋洋之后，它们才开始捕猎行动。

一旦有猎物靠近，它们便瞅准时机，发动突袭。它们主要的攻击方式是撕咬，有时也会用身后那条钢鞭一样有力的尾巴将猎物扫倒在地，然后，尖牙利齿也不闲着。在这几大武器的默契（qì）配合下，猎物很快毙（bì）命。接下来，它们便将猎物拖

到树林深处，慢慢享用。

科莫多巨蜥捕猎时如果真有猎物逃脱，不久后猎物也会死亡，就像和它打过架的那只公鹿一样。

原来，科莫多巨蜥不仅口水里有各种细菌，它们下颚的毒腺（xiàn）也能分泌出各种致命的剧毒物质。这些剧毒物质十分可怕：导致伤口血液不能凝固、诱发昏迷……被它们咬过的猎物往往并不是死于它们口水中的各种细菌，其毒液才是“罪魁祸首”。

作为资深“吃货”，即使没有新鲜食材也不要紧，有时候尝尝腐肉的味道也是极好的！科莫多巨蜥吐着长舌头，一番摇头晃脑，只要 4000 米之内存在腐肉的气味，它们就能通过舌头上的嗅觉器官及时捕捉到。

丑也要有个性：
海底世界的另类

匈牙利诗人裴（péi）多菲有这样一首深入人心的诗：“生命诚可贵，爱情价更高。若为自由故，两者皆可抛。”这首诗让我们看到自由是多么可贵。可是你知道吗？生活在海洋深处的魔鬼鲨也“爱自由”，哪怕拥有这种自由需要以生命为代价也在所不惜。生活在海底的海参就没这种精神，面对危险，它们不惜抛出内脏来买命，绝对算海底世界中的另类……

不自由，毋（wú）宁死：魔鬼鲨

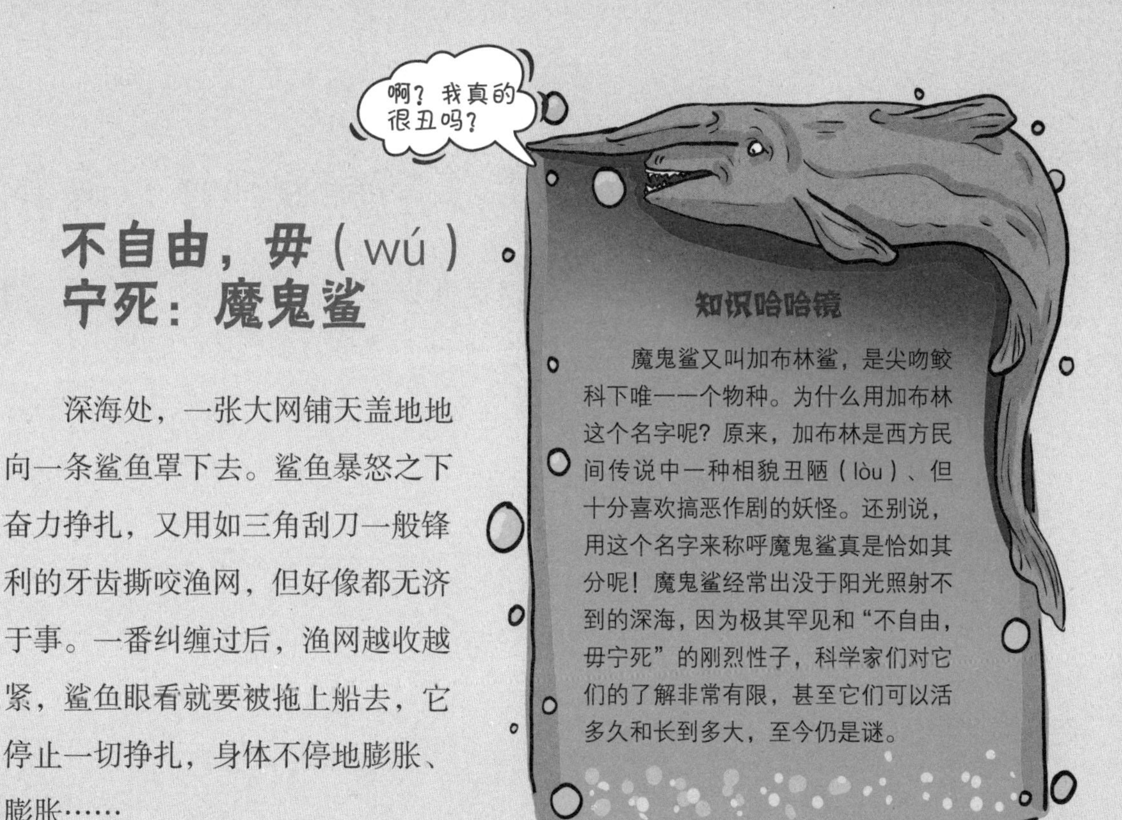

知识哈哈镜

魔鬼鲨又叫加布林鲨，是尖吻鲛科下唯一一个物种。为什么用加布林这个名字呢？原来，加布林是西方民间传说中一种相貌丑陋（lòu）、但十分喜欢搞恶作剧的妖怪。还别说，用这个名字来称呼魔鬼鲨真是恰如其分呢！魔鬼鲨经常出没于阳光照射不到的深海，因为极其罕见和“不自由，毋宁死”的刚烈性子，科学家们对它们的了解非常有限，甚至它们可以活多久和长到多大，至今仍是谜。

深海处，一张大网铺天盖地地向一条鲨鱼罩下去。鲨鱼暴怒之下奋力挣扎，又用如三角刮刀一般锋利的牙齿撕咬渔网，但好像都无济于事。一番纠缠过后，渔网越收越紧，鲨鱼眼看就要被拖上船去，它停止一切挣扎，身体不停地膨胀、膨胀……

“嘭——”鲨鱼爆炸啦，只留下无数支离破碎的残体。性情如此刚烈，那就只能是魔鬼鲨。

生活在海洋深处的魔鬼鲨长相丑陋凶狠，面目狰狞。不同于别的鲨鱼，魔鬼鲨的身体看上去居然是粉红色的，这是因为它们的皮肤呈半透明状，以至身体里的血管隐约可见。

魔鬼鲨的显著之处是像短剑一样突出的长鼻子，即使凶猛残忍的虎鲨的鼻子也不能与它们的相比，因为这个长鼻子能够帮助魔鬼鲨锁定猎物。听起来很像一个雷达接收器呢！

你一定好奇，魔鬼鲨为什么要自杀式爆炸呢？

原来，当身陷困境不能成功逃脱的时候，它们就会通过自身类似鱼鳔（biào）的肌体压强变化而膨胀，直到最后炸成碎块。

为了自由不惜爆炸，真是太离谱啦！

由于这样的原因，到目前为止，世界范围内完整的魔鬼鲨标本都极其稀有呢！

“蔫（niān）儿黄瓜”巧施苦肉计：海参

看似美丽的海底世界，残酷的竞争随时都在上演。这不，海底一处角落正上演一出“螳螂（táng láng）捕蝉，黄雀在后”的好戏呢！

一只海参刚刚夏眠结束，当它正对着一些微生物大快朵颐（yí）的时候，一条小鲨鱼张着大嘴巴悄悄向它靠近。眼看小鲨鱼就要得逞（chěng），海参不慌不忙，从肛门喷出一团又长又黏的黑乎乎的东西——天哪！你一定想不到，这些竟然都是海参的内脏！

趁着鲨鱼被这些东西吸引的时候，海参早已带着空壳不知沉到哪里去啦！

海参身体表面有很多肉质凸起，长圆形的身体看上去就像一根即将腐烂的黑色“蔫儿黄瓜”，真是丑陋极了！

丑是丑了点儿，不过，海参软绵绵的身体一根骨头都没有，全是让人垂涎三尺的肉肉，所以，它们经常遭到其他海洋生物的捕食。

奇怪的是，它们可是在海里生活了 6 亿多年的古老动物呢！面对强大的敌人，既没有尖牙利爪，也没有趁手武器，更没有致命毒液，海参靠什么取胜呢？

原来，看似柔弱的海参之所以能很好地生存繁衍，是因为它们懂得使用苦肉计，这可是生物界独一无二的绝招呢！

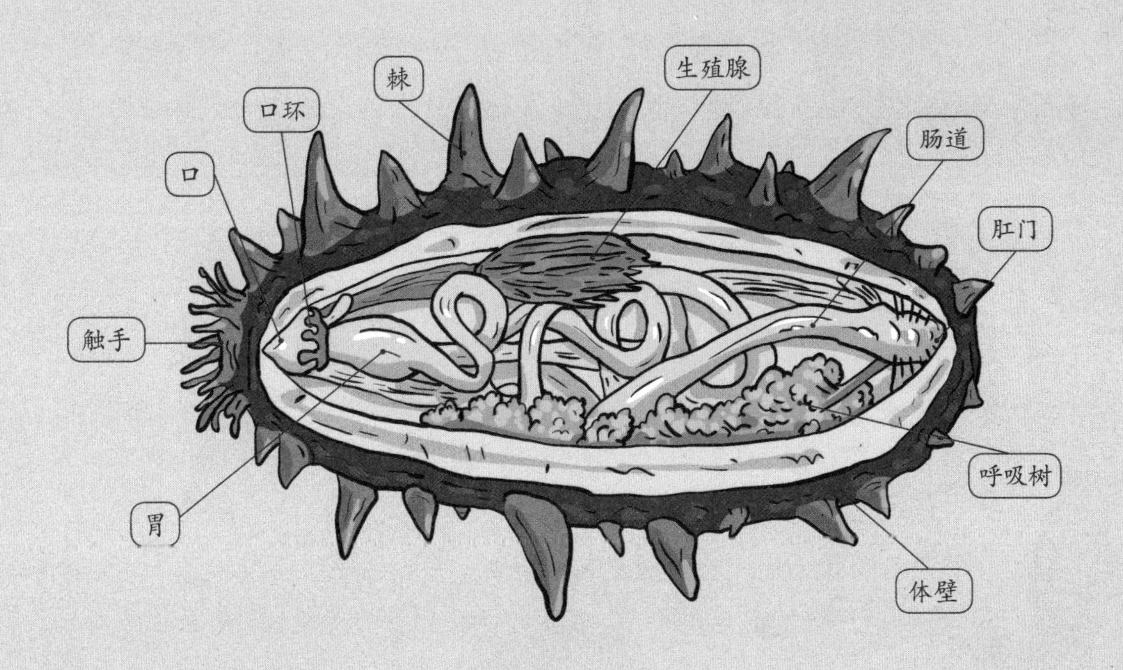

一旦遭遇强敌，逃生无望时，“慷慨（kāng kǎi）大方”的海参便体壁后缩，毫不犹豫地将自己的五脏六腑一股脑儿地从肛门全部“奉上”。

面对这么一个极具诱惑力的“大礼包”，对方早被迷得七荤八素。趁对方还没反应过来，海参早已逃得不见踪影。

你一定觉得，没了五脏六腑的海参还不是死路一条吗？

谁愿意拿生命开玩笑呢？海参自然也不例外。即使没有内脏，它们只需要 50 天左右的时间，一副新内脏就长出来了！

海参的再生本领可是极强的。即使将它们切成两段扔到海里，过几个月，每段都会重新长成一只完整的海参。甚至有的海参还有自切本领，一旦条件适宜，它们便将自身切开，切断后的每一段又会长成新的个体。

更让人瞠（chēng）目结舌的是，如果用针线或铁丝直接从海参的肉体穿透，并打上死结，只需短短 10 多天的时间，它们就会将体内的异物像变戏法一样地排出体外，而肉体完全没有任何痕迹。

千万别试图模仿海参这一特异功能哦，因为这可是海参才具备的独门秘籍。

被臭晕过去的小鸟
叫你别招惹它，你非不听！
臭鼬喷出的液体是世界上最臭的物质之一
虽然我喜欢臭烘烘的东西，但是这也太臭了，呕——
哎哟，这是什么可怕的武器啊！
幸好我没被喷到，赶紧跑！
无视警告的话，就尝尝我的“臭弹”吧！

放个屁，臭死你：
又臭又恶心的“化学武器”

都说“人不可貌相”，这句话在动物世界同样适用。千万别欺负一些看起来不起眼的“小家伙”，否则，它们或许会用臭气熏天或剧毒无比的“化学武器”对你进行报复。如果你很想试试这些“化学武器”到底有多厉害，不妨先看看下面的内容吧！

我喷，我喷，我喷喷：臭鼬

树林中的一处山洞前，一只饥饿的大野猫垂涎（xián）三尺地看着一只臭鼬（yòu）。意识到危险，臭鼬狠狠地瞪了大野猫一眼。野猫才不管那么多呢，一步步向它慢慢靠近。

只见臭鼬竖起尾巴，低下头，不停地用前爪跺地以示警告：“别靠近我，否则后果自负。”

野猫无视警告，步步紧逼。

臭鼬生气极了，翘起尾巴，

知识哈哈镜

臭鼬的“臭弹”攻击性极强，而且其肛门腺附近的肌肉发达，可保证 3 米以内每击必中。不过不到万不得已，臭鼬是不会使出这一“撒手锏”的，因为它们的腺体只能存储 11 毫升左右的“臭弹”，发射五六次后，想要再次装满腺体则需要长达 10 天时间。野猫、美洲豹等绝大多数猎食者，除非万不得已，不会招惹它们。唯一例外的是猫头鹰的亲戚——美洲雕鸮，它们没有嗅觉，所以一点儿也不嫌弃臭鼬。有人就在一只美洲雕鸮的巢里发现了 57 只臭鼬呢！

将屁股对准野猫，随后一股黄黄的液体突然像水枪出水一样直直地向野猫喷射过去。

天哪！简直臭不可闻。更讨厌的是，臭鼬的屁股还不停地摇摆，将这种恶臭的液体喷得到处都是，空气中到处弥漫着恶心的气味儿。

野猫被熏得直恶心，一溜烟不见了踪影。不过，它的眼睛可就倒霉啦，估计还有失明的危险。臭鼬露出一副得意的样子，好像在说："小样儿，还敢惹我？"

臭鼬喷出的液体可远达5米，这种液体可是世界上最臭的物质之一呢，一旦喷到身上，不仅气味很难消除，如果不小心沾到眼睛上，眼睛还会感到剧痛和灼烧感，被击中者短时间内还会失明呢！这种让人毛骨悚然的"化学武器"，就储存在臭鼬肛门附近的腺体里。

"自然界的高射炮"：射炮步甲

如果说，动物王国里有谁敢向臭鼬挑战的话，那一定是昆虫家族里有"自然界高射炮"之称的射炮步甲啦！

射炮步甲的翅膀或深蓝色、或蓝绿色，体长仅5～13毫米，千万别因为个头小就小瞧了它们，因为它们天生自带“大炮”出场。

在其腹部末端，有一个能喷射有毒液体的小囊。在对付胆敢进犯自己的敌人时，这种有毒液体便“大派用场”——谁惹我我就“炮轰”谁。

小读者一定好奇，这些“小东西”，是从哪里制造出的这些“炮弹”呢？

其实，在它们的肚子里有一个“秘密兵工厂”。这个“秘密兵工厂”共有两个“加工点”，加工点里各有一间储存仓库和一间“反应间”。储存仓库用来储存过氧化氢（qīng）和对苯（běn）二酚（fēn）。而一旦有敌情，过氧化氢和对苯二酚会在“反应间”里，在酶的催化下发生化学反应，形成接近沸点的苯醌（kūn）溶液，这就是射炮步甲的“炮弹”了。

随着“砰”的一声响，“炮弹”由射炮步甲尾部的喷射通道喷出，被“炮弹”轰中的敌人便晕头转向、不知所措。这情形，像极了人类战争中炮弹的发射。“炮弹”不仅响亮，其“弹药”的毒性也威力十足。与敌作战中，它们就是以“吓唬＋毒杀”的方式令敌人闻风丧胆，成为自然界中最特别的存在。

臭液“宣示主权”：小食蚁兽

在南美洲南部，生活着一种身长半米左右的小食蚁兽。说到小食蚁兽，

它们可真是懒得出奇，一天里的绝大多数时间都躲在浓密的树林里或藏在树洞里面呼呼睡大觉。

等到天色变暗，小食蚁兽才慢吞吞地爬出洞穴，不是挖蚁穴就是掏蜂巢。一旦找准目标，它们就用蚯蚓（qiū yǐn）般细长又灵活的舌头将巢穴里面的蚂蚁和蜜蜂钩出来吃掉。

你一定想象不到，小食蚁兽也能放出臭味，危害范围可达50米。它们的臭液是从肛门两侧的肛门腺分泌的。有人觉得，它们放出的臭味比臭鼬的臭味还让人难以接受呢！

小食蚁兽偶尔会用臭液“宣示主权”，它们将臭液喷在路过的石头或草丛上，就是在告诉其他动物：“这是我的地盘，我做主，你不准靠近！”

和臭鼬一样，小食蚁兽遇到敌情时也会“先礼后兵”。如果警告无用，再放出极具威力的“臭弹”。但它们的表现机会实在有限，因为远远看见它们，其他动物早避之不及了！

最让人百思不得其解的是，一些人不但不嫌弃小食蚁兽，相反还视若珍宝。这是因为有人认为它们是治疗干癣（xuǎn）等疾病的“良药”。所以，随着人类大量捕捉加上原始森林面积大大缩小、全球气候变暖等因素，小食蚁兽数量锐减，已濒临灭绝。

恶心呕吐当绝技：秃鹫

单是臭已经让人难以忍受，偏偏还有动物又臭又恶心，如有“草原清道夫”之称的秃鹫（jiù）。我们都知道秃鹫以腐肉为食，对它们来说，相比新鲜食品，腐肉肉质更柔软，更容易消化。

秃鹫作为大型猛禽，常常在开阔裸露的山地和平

原上空滑翔，密切注视着地面的动静。

在“高空侦查”下，它们好像总能发现动物尸体。这时，只要确定目标已死，它们就先从目标尸体的肛门处下口，一路向上，一步步吃掉尸体的内脏。等它们享用完一顿美餐，自己也就臭不可闻啦！

更讨厌的是，秃鹫有事没事就大吐特吐。遇到危险，呕吐；受到惊吓，呕吐……有时候甚至边吃边吐，这样的“坏毛病”也真让人无话可说。

不过，它们可不是吐着玩儿。

原来，秃鹫的胃酸腐蚀性极强，其呕吐物可以将侵犯者的眼睛和鼻子灼伤。也可以这么说，秃鹫是将呕吐物当“防身武器”呢！

呕吐物“武器”的用处还真不少：一者可减轻体重；二者迷惑对手，方便逃跑；三者降低体温，排毒杀菌……

又是尸臭，又是呕吐物的酸臭，这秃鹫可真是“干净大家，脏了自己”啊！

比比谁最坏：

古灵精怪的“虫虫部落”

一处废墟里，苍蝇、蚊子和蟑螂（zhāng láng）不期而遇。这三个坏家伙无恶不作，人人痛恨，它们聚在一起准没好事儿。仔细听，原来它们在吹牛皮：蟑螂说，它出现在地球上的时间比恐龙还早，堪称“活化石”，即使地球毁灭，它也照样生存；蚊子说，它喜欢新鲜血液，而且有“尖端”武器，当然作为回报，顺便传染点脑炎、黄热病等病毒也是极好的；苍蝇抢着说，它喜欢一边吃东西，一边呕吐，一边拉便便，有的小朋友吃了这样的东西还不知道呢……天哪，这些家伙真是没有最坏，只有更坏。

给点食物就“灿烂”：蟑螂

蟑螂出现于3.2亿年前的古生代，现在仍然活跃于世界各个地方，绝对是“活化石”级别的。为什么它们有如此惊人的生命力呢？

或许是因为，蟑螂对生存环境的要求不高吧。只要温度和湿度适宜，有点儿食物，蟑螂就可以活得很好！动物尸体、厨余垃圾、果皮……它们一点儿也不挑食，就没有它们不吃的东西。即使环境恶劣，哪怕不喝水，它们也能存活三个月左右。

最令人惊叹的莫过于它们的繁殖（zhí）力。一整年的时间里，它们都会无休止地繁殖，一只雌蟑螂一年就能产下10万只后代呢！这可真是个吓人的数字啊！如果让它们聚在一起生活，后果更是不堪设想。

除了惊人的繁殖力和不挑食，它们还能在瞬间感知危险，逃跑本领照样堪称一绝。蟑螂腹部末节两侧长有“警报器”——尾须，一旦察觉到危险，它们便用惊人的逃跑速度溜之大吉。

为了消灭它们，人类或者用香甜的灭虫剂让它们中毒身亡，或者用喷雾杀虫剂让它们窒（zhì）息而死，但它们还是前赴后继地出现，好像故意与人类作对。

对它们来说，缺胳膊少腿儿都不是事儿，

就算脖子断了照样产卵生宝宝，所以，想把它们彻底消灭——有点儿难。

血液，好喜欢：“吸血鬼”蚊子

“嗡——嗡——嗡——”

一到夏天，蚊子就忙个不停。只要被它们“亲吻”，人就痒得难以忍受，它们甚至还会留下一个“案发现场”——大红包。

夏天温度高，正是它们猖（chāng）狂肆虐（sì nüè）的时候。对蚊子来说，有点儿水就能孵化。你一定奇怪，为什么蚊子对血有种特别的喜爱呢？

雌蚊一生中只会进行一次择偶配对，配对成功后，雌蚊的受精和排卵就会多次进行。要保证自己体内卵的正常生长，就需要大量的蛋白质，为了得到这种物质，雌蚊通过吸血来给宝宝补充营养。

虽然这是雌蚊生育后代的“必须”，但我们人类对此则深恶痛绝。吸血的都是雌蚊子，吸血时，它们会用针似的口器作为武器。它们的上、下唇共有 6 根各怀绝技的针，彼此相互配合，共同完成吸血过程。

首先，蚊子会用两根针上的锯齿将人类皮肤切开，再用另外两根针固定自己身体，另一根针插入血管后，让它们的唾液流进我们的血管里。它们的唾液含有防止血液凝固的物质，这样吸血就容易多了。然后，它们便可以用上唇的吸管肆无忌惮地吸血了！千万别小看它们，它们每次吸入的血量可是其体重的

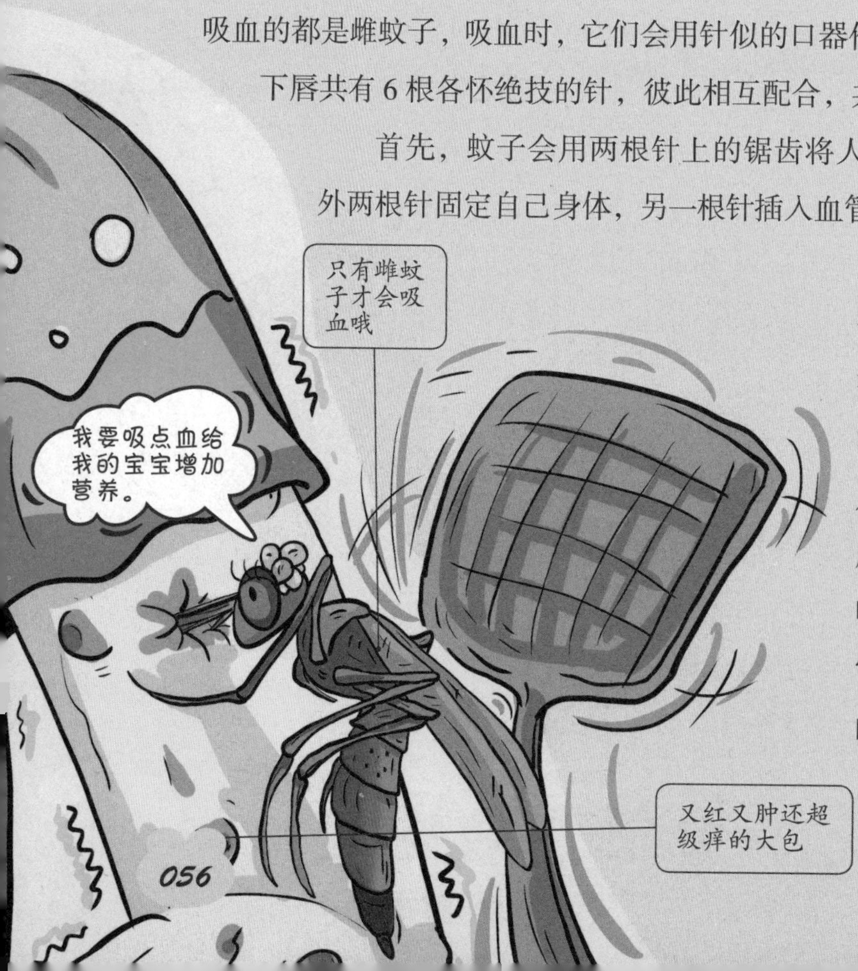

两三倍呢！

蚊子不仅吸血，还会将可怕的病菌传染给我们，令人恨不得除之而后快。

知识哈哈镜

讨厌的苍蝇也并不是一无是处，它们还是大自然的“义务清洁工”呢！自然界里每天都有无数的粪便或尸体产生，而苍蝇就“肩负”分解粪便或尸体的重任。和蝴蝶、蜜蜂一样，一些苍蝇也会飞在花丛间访花吸蜜，无怨无悔地为开花植物传媒授粉，台湾南部的芒果就是靠“大头金蝇”传播花粉呢。在生态系统食物链中，许多物种也是靠苍蝇活命的。如 1 只燕子一个夏天就要吃掉 50 万 ~ 100 万只苍蝇。此外，果蝇是研究遗传学的重要载体；黑颊（jiá）丽蝇还是侦破杀人案的“法医”……

摩拳擦掌的“生化部队”：苍蝇

刚摆好生日蛋糕，就飞来一位不速之客——苍蝇。

拿出苍蝇拍，“啪”的一声，苍蝇便一命呜呼啦！幸好“蛋糕保卫战”成功，不然，谁愿意和恶心的苍蝇分享美味呢？

甜食是苍蝇的最爱。当然它们也不挑食，垃圾、便便、口水、动物尸体……都能吃得有滋有味。

面对美食，苍蝇用海绵状的嘴舔吸着吃，这种方式吸食液体十分方便。要是固体食物，它们只需在上面吐点儿口水，固体就会变得黏稠（chóu），很好吸食。每隔 5 分钟，苍蝇就会在食物上便便、呕吐，这些脏东西里全是病原菌。因此，一群苍蝇就是一个“生化部队”。

它们全身穿着“毛毛衣”，嘴巴周围全是脏兮兮的液体。它们一会儿在便便上大快朵颐（yí），一会儿又停在我们的食物上，想想就觉得恶心。

这些坏家伙停在哪里，就在哪里“摩拳擦掌”，把病菌传播得到处都是。平时，它们生活在脏兮兮的地方，你在垃圾堆和便便里看到的蛆，就是它们的幼虫。苍蝇繁殖力惊人。一只雌蝇每次产卵 100 ~ 150 粒，一对苍蝇一年能繁殖 10 ~ 12 代！

论演技，天下我第一：
动物界的“演技达人”

一只饥饿的狐狸藏在草丛中等待猎物。一只兔子路过，狐狸眼珠一转，抢先一步躺到兔子面前，装作很痛苦的样子不停翻滚。兔子很疑惑，这是怎么回事儿？当它准备一看究竟时，狐狸突然将一头雾水的兔子一口咬住，哪有半点儿生病的样子。不得不说，狐狸这演技还真不错。在动物王国里，像狐狸这样的“演技达人”可多啦！比如，十分擅长装死的负鼠、环颈鸻（héng），以及会变成球的犰狳（qiú yú），等等。

动物界的“奥斯卡影帝”：将装死进行到底的负鼠

论演技，负鼠堪称动物界的“奥斯卡影帝”。

面对狼、狗等天敌时，负鼠会使出浑身解数来装死。一旦被擒，它们便突然躺倒在地，张开嘴巴，耷（dā）拉着舌头，眼睛紧闭，呼吸和心跳同时停止。

这一番假死，让捕猎者“丈二和尚摸不着头脑”。假如这还不足以迷惑捕食者，它们就将装死“进行到底”——从肛门旁边的臭腺分泌出一种散发腐烂气味的黄色液体。捕食者大多喜欢新鲜猎物，谁会垂涎这样一块疑似腐烂的肉呢？一旦捕猎者远离，确定周围没有危险，它们便恢复正常，立即爬起来逃走。

负鼠为什么有这样高超的装死本领呢？

这是因为遇到危险时，负鼠体内就会分泌出一种能快速进入大脑的麻痹（bì）物质，这种物质能让它们进入假死状态，负鼠躺倒在地与死去无异。如此逼真的表演，更像是负鼠对捕猎者的警告：我的肉有毒，吃不吃随你！

动物的脑细胞在不断发出脉冲的过程中会有生物电流形成，根据生物电流的特性，就可以对动物的各种状态进行判断。通过对负鼠装死时的状态进行测试，人们发现：假死时，它们的大脑皮层依旧很活跃。这表明，它们装死时也紧张地等待逃命的机会，既没有昏迷，更没有休克，仅仅是装死罢了。

动物界“最佳女演员”：环颈鸻

无论是昆虫、鸟类、哺乳类还是爬行类动物，装死（拟死）都是它们逃避天敌惯用的防御手段，不过也不是一遇到危险就装死。在实施装死大法之前，它们也会先衡量逃跑和装死哪一种生存概率更大。

除非走投无路，它们是不会轻易装死的。装死，就意味着“人为刀俎（zǔ），我为鱼肉”。所以使用这一计策，除非演技好到能够以假乱真，否则便是万劫不复。

论演技，环颈鸻绝对榜上有名。为了保护孩子不受伤害，它们不惜舍弃生命，装作受伤的样子来引开猛兽。不同于装死，这种在捕猎者面前装受伤的行为叫“拟伤”。

一只豹子发现了一窝刚孵化不久的小环颈鸻，它龇牙咧嘴，目露凶光地朝小环颈鸻走去。面对实力强大的对手，可怜的小环颈鸻只能乖乖等死，成为豹子的“小点心”吗？

突然，环颈鸻妈妈跳到豹子面前，翅膀无力地垂下，带着凄凉无比的神情一瘸（qué）一拐地慢慢逃跑。

对豹子来说，肥美的环颈鸻妈妈可比那些小家伙好多了。它美滋滋地跟上去，心想：这老家伙身体不好，吃它还不易如反掌？

就这样，环颈鸻妈妈将豹子越引越远。等到确定孩子们再无危险，它便扑扇翅膀飞向空中，只剩下无可奈何、咬牙切齿的豹子。

变个魔术给你看：犰狳

大家听过“土行孙”这个名字吗？他可是《封神演义》中的神话人物，外形矮小，武艺高强，擅长以地行之术查探敌情。

在动物界，犰狳的“地形之术”与土行孙相比有过之而无不及。另外，如果说负鼠、环颈鸻只是精于演技，那犰狳可谓出色的魔术师。

它们体形略长，体重可达 50 千克以上，乍一看样子显得笨拙呆滞（zhì），但这绝对是误导。因为，在哺乳动物目中，它们是自然防御能力最完备的动物之一，其防御手段极其高明。

一旦身处险境，它们就使出看家本领，变个魔术给你看——将长长的身子蜷（quán）缩成球状，或是以闪电般的速度将身子隐藏到沙土里。这时，山猫、熊、郊狼等天敌便觉得莫名其妙：一定是我眼睛看花了吧？哪有什么猎物？

犰狳能变魔术的秘密，在于它们从头到尾的骨质甲。这层骨质甲深入皮肤中，头部、前半部和后半部的骨质甲是分开的，身体中间的骨质甲呈带状，很方便它们蜷缩身体。

更厉害的是，别看它们身上的毛不多，但就是这些稀疏的毛能感知周围环境的变化和危险信号。稍有异常，它们便开始变魔术。如果逃入土洞，它们就用尾部盾甲将洞口紧紧堵住，像极了人类古战场上的挡箭牌，使敌人无从下手。

感觉器官“总动员”：另类探知能力大揭秘

我们想知道物体有什么气味，只需吸口气，进入鼻孔的气味就会被鼻腔中的嗅觉细胞接收和感知。但动物王国里的一些动物没有鼻子，如章鱼、蝴蝶等，它们又该怎么办呢？经过漫长的进化，动物们也拥有了各自感知世界的方式。

感觉器官超无敌：鲨鱼

在有关鲨鱼的电影中，是不是经常出现凶猛的食人鲨鱼循着血腥味蜂拥而至的恐怖画面呢？没错，鲨鱼对气味超级敏感，即使在1000升海水中滴入一滴血，它们都能马上嗅到血腥味。这也太厉害了吧？

对于肉食动物而言，要找到美味可口的猎物，动作敏捷固然重要，但如果能同时调动全身上下所有的感觉器官，那就无敌了！

在奇妙的大自然里，

鲨鱼的感觉器官首屈一指。捕猎时，不论嗅觉、听觉还是触觉，它们总能不吝啬地来个“总动员”。

鲨鱼听觉发达，1 千米之外的声音它们都能清楚地感知。

通过气味和声音，鲨鱼就能对猎物的基本信息和轮廓有个大致判断，最后只需用特殊的感知器官对这些信息加以确定和完善就好了！

鲨鱼身体两侧分布着神经末稍——洛伦兹壶腹，可以感知水中电场的变化。任何一个活着的生物体上都有电流存在，因此，鲨鱼总是更容易捕获到猎物。

没有鼻子好可怜：这话可不对

如果有人问你：世界上什么动物嗅觉最灵敏？

你一定会毫不犹豫地回答：狗。

的确，狗是世界上嗅觉最灵敏的动物之一。大得与脸不相称的狗鼻子里有很多被黏膜覆盖的褶（zhě）皱，这些黏膜可是由2.2亿个嗅觉细胞构成的呢！它们能分辨出200多万种不同的气味。

狗妈妈生下宝宝后，会挨个舔它们的身体。即使将小狗的顺序故意打乱，狗妈妈还是按照原来的顺序舔。这是因为，它有通过气味辨别孩子出生顺序的本领呢！

狗出色的嗅觉源于鼻子，那没有鼻子的螃蟹是不是就没有嗅觉呢？

才不是呢！

对大多数动物而言，嗅觉都是至关重要的。虽然没有鼻子听起来很奇怪，但聪明的螃蟹用稠（chóu）密的“牙刷毛”——体外毛束来代替鼻子感知味道。

在靠近螃蟹嘴部的触须里，有很多牙刷状的毛束。想闻味道时，螃蟹就将触须放入水中，触须向下运动时，毛发张开，水和气味分子便进入其中；触须缓慢向上运动的过程中，毛发闭合，气味分子就进入毛发中的化学感应细胞。如此一来，周围环境信息它们就全部掌握啦！

其实，不仅在感知环境方面体外毛束有很大作用，在寻找食物和找寻伴侣时，螃蟹体外毛束的作用也不可低估。

“听音辨位”有秘诀：猫头鹰

即使在伸手不见五指的晚上，猫头鹰照样打猎。它们喜欢晚上出动是因为视力好吗？事实上，原因不只这一个呢。

对猫头鹰而言，听觉比视觉更得心应手，因为它们拥有“听音辨位”的绝技。

猫头鹰眼睛很大，眼眶位置需要一圈骨质巩膜环来支撑硕大的眼珠，但这也使得它们的眼珠无法转动，视野范围因此受限。不过，它们有能灵活转动的脖子呀，头的活动范围能达到 270° 。

另外，猫头鹰和别的动物不一样，它们的左右耳不对称，左耳道明显比右耳道宽阔，两只耳朵感知声音的频率也不同。利用双耳的不对称性，猫头鹰就能听音辨位。如此一来，它们不但能判断声音的水平方向，还能判断声音的垂直高低。

还有，猫头鹰的面部形成以眼睛为中心的“凹凸盆地”，这种“凹脸”构造也像放大器一般可以收集声波，判断声音来源。只要判断出猎物方位，它们便迅速出击。猫头鹰全身的羽毛柔软轻松，有消音的作用，其飞行时极其安静，一般动物很难感知到。这样无声的出击堪称神不知鬼不觉，因此，猫头鹰的“闪电战”总是一击必胜。

捕猎时，猫头鹰的耳朵依然不闲着，它们能根据猎物移动时产生的响动，不断对追捕方向进行调整，以确保百战百胜。

不痛，不痛，已经包好了哦。
蒲公英根部储存的丰富养料是它们能不断再生的原因
接好了吗？我快支撑不住了！
根部再生手术开始。
天哪，蒲公英折断的根居然还能再生！
这根都断掉了，要它有啥用？
嘿嘿，这根还可以长出新的蒲公英呢。

植物“中枢器官”：根儿秘密多

金黄的田野里，轻轻将一株小麦连根拔起，数一数它有多少条须根呢？一、二、三、四、五……怎么也数不清。原来，一株小麦有7万多条须根呢，假如将它的根和根毛相加，总长度可达500多米！一株高三四米的枣树，根的垂直深度可达十几米，你是不是大吃一惊呢？对于植物而言，负责吸收养分和支撑枝叶的根部尤其重要，因此，它有植物“中枢器官”的美名。

向下，向下：我们要“发达”

植物不仅根多，它们还有向下的“钻”劲。

干燥炎热的沙漠中，骆驼刺的根能钻入地下十几米的深处；小小的蒲公英身材娇小，可是它们的根却是自身高度的好几倍。奇怪，为什么它们要不停地向下生长呢？

作为植物“中枢器官”，根的任务当然是艰巨的。

第一，植物生长所需的水分和养料，都要靠其根部拼命从土壤里搜集才能满足。根系越发达，植物生长得越好；根系如果瘦弱，植物也就萎靡（wěi mǐ）不振。

第二，面对自然界无法避免的狂风暴雨，植物的根还有很好的固定、支撑作用。大多数情况下，检验一株植物能否存活，首先要看它的根是不是牢固或者强韧。就像我们看到的蒲公英，不管面对风刀霜剑，还是冰雹雨雪，不管是在田间地头，还是在铺路砖的缝隙，它们都能顽强生长，秘密就在于不管折断多少次，它们的根都有再生的超能力。在地下，寒冷的天气和干旱根本奈何不了储藏丰富养料的蒲公英根，即使它们的根折断了，只要一靠近土壤它们就会涅槃重生。

所以，根对植物来说简直太重要了！

“丑”也无敌：就要亮出“我”自己

亲爱的小读者，你们见过玉米或高粱的根吗？仔细观察你会发现，它们有一部分根歪歪扭扭地裸露出地表。你可能会感叹：这么难看，也好意思露出来？

其实，身材“修长”的玉米或高粱很难将“身体”支撑起来，即使勉强“站起来”，遇到大风天气，那可就惨啦！为了更好地将身体支撑起来，它们只好从茎节上就开始长出支撑根。这样一来虽然“颜值”差了些，但也“丑”得自然。

除了玉米、高粱，生长于海水和淡水相交地带的红树的根也是不安分的家伙。

本来嘛，根就应该乖乖地待在地下。不过，红树根好像喜欢“标新立异”，它们会将像章鱼触手一样难看的根展现在我们眼前。

说实话，红树根挺“辣眼睛”的。如果红树能说话，它们一定觉得自己很冤枉，一定会哭诉：“谁想‘献丑’啊！如果我的根一直待在地下，我就会窒息而死呀！不大胆逃亡，我难道等死吗？”

原来，这些植物的根也不喜欢亮出自己呀。为了更好地生存，展示自己“丑”的一面也是一种策略。

看我七十二变：胖胖瘦瘦都是根

一说到根，小读者脑海里一定浮现出细细长长的形状。这可就大错特错啦！根可是像《西游记》里的孙悟空一样，会七十二变呢！

有的植物很善于隐藏自己的根。比如红薯，它们就是因为储藏营养物质而膨大变粗，看起来一点儿也没有根的“正形”，它们的根叫储藏根。千万别

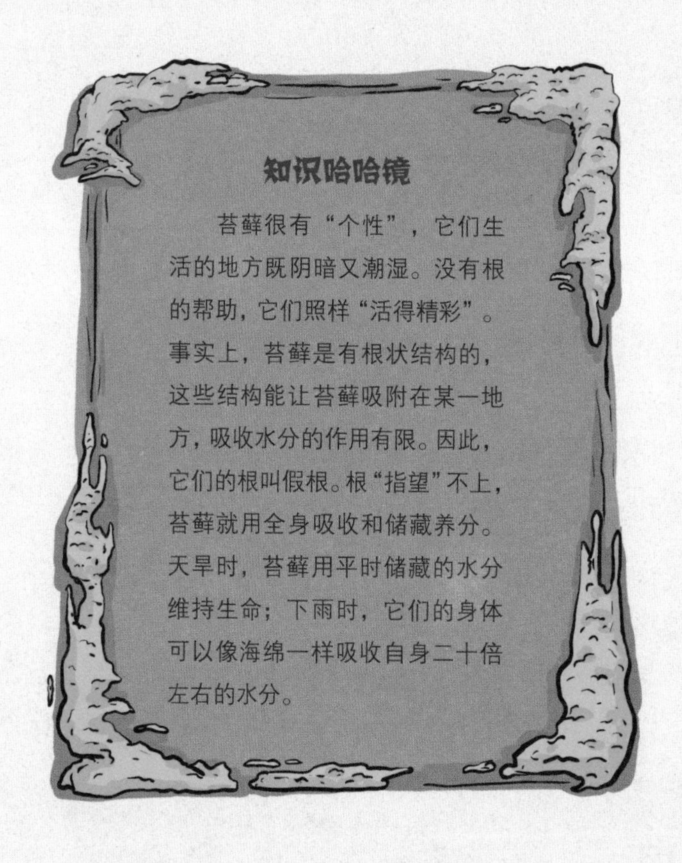

以为它们的根很“胖”，就以为是果实哦！

土豆的样子和红薯十分相近，但是土豆不是块根，它们是因储藏营养物质而变得肥大的植物茎。

是不是有点儿迷糊呢？小读者不妨这么理解：土豆将养分储藏于块茎，红薯将养分储藏于块根。

大多数植物都很“勤快”，能自给自足，但也有一些植物总是“坐享其成”，它们更擅长“盗取”别人的劳动果实。如寄生植物菟丝子、金灯藤，它们一旦找准“靠山”，就“紧抓不放”，然后从接触宿主的部位伸出寄生根，窃取营养物质。

爬山虎的根叫附着根，和金灯藤不一样，它们的根主要用来将自己的卷须牢牢地吸附在坚硬的墙壁上。

“小不点儿”的秘密机关：根冠

我们将一株小麦连根拔起时，会看到各种大大小小的根。长得最粗、伸展得最长的就是主根，主根被很多侧根环绕。不管在主根还是在侧根上，都分布着一根又一根的“小毛毛”——根毛。

千万别小看这些根毛哦，它们可是根在土壤中吸收养分和水分的“大功臣”。如果没有它们的帮助，根能不能很好地完成任务还很难说呢！

咦？根的顶端有一个小不点儿，就像是被翻过来的小帽子一样，真是太奇怪啦！

这个呈圆锥形的小不点儿是由许多薄壁细胞组成的，叫根冠。它主要负责分生区（生长点）的“守卫”工作。

小读者一定很好奇，为什么要保护分生区呢？

植物的根大多在土壤中，幼小又娇嫩的根尖在不停向下生长的过程中极易受到损害，尤其是具有强烈分生能力的分生区更是如此。

在这种情况下，根冠一马当先，和土壤中的石块、砂砾发生摩擦，最后死亡脱落。好在根冠细胞不断进行细胞分裂，能及时得到补充。如此一来，分生区就得到保护了！

部分植物的根冠还能分泌黏液，这种黏液对减少穿越土块缝隙的摩擦十分有帮助。

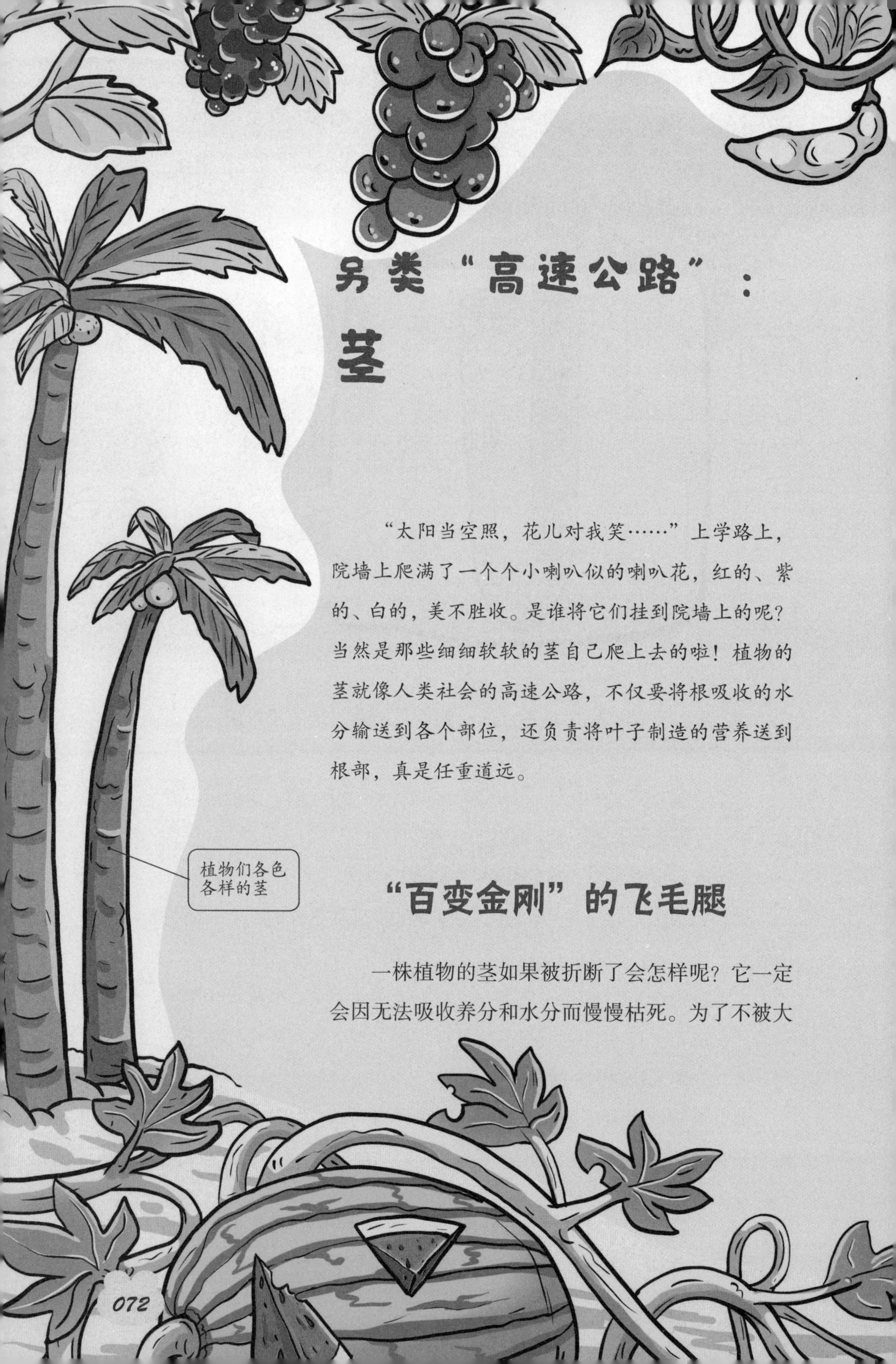

另类“高速公路”：茎

“太阳当空照，花儿对我笑……”上学路上，院墙上爬满了一个个小喇叭似的喇叭花，红的、紫的、白的，美不胜收。是谁将它们挂到院墙上的呢？当然是那些细细软软的茎自己爬上去的啦！植物的茎就像人类社会的高速公路，不仅要将根吸收的水分输送到各个部位，还负责将叶子制造的营养送到根部，真是任重道远。

“百变金刚”的飞毛腿

一株植物的茎如果被折断了会怎样呢？它一定会因无法吸收养分和水分而慢慢枯死。为了不被大

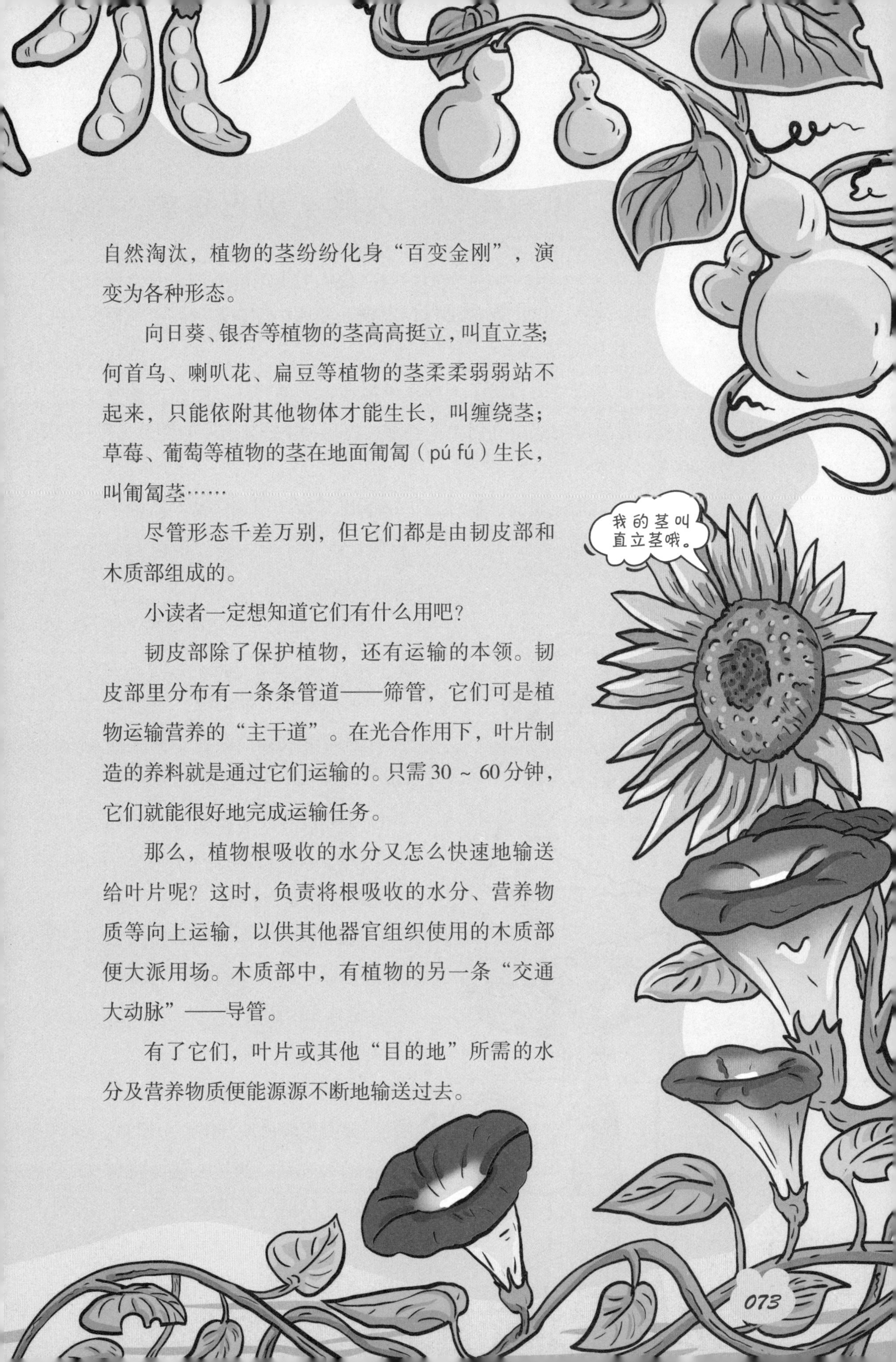

自然淘汰，植物的茎纷纷化身“百变金刚”，演变为各种形态。

向日葵、银杏等植物的茎高高挺立，叫直立茎；何首乌、喇叭花、扁豆等植物的茎柔柔弱弱站不起来，只能依附其他物体才能生长，叫缠绕茎；草莓、葡萄等植物的茎在地面匍匐（pú fú）生长，叫匍匐茎……

尽管形态千差万别，但它们都是由韧皮部和木质部组成的。

小读者一定想知道它们有什么用吧？

韧皮部除了保护植物，还有运输的本领。韧皮部里分布有一条条管道——筛管，它们可是植物运输营养的“主干道”。在光合作用下，叶片制造的养料就是通过它们运输的。只需 30 ~ 60 分钟，它们就能很好地完成运输任务。

那么，植物根吸收的水分又怎么快速地输送给叶片呢？这时，负责将根吸收的水分、营养物质等向上运输，以供其他器官组织使用的木质部便大派用场。木质部中，有植物的另一条“交通大动脉”——导管。

有了它们，叶片或其他“目的地”所需的水分及营养物质便能源源不断地输送过去。

恶魔的“倒栽树”：大胖子波巴布树

小读者看过《小王子》这部童话书吗？小王子生活的星球上有一种树叫波巴布树。不过，波巴布树不仅仅出现在童话中，在非洲热带草原就有分布。

波巴布树长相奇特，像极了一棵树倒插在地上的样子。阿拉伯的传说这样解释，是恶魔故意将它们树枝朝下，树根朝上，才有了“倒栽树”这般怪模样。

波巴布树的果实成熟时，橄榄球一样的果子就会引来成群结队的猴子、猩猩爬树摘果子吃，所以波巴布树又得名猴面包树。

如果问波巴布树最明显的“标签”是什么？非树干莫属。

为了抵抗干旱天气，它们聪明地将大量水分储藏在木质疏松的树干里，这一藏就是 30 吨的量啊！最粗大的波巴布树甚至能储藏 100 吨水，说它们是“大胖子”一点儿也不过分。

波巴布树无私奉献，曾为很多在热带草原上旅行的游客提供救命之水，因此又有“生命之树”的美名。

不过，别看它们树干肥大，人们却能很轻松地刺出一个洞来。当它们死亡后，当地人还会将树干掏空，然后住在里面呢！

资历的“勋章”：年轮

细心的小读者可能看到过这样的画面：当一棵树木被砍伐后，树墩（dūn）上就会有许多同心圆环。这些圆环叫年轮。

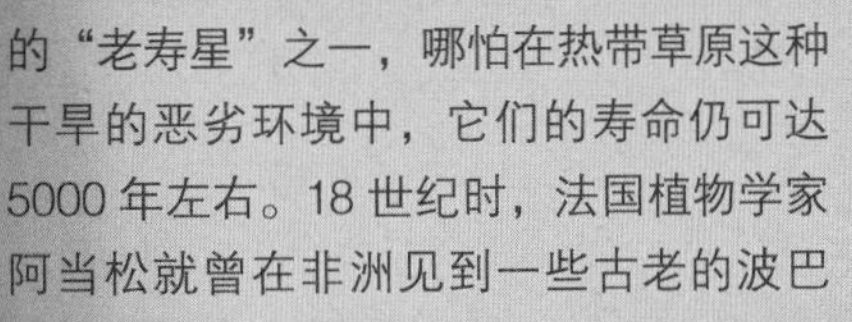

知识哈哈镜

“外强中干”的波巴布树是植物界的“老寿星”之一，哪怕在热带草原这种干旱的恶劣环境中，它们的寿命仍可达5000年左右。18世纪时，法国植物学家阿当松就曾在非洲见到一些古老的波巴布树。据考证，最老的一棵已活了5500多年。在当地，大家都觉得波巴布树是“圣树”，因此它们受到人们的悉心保护。

想知道这棵大树几岁啦，很简单，数数它的年轮就知道了！可是，这些年轮是怎么形成的呢？

在树木的木质部和韧皮部之间有一个不断生长的形成层，导致树木越来越粗，树干里形成一圈又一圈年轮。

年轮是树干细胞横向生长时带来的一种“证明资历”的“勋章”。受季节和气温的影响，温暖的春、夏时节，新产生的细胞大而明显，木材显得颜色淡，质地松软；秋、冬季节，分裂的细胞小，细胞壁厚，木材显得致密，颜色也深。

树木就这样在生长旺盛和生长缓慢间反反复复，秋冬缓慢生长的部分就变成一条线，成为年轮。大多数情况下，树木每年都会形成一道年轮。

年轮不仅是树龄的证明，还能透露给我们很多消息呢！

气温、降水量等因素都能对年轮产生影响。如果同一树种，有的年轮宽，表示那年风调雨顺，光照充足；有的年轮比较窄，表示那年温度不高，降水量少，气候恶劣。

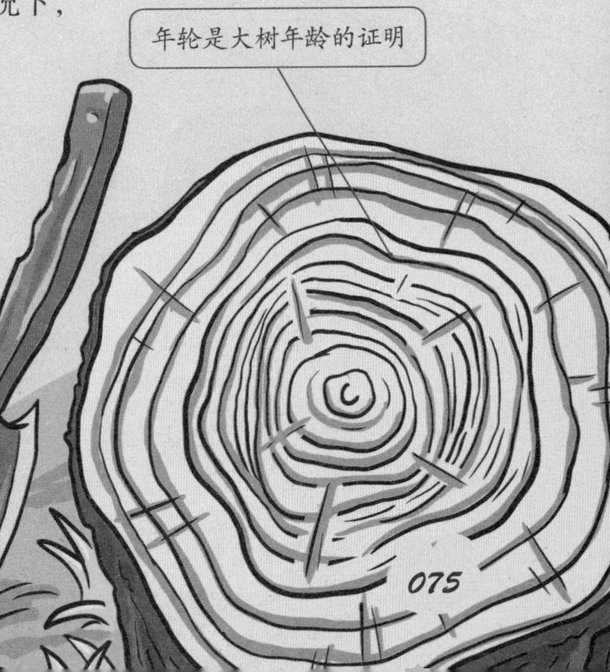

制造养分的“绿色工厂”：叶

仔细观察身边的各种植物，它们的叶子都是什么样呢？柳叶细长，枫叶像鹅掌，酢（cù）浆草的叶子是心形的……每种植物的叶子是不是都不一样呢？别以为小小的叶片没什么特别，它们不但为植物提供生长所需的养料，还一直为我们人类无私奉献……

叶片中的“特种部队”

虽然叶子的形状各不相同，但绝大多数的叶子都是绿色的，这是因为叶子的叶绿体内储存有绿色色素——叶绿素。叶绿素对植物的生长发育极其重要。

因含有叶绿体，叶片可以将光能转变为化学能，将无机二氧化碳转变为有机营养物质。

小读者可以这么理解，叶片就是为植物制造营养的“车间”。

仔细观察可以发现，叶子上有很多深浅不一的纹路，叫叶脉。每一片叶片的叶脉都是独一无二的，就像我们的指纹一样。叶脉既是运输物质的管道，又是支撑叶片的骨架。

大自然中危险与机遇并存。面对水分蒸发、动物采食等不利因素，一些植物叶片上还长着“杀伤武器”——茸毛、毒腺等。

如果有特殊需要，叶片也会肩负其他重任，就像猪笼草的捕虫叶、豌豆的叶卷须等，虽然它们看上去不像叶子，但这种变态叶可是叶片中超厉害的“特种部队”呢！

吃吃喝喝“我”不愁：叶面上的“香肠嘴”

在显微镜下观察，人们发现在叶子的表皮之上有很多像“香肠嘴”一样的东西，它们就是植物的“鼻孔”——气孔。有了这样一个特殊结构，植物才能吸收二氧化碳。

气孔大都长在叶子背面，但浮在水面的植物偏不按常理出牌，它们的气孔大都长在叶子正面。有一些叶子直立的植物，不管是在叶子背面还是正面，都有气孔。

对植物而言，气孔是它们吸进二氧化碳的通道。在呼吸、蒸腾作用等气体代谢中，气孔发挥着至关重要的作用。

知识哈哈镜

大叶蚁塔是世界上叶片最大的植物之一。要是你亲眼见到它们，一定会惊讶得合不拢嘴。因为它们的叶片实在是大得出奇，有的甚至能长到 4 平方米以上。站在它们的叶片旁边，你一定会感觉好像闯入了大人国一般，巨大的叶片能将我们整个包住。下雨的时候，10 多个人站在这样的叶子下面避雨都没问题。

说出来你可能不信，叶子上的气孔多到超出我们的想象，每平方毫米就有 100 个以上呢！就说我们常见的白菜，仅仅一片白菜叶子上就有 1000 多万个气孔。整颗白菜得有多少气孔啊！

植物的叶子拥有天文数字般的气孔，难怪它们可以不愁吃喝、大吃特吃呢！

悲伤的故事：叶绿素和花青素

“停车坐爱枫林晚，霜叶红于二月花。”这句诗我们再熟悉不过啦！虽然秋天的红叶红得浪漫，但在夏天，它们可是绿油油的呢！

难道它们遇到了什么变故？这其中，隐藏了一个关于叶子的“悲伤”故事：

叶子中有各种色素，以黄色的类胡萝卜素和绿色的叶绿素为主。平时，叶绿素的含量是类胡萝卜素的三四倍，因此树叶都是绿色的。

不过到了秋天，随着气温降低，空气湿度减少，叶绿素很难适应这些变化，难以继续生存。于是，叶绿素只能“默默伤心”，眼睁睁看着自己慢慢被分解掉……

这一来，类胡萝卜素可就开心啦！它们完全不受影响，所以叶子就呈黄色。

秋天的低温对花青素的形成也很有帮助。因这种物质呈鲜艳的红色，所以枫树等树木一到秋天就红得热闹、红得绚烂。

光合作用好繁忙

简而言之，光合作用就是叶子对营养物质进行加工的过程。在阳光的照射下，植物利用空气和水，就能制造出氧气和植物生长所需的淀粉等物质。

你一定很好奇，叶子究竟用什么手段进行光合作用呢？

进行光合作用，最重要的当然要数阳光啦！阳光可是进行光合作用的能量之源，叶子不失时机地将阳光作为能量储藏起来。

不过，太阳光可不是全部都被叶子吸收利用了，只有 80%左右的可见光能被叶片吸收，这其中大部分还变成热量散失了，真正用来进行光合作用的最多只有 1%。

光合作用只有阳光还远远不够，水和二氧化碳也要来帮忙。经过植物的根、茎的吸收和输送，水被送到叶片上，空气中的二氧化碳则通过叶子上的气孔被吸收进来。

现在万事俱备，叶子这座“绿色工厂”就开始启动，着手制造养料啦！

在这一过程中，叶绿体大显身手，它们不仅能将阳光、水和二氧化碳进行混合、消化，还能制造出淀粉等物质和氧气呢！

这朵花儿说：“我”是雌雄同体哦！

情人节的时候，爸爸会送妈妈一束玫瑰花；花园的花坛里，各种颜色的花儿竞相绽放；人们探望病人，有时也会送一束花希望患者早日康复；就连墓碑前面，也会有人摆放菊花寄托哀思……花儿赏心悦目，幽香阵阵，恐怕很少有人会不喜欢它们。不过，花儿也像我们喜欢它们一样喜欢我们吗？

“亭亭玉立”有秘密

亲爱的小读者，观察一朵花的时候，你最先看到的是什么呢？一定是美丽的花瓣对吗？不过，一朵完整的花可是由好几部分组成的呢！

花的正中间有很多细细的小花蕊，这些看起来一样的花蕊其实并不一样，它们有雌、雄之分。雄蕊由花丝和花药组成，这里也是生成花粉的地方；雌蕊的顶端是用来接受花粉的柱头。要想一朵花结出种子，雄蕊的花粉与雌蕊的柱头必须接触才可以哦！

平时，我们在形容花挺拔、美好的姿态时，就会用“亭亭玉立”这个成语。不过，花亭亭玉立可是有秘密的呢！

花下面有一圈由叶子演变而来的花萼（è），在花没有开放的时候，花萼是花蕾的“护花使者”；在花开放后，这位“护花使者”又将花瓣们紧紧聚在一起，将它们轻轻托起，如此一来，花便能在枝头稳稳当当地站立了！

人类对花的单相思：花儿为谁开

有人说，我们对花的喜爱，简直就是一种单相思。为什么这么说呢？不管是人还是动物，都有传宗接代的本能，植物当然也不例外。

花需要打扮得漂漂亮亮，才能吸引小虫子们前来帮助传播花粉，然后通过授粉获得种子。所以，植物开花是一种自然规律，花儿的作用就是制造种子，繁衍后代。

如此说来，花儿们可不是随随便便就绽放的，它们呈现美丽的颜色和形态其实都为了个体的需要，至少不是为了讨我们的欢心。

只要是能制造种子的植物，绝大多数都有雌蕊和雄蕊。仔细观察樱花就能发现，樱花花药上有很多黄色花粉，一旦这些花粉落到柱头上面，樱花就能繁衍后代了！

像菊花、百合、玫瑰这类有花瓣、花萼、雌蕊和雄蕊这四个部分的花，我们称之为完全花；像南瓜花、黄瓜花这类只有其中二三个部分的花，我们称之为不完全花。

不完全花可没什么稀罕，这些小家伙甚至还很常见呢！如郁金香、玉竹花就没有花萼……

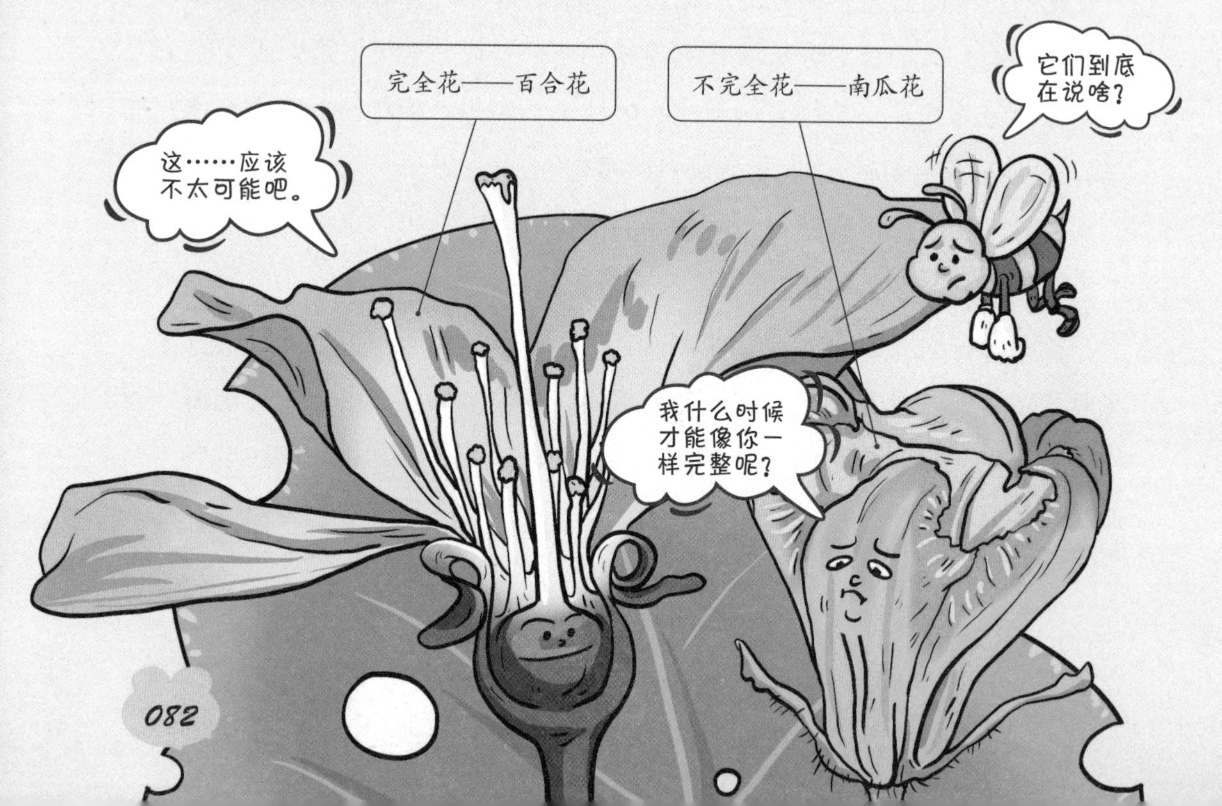

花儿里的“铁血男儿”

“姑娘好像花儿一样，小伙儿心胸多宽广……”我们不仅在歌词里用花来形容美丽的姑娘，平时也会用“美貌如花”来形容漂亮的姑娘。

如果花儿们会说话，有些花一定会振臂高呼：“我们可是堂堂男子汉！”

还别说，有时候把花形容成姑娘真的不太对呢！

有的花雌雄一体，叫双性花；有的花要么是雌花，要么是雄花，它们叫单性花。单性花中，仅有雌蕊的是雌花，只有雄蕊的是雄花。说这样的雄花是“铁血男儿”可真是恰如其分。

毛茸茸的猕猴桃我们一定都不陌生，但它们的果树可是分“男女”的呢！我们吃的猕猴桃都是雌树结的果，雄树是不能结果的。所以，果农们在种植猕猴桃时，就需要先练就一双火眼金睛——分辨雌雄。猕猴桃雌树的开花时间比雄树开花时间晚，雌树花蕾显得“个子”大，但又少又稀疏；雄树花蕾“个子”虽小，但较为密集。此外，雄树开的雄花有花蕊，没有柱头，但有一圈花粉，雌树开的雌花不仅有花蕊，还有柱头呢！

所以，要想猕猴桃“修成正果”，雌树和雄树一定要“谈恋爱”才可以。

黄瓜可就稀奇啦！它们的雄花和雌花能在同一株上“和平共处”，这叫雌雄同株。区分黄瓜雄花和雌花的办法很简单，花下面有个小瓜的就是雌花啦！

即使知道花也分雌雄，那也不能夸男孩子长得像朵雄花吧！否则，他八成会对你吹胡子瞪眼，那就尴尬了！

真果子，假果子：“火眼金睛”辨果子

应该说，很多植物的果实都是我们的最爱，草莓、苹果、桃子、香蕉、雪梨……它们酸酸甜甜，让人垂涎三尺。但是你知道吗，果子也有真果子、假果子之分呢！我们熟悉的桃子、李子就是真果；草莓和苹果则名不副实，是“以假乱真”的假果。别怀疑自己的眼睛，你没有看错！

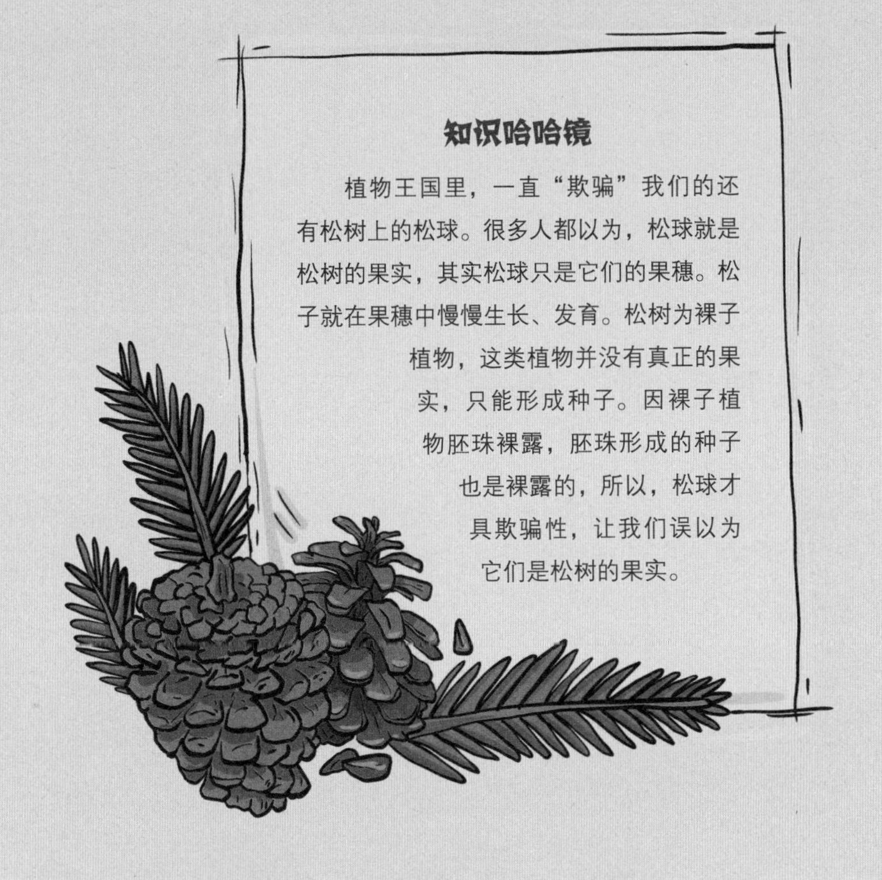

知识哈哈镜

植物王国里，一直“欺骗”我们的还有松树上的松球。很多人都以为，松球就是松树的果实，其实松球只是它们的果穗。松子就在果穗中慢慢生长、发育。松树为裸子植物，这类植物并没有真正的果实，只能形成种子。因裸子植物胚珠裸露，胚珠形成的种子也是裸露的，所以，松球才具欺骗性，让我们误以为它们是松树的果实。

检验真假果子有标准：子房

可能有小读者会迷惑，吃了多年的苹果怎么会是假果呢？千万别因为是假果就讨厌苹果哦！因为，果实的真假只是植物学分类的一种说法而已。

大多数情况下，雌蕊受精后，花萼、雌蕊和雄蕊的柱头等都会凋落，花托也慢慢萎缩，最后只留下子房。子房慢慢发育成果实，胚珠逐渐发育成植物种子，用来繁衍生息。

重点来啦！如果遵循“由子房发育成果实”这种一般规律，那么这株植物的果实就是真果；如果植物的果实不只由子房发育而成，而是由子房、花托、花萼等共同发育而成的，我们称其为“假果”。石榴是由雌花花萼和子房共同发育而来，苹果是由花托和子房共同发育而来，所以说它们都是假果。

另外，你见过地上开花、地下结果的植物吗？

没错，花生就是植物王国的“异类”。花生之所以个性十足，是因为它们受精后的子房怕阳光，只能在黑暗的地下发育，难怪它们只能生活在暗无天日的地下了！

“火眼金睛”辨真假

你一定很好奇，我们又没有孙悟空的“火眼金睛”，真果、假果我们又如何得知呢？其实，只要掌握下面两点诀窍，分辨真果、假果就是小意思了！

首先，看外形。

以苹果为例，将靠近果柄一端看作后端，将另一端看作前端，柿子、李子等果实的前端都是光滑的；但苹果的前端可不是这样，而是多出了一点儿“东西”。真果是花萼与果柄长在一起，但假果很“任性”，花萼与果柄“闹分家”，长到了最前面。

其次，动动手，切开看。

我们将一个苹果剖开，会看到什么呢？是不是会在中心位置看到一条很醒目的分界线呢？这其实是子房壁与花托的分界线，叫果心线。它们的果肉由花托发育而成，果核由子房发育而成，开花时，子房就被包在花托里，花儿一凋谢，花托便包着子房一起发育成果实了。

假果真是太常见啦！无花果、西瓜、南瓜、冬瓜等全部都是假果。对我们来说，不管真果、假果，好吃才是王道嘛！

果子的“苦涩攻击”：种子保卫战

到了秋天，一个个柿子像一盏盏小灯笼高高地挂在树梢上，真让人恨不得立即咬上一口啊！柿子还是人们眼中的吉祥果，寓意事事如意。

成熟的柿子汁多味美，很多人都喜欢吃。但如果在它们没有熟透时咬上一口，想必你当即就会“呸呸呸”吧？

你一定很惊讶，柿子的“苦涩攻击”为哪般呢？

其实，这是柿子“种子保卫战”的开始，又苦又涩是对你发出“不要吃我”的严厉警告。

没有成熟的柿子又苦又涩，源于它们的“秘密武器”——单宁酸。这种物质和人口腔中的唾液蛋白结合，才让你的舌头苦不堪言。

其实，这种物质直到柿子熟透后依然不会消失，不过含量会变少，“脾气”也已经大大改变，从原来的可溶于水变为不溶于水，因此我们才觉得柿子美味可口而不再苦涩。

再见了妈妈，今天我就要去往远方。
借助风力飞走的蒲公英宝宝们
“降落伞”下是蒲公英的种子
别伤心了，它们去更远的地方安家了。
呜呜，出去闯闯吧，我的孩子们。
哎？不用我帮忙吗？

八仙过海，各显神通：
传播种子有策略

有果实的保护，种子们才能更好地繁衍生息。不过，种子可不是只会依靠别人保护的“小可怜”，为了看看外面的世界，它们不惜到很远的地方安家落户。要完成这一目标，不讲策略、没有大智慧可是做不到的！为此，植物王国的种子们八仙过海，各显神通……

飞呀飞：种子“小飞侠”安家记

蒲公英，开黄花，花儿落了把伞打。

小白伞，长长把，风儿一吹上天啦。

落到哪，哪安家，明年春天又开花。

这是我们很熟悉的一首儿歌，说的是蒲公英娃娃远走他乡的故事。

很少有人知道，蒲公英的一片黄色花瓣就是一朵小花，每朵小花都有雄蕊、雌蕊和花瓣。这种由许多小花密集聚成头状的花序，叫“头状花序”。一个蒲公英的头状花序，就有 100 朵以上的小花呢！

整个春天，蒲公英的每根枝条都能开一朵头状花序，结出的种子娃娃当然就很多了！假如这么多娃娃都生活在一起，那生存竞争未免也太激烈啦！为此，蒲公英妈妈决定让娃娃们到他乡独自谋生。

为了让孩子们能看到更大的世界，蒲公英妈妈给每个孩子都配备了“降落伞”。一旦种子成熟，花萼就立即变成白白的、可以载着种子飞翔的小冠毛。哪怕只是微微一阵风，娃娃们也能凌空飞起，各自寻找自己喜欢的地方。

植物王国里，很多植物的种子都是借助风力传播的“小飞侠”。要做“小飞侠”，重量一定得轻，不然风儿可就无能为力了！

为了安全，种子们还会借助各种辅助工具。比如枫树的种子拥有一个好听的名字——翅果，顾名思义，它们的两侧有着一对像翅膀一样的叶片，当风儿来临，它们舞动着叶片飞向更远的地方。

好计谋：便便里藏生机

樱桃树上，一颗颗熟透的樱桃晶莹剔透，散发出诱人的光泽。樱桃

不仅吸引了人类，还引来了一大群鸟儿呢！它们可不客气，尖尖的小嘴东一下，西一下，一树樱桃很快就被糟蹋得七零八落。可怜的小樱桃，谁让你这么好吃呢。你们都被吃了，又怎么繁衍生息呢？

别担心，樱桃聪明着呢！被鸟儿们吃掉，也在樱桃的谋划之内，它们就是以这种方式繁衍后代的。

你一定好奇，樱桃核儿难道不会被消化掉吗？别担心，樱桃核儿自有办法。它们外面有一层很难消化的纤维素硬壳，鸟儿很难消化它们，樱桃核儿只能随便便排出体外。樱桃核儿随着鸟便便融入土中，只要温度合适，便会生根发芽，破土而出了！

不得不承认，樱桃将生机藏在便便里，真是好计谋啊！

如此一来，种子不仅可以离开妈妈的怀抱到别处谋生，而且还利用动物便便作为养料，帮助自己茁壮成长。

更能体现它们聪明的地方在于，为了保证动物们只在果实成熟时才吃掉可以繁衍的种子，它们在没有成熟之前不是发苦就是发涩。有谁愿意吃这样的食物呢？

漂呀漂：椰子水上流浪记

“咚——”

一个椰子从高高的椰子树上重重地掉入海水里，波浪卷着洁白的浪花，椰子一上一下地随波逐流，开始了漫长的海上漂流时光。

你一定会有这样的疑问：椰子那么重，难道不会沉入水底吗？又怎么说它开始漫长的漂流时光呢？

你可能不知道，椰子就是以随波逐流的方式繁衍后代呢！

为了圆满完成水上之旅，椰子堪称“全副武装”。最外层的“装甲”质地致密，抗水性极佳；中层“防护衣”充满空气，看似很厚却松散，十分有利于在水上漂；内层是比较坚硬的椰壳，里面有椰子肉和椰子汁。椰子的种子就藏在内层里，由种皮、胚、胚乳组成，椰子肉其实就是种子的胚乳。

一切准备就绪，什么意外都能轻松应对啦。

椰子成熟后，便毅然离开椰树，纵身跳入海水里。潮水袭来，它们便随着水流漂向远方。当潮水退去，流浪到远方的椰子就被搁在了

海岸上。假如停留的地方条件还不错，它们便生根发芽，长成新的椰子树。

对了！椰子的漂流本领十分过硬，在海水中流浪数月是常有的事儿呢！

“啪啪啪”：我们要爆炸

不同的花有不同的花语：玫瑰花的花语是“我爱你”；粉蔷薇（qiáng wēi）的花语是“爱的誓言”；白色满天星的花语是“纯洁的爱”……可你知道凤仙花的花语吗？它的花语霸道又强势，是“别碰我”。这可太有意思啦！

为繁衍后代，种子一定要远离母体。但凤仙花的种子既不能被小动物吃掉，也无法被风儿吹走。没办法，它们只好自力更生啦！

凤仙花的蒴果像一个个纺锤，成熟时，只要有谁轻轻一碰，果瓣便自行裂开并向内蜷缩。在这股力量的帮助下，“啪啪啪——”种子就像子弹一样射出去了！

种子射出去还不算结束，为了到更远的地方安家，它们还利用圆滚滚的身体，不停地滚啊滚……

凤仙花种子的射程在 5 米左右，另一种同样具备自动播种能力的喷瓜，射程可达十几米呢！喷瓜和黄瓜像哥儿俩，但喷瓜表面多毛刺，它们的种子浸泡在黏稠的浆液中，瓜皮被浆液撑得鼓鼓囊囊的。一旦喷瓜成熟，任何风吹草动都能触发机关。短短的一瞬间，喷瓜从瓜柄脱落，并将种子“啪啪啪——”从脱落处的喷口喷射出去……

紧急求助：

植物的昆虫救援队

面对外来伤害，动物们或选择一战到底，或选择逃之夭夭，可只能“原地待命”的植物们面对外来伤害又该怎么办呢？难道，它们只能听之任之吗？不！才不是这样呢！当生命受到威胁的时候，植物们自有妙计，它们提前防范，打响保卫战。

听！植物在说“悄悄话”

我们一直以为植物是在悄无声息中度过一生的，事实上，植物可不是“哑巴”哦！植物学家们制造出了一种灵敏度极高的传声器，专门用来倾听植物的语言，这一听还真有重大发现：植物们不仅“说话”，而且它们的语言超有意思。

这种传声器成功地捕捉到从植物根部发出不同频率的声音振动。如果按照我们人类的语言将这些振动的意思表达出来，居然是：“哎呀！渴死我啦！”“好饿，好饿呀！”“水，我要喝水！”“好冷，我需要阳光！”……

原来，在缺水、缺营养或缺光照的时候，植物的根便自动发出极其微弱的声音。在专业探测器的帮助下，人们通过倾听它们的声音，就能知道它们的需求，从而及时浇水、施肥。这样一来，它们的长势也就更喜人啦！

植物除了用发声的方式表达需要，有时也会通过释放化学物质来传递信息。

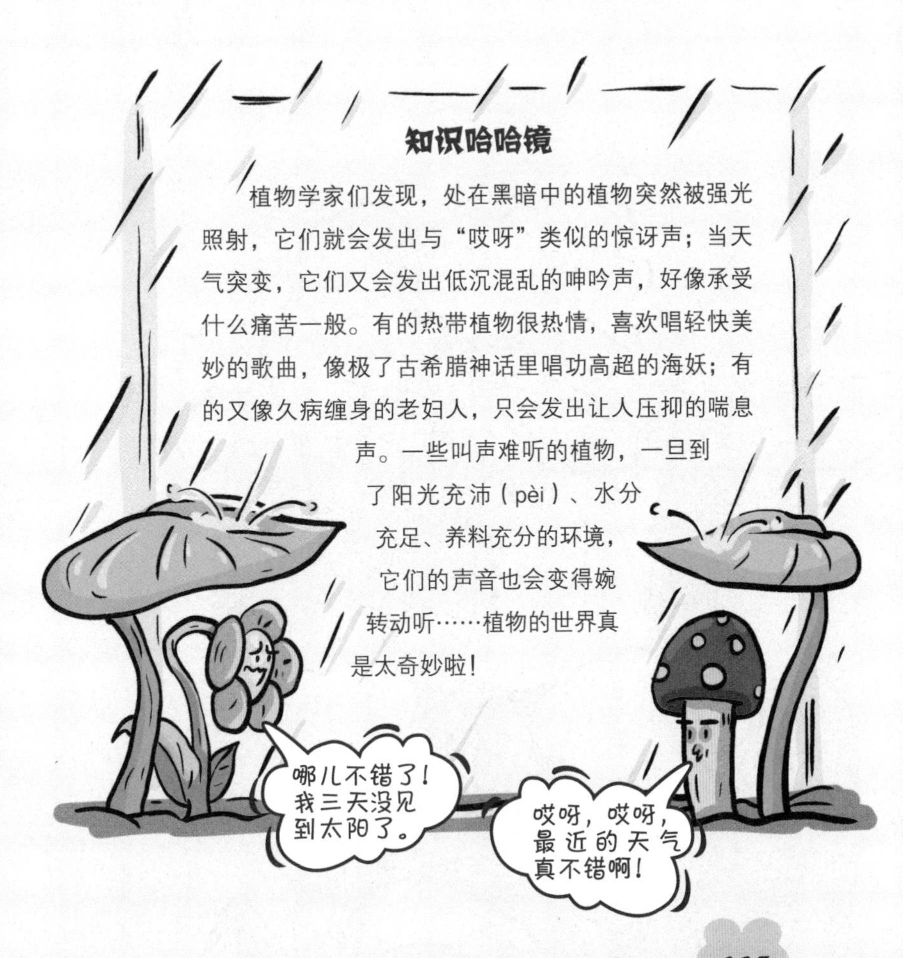

知识哈哈镜

植物学家们发现，处在黑暗中的植物突然被强光照射，它们就会发出与“哎呀”类似的惊讶声；当天气突变，它们又会发出低沉混乱的呻吟声，好像承受什么痛苦一般。有的热带植物很热情，喜欢唱轻快美妙的歌曲，像极了古希腊神话里唱功高超的海妖；有的又像久病缠身的老妇人，只会发出让人压抑的喘息声。一些叫声难听的植物，一旦到了阳光充沛（pèi）、水分充足、养料充分的环境，它们的声音也会变得婉转动听……植物的世界真是太奇妙啦！

植物可是地球上第一个进入信息时代的生物呢！

面对危险，一些植物还能发出“SOS”求救信号！

行侠仗义的骑士：寄生蜂

玉米我们再熟悉不过了！别看它们长得高高大大，玉树临风，其实，螟（míng）虫可喜欢欺负它们啦！

对螟虫来说，玉米叶可是它们的最爱。

螟虫个头虽小，但杀伤力不容小觑。它们不仅吃玉米叶，还在玉米茎上打孔产卵。一旦卵孵化成幼虫，玉米就被它们啃噬（shì）得光秃秃的，真让人气不打一处来。

面对这群欺人太甚的家伙，玉米当然不会坐以待毙，它们赶紧发出紧急求助信号——一种能挥发的化学物质。在玉米地周围活动的寄生蜂接收到信号后，瞬间变成“正义的骑士”，赶到被螟虫欺负的玉米地，雌蜂刺破螟虫的卵壳，将自己的卵产到螟虫卵内。被寄生的螟卵，不能正常育为螟幼虫，而是发育出幼蜂。

你看，寄生蜂“见义勇为”也是有原因的。寄生蜂在繁殖的同时，也阻止了害虫的发育。可以说，寄生蜂和玉米实现了双赢！

瓢虫，收到请回答

一到春天，水稻就甩着嫩绿的叶子随风起舞。不过，它们的叶子也会吸引二化螟、褐飞虱（shī）等害虫前来光顾。每当这时，水稻就用自己的语言向好朋友瓢虫求救。

美丽的木槿（jǐn）花颜色鲜艳，是各种害虫侵害的对象。只要有害虫伤害自己，木槿花就会向附近活动的瓢虫启动紧急呼救系统。当好邻居瓢虫赶到，这些伤害自己的坏家伙也就没有活命的可能了！

在植物王国里，一些植物一旦遭受外来侵害，它们会释放出一种植物激素——具有挥发性的茉莉酮（tóng）酸。这种物质不但能招来瓢虫等朋友来帮忙消灭害虫，还能诱导植物自身产生抗性，甚至还能给附近的同类做预警。在附近的植物遭受侵害之前，这种预警就已经启动，附近的植物便可以提前进入备战状态。

我们常见的槐树就有类似的本领。如果自己的叶子被羚羊或长颈鹿吃掉，就赶紧生成一种带苦味的有毒物质。奇怪的是，不仅被吃掉的槐树树叶有这种带苦味的物质，周围所有的槐树都像收到什么“指令”一样，争先恐后地释放出这种物质。

如此一来，那些企图饱餐一顿的动物们只好望叶兴叹了！

天生一对好朋友：“小瘤子”与小豆子

一望无际的豆荚地里，长得胖乎乎、绿油油的小豆荚们像排着队一般整整齐齐。你看，它们的衣服都快被撑破啦！这样的豆子煮着吃一定很美味，赶紧拔几棵带回家。呀！这是怎么回事？为什么每一棵大豆的根上都有一个个“小瘤（liú）子”呢？是不是大豆生病了呀！

未来也许可以在月球上种植蔬菜

特殊的“地下氮肥厂”：“小瘤子”，大功劳

知识哈哈镜

你一定想不到，共生关系还可能运用到太空领域呢！自从宇航员带回来月球土壤，人们研究发现，月球土壤极度缺乏植物生长所需的氮和磷（lín）两种元素。为解决这一问题，科学家们冥思苦想。后来，他们联想到根瘤菌和豆科植物的共生关系，大胆猜想：要解决月球土壤氮元素缺乏问题，在月球上种植豆科植物并提供含氮的空气和根瘤菌不就好了吗？不过，猜想和现实之间还有很长一段路要走。

豆科植物不像其他植物，它们在贫瘠的土地上依然可以长势良好。之所以这样，是因为大豆根部的“小瘤子”——根瘤建立了大功劳啊！

相信你一定有这样的疑问：“小瘤子”里藏着什么秘密呢？假如将这些“小瘤子”一个个挤破，会怎么样呢？

若将根瘤挤破，立即会有红色汁液流出，还有阵阵腥臭味儿呢！其实，红色汁液中有很多极其微小的细菌，它们能将空气中的氮（dàn）转变成植物可吸收的氮肥。这种细菌藏在“小瘤子”里，所以得名根瘤菌。

假如让1000个根瘤菌排排队，它们的长度也不过一粒芝麻那么点儿。但千万别因此小看它们，这些“小不点儿”组成了名副其实的“地下氮肥厂”呢！

根瘤菌和豆科植物是共生关系。根瘤菌单独住在土壤中时，“生活”贫困潦倒，只能靠土壤里腐败的枯枝烂叶过活。当住进豆科植物的根部后，那根瘤菌的生活可就大不一样了！

你帮我来我帮你，相亲相爱不分离

豆科植物不能生产自己生长需要的氮元素等营养物质，但根瘤菌可以啊！它们将空气中的分子态氮元素加以捕捉后，固定为植物生长所需的含氮化合物。

据植物学家研究，世界上任何氮肥厂的产量，都比不上地球上所有豆科植物“氮肥厂”的产量。由此可见，它们的氮产量可真是高得惊人。只要条件合适，一棵豆科植物的全部根瘤就能为它提供生长所需的高达80%的氮素呢！

聪明的小读者一定会说，可这并没有让根瘤菌穷困潦倒的生活有什么改变呀！

原来，无法自己制造养分的根瘤菌也不是无偿为大豆服务的。豆科植物也要付出一点儿“报酬”：它们敞开胸怀，允许根瘤菌在自己根部安家落户，还将水和碳水化合物等营养成分分给根瘤菌，这样，根瘤菌就可以美美地享用啦！

简单来说，根瘤菌负责为豆科植物提供含氮化合物等营养，豆科植物用住所和美食作为对根瘤菌的回报，它们就这样你帮我来我帮你，幸福地生活在一起。

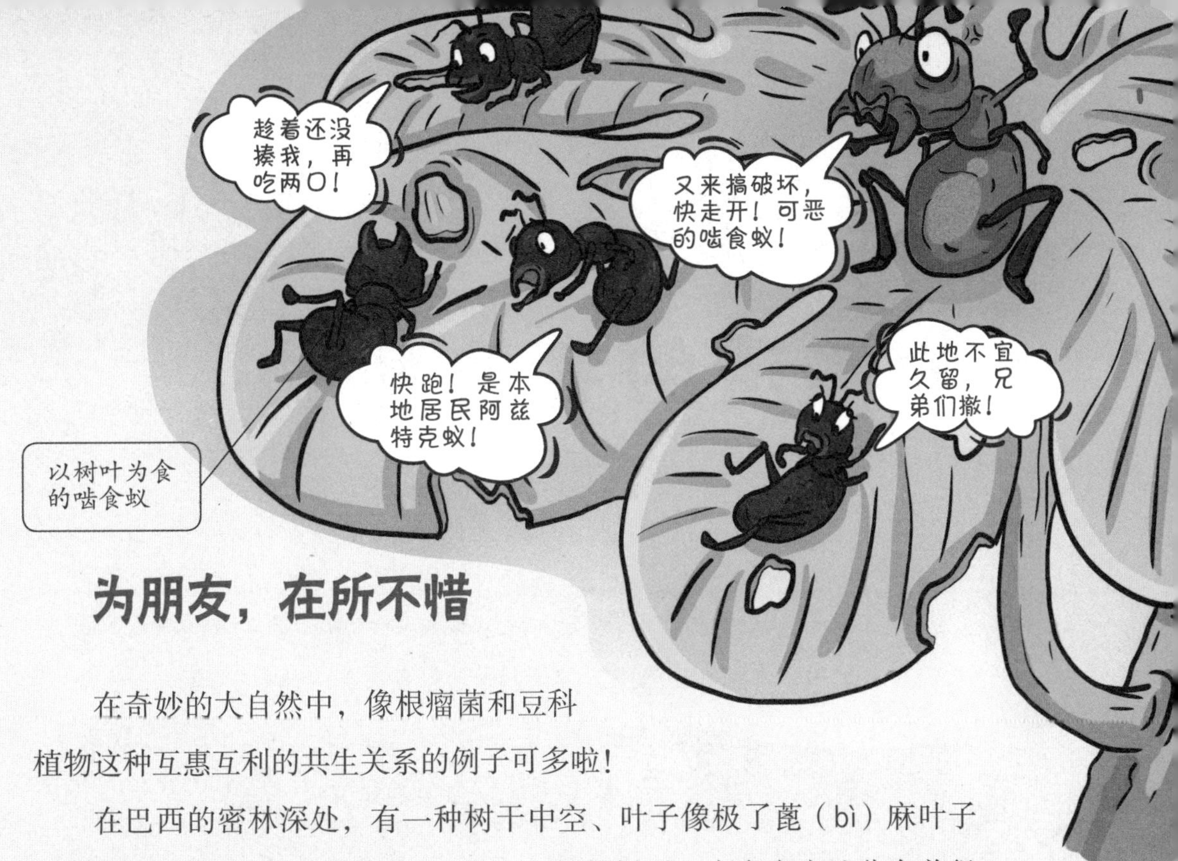

为朋友，在所不惜

在奇妙的大自然中，像根瘤菌和豆科植物这种互惠互利的共生关系的例子可多啦！

在巴西的密林深处，有一种树干中空、叶子像极了蓖（bì）麻叶子的蚁栖树。这种树与别的树不一样，它们的树干上密密麻麻地分布着很多小孔。

在同一密林中，有一种以各种树叶为食的啮（niè）食蚁，它们对树木的破坏力十分惊人。不过，蚁栖树却能免遭其害，安然无恙，这是为什么呢？

原来，一旦有啮食蚁想要咬食蚁栖树的树叶，马上就会有另一种“益蚁”——阿兹特克蚁从树干上的小孔爬出对它们穷追猛打，直到将这些“不法分子”彻底驱逐出境。

同为蚁类，阿兹特克蚁怎么如此强势呢？

原来，阿兹特克蚁将蚁栖树中空的树干视作自己的理想住宅。只要有啮食蚁前来侵犯，这些“原住民”就团结一心，一致对外，从而保卫“房主”的树叶安然无恙。

此外，蚁栖树的每个叶柄基部都长着一丛细毛，细毛中有一些由蛋白质和脂肪构成的小球，这是阿兹特克蚁成长所需的食物。

蚁栖树与阿兹特克蚁就这样患难与共，它们为了朋友的生存，不遗余力地奉献自己的力量。

寄生？半寄生？
分不清的寄生植物

对于我们人类而言，不管是谁，如果只是一味索取，而不懂得回报，一定不受欢迎。在植物王国里，寄生植物臭名昭著，是自私的“吸血鬼”，它们一味索取，人人避之不及；也有一些半寄生植物，它们一半强取豪夺，一半自给自足……寄生？半寄生？要分清它们还真是难题！

杀人不见血的“大魔头”：菟丝子

很多时候，爸爸妈妈都会告诫我们：看问题不能只看表面，透过现象看本质才是正确的做法。这句话用来形容菟（tù）丝子再合适不过啦！

菟丝子纤纤细细，穿着金黄的外衣，看起来弱不禁风，却是杀人不见血的“大魔头”。它们是植物界的奇葩，别名“无根草”。

任何植物一旦被菟丝子缠上，下场将会极其悲惨。

在菟丝子萌芽时，它们丝状的幼芽一端附着在土块上，一端在空中旋转，有合适的寄主就不失时机地将其缠绕，快速地在接触的地方长出吸根，一头扎进寄主体内。然后，它们的一部分细胞分化为导管和筛管，与寄主的导管和筛管相连。如此一来，它们就能从寄主身上吸取水分和营养啦！

完成这一波操作，初生菟丝子死亡，但这并不影响它们上面的茎继续生长，再次形成吸根。它们就这样不断分枝，不断形成吸根，不断蔓延。

可怜的寄主只能在痛苦不堪中被吸光养分，直到枯死。

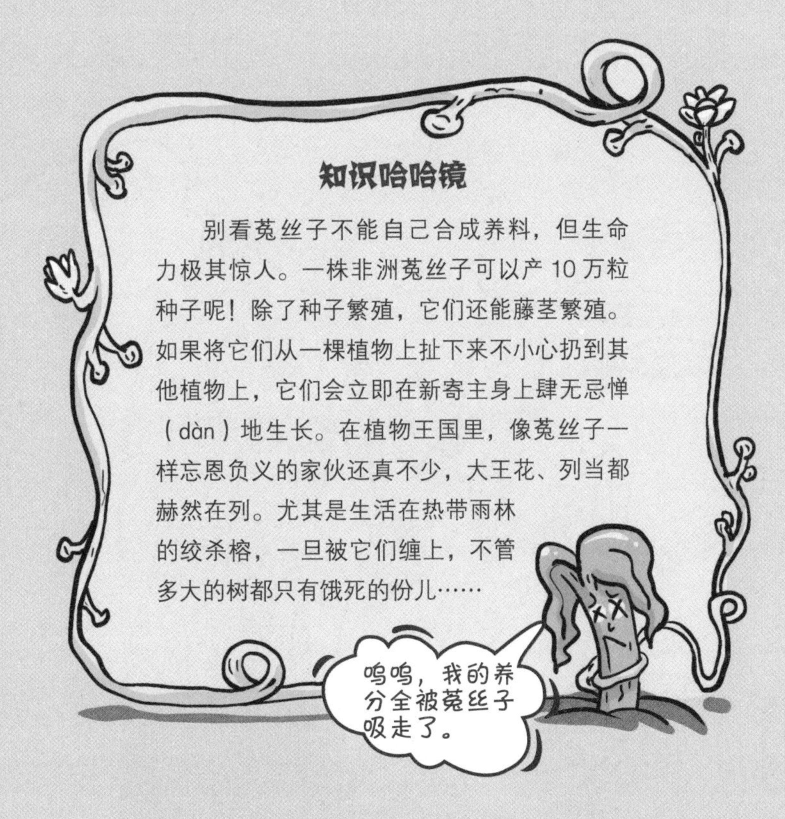

知识哈哈镜

别看菟丝子不能自己合成养料，但生命力极其惊人。一株非洲菟丝子可以产 10 万粒种子呢！除了种子繁殖，它们还能藤茎繁殖。如果将它们从一棵植物上扯下来不小心扔到其他植物上，它们会立即在新寄主身上肆无忌惮（dàn）地生长。在植物王国里，像菟丝子一样忘恩负义的家伙还真不少，大王花、列当都赫然在列。尤其是生活在热带雨林的绞杀榕，一旦被它们缠上，不管多大的树都只有饿死的份儿……

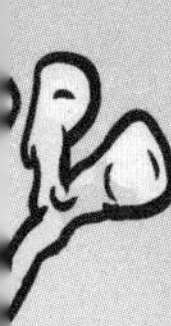

“高楼食客”：槲（hú）寄生

早春时节，很多树枝都还没有焕发生机的时候，有的枯枝上却能开出朵朵淡黄色的小花来。仔细一看，树枝虽然枯黄，但却生长着一种不属于枯枝的淡绿色叶子。

天哪！一树两枝，这现象太奇特了吧？

没什么好奇怪的，这不过是“高楼食客”——槲寄生的杰作罢啦！

槲寄生常以白杨树、松树等高大挺拔的树木为寄主。和别的植物不同，槲寄生的根系根本不沾土，而是长在寄生植物的表皮里，所以它们便得了个“高楼食客”的称号。

槲寄生虽然也是寄生植物，不过它们并不贪婪，远没有菟丝子那般臭名昭著。虽然不管寄主是否愿意，它们也会强取豪夺，将寄主的养料抢来供自己食用，但是它们在寄主身上生根发芽、长出叶子后，也能进行光合作用。等到“翅膀硬了”，能自给自足的时候，它们不但不抢夺寄主的养料，还会将一部分营养物质还给寄主呢！

像槲寄生这样依靠其他植物生存，但自己也能进行光合作用的植物，叫半寄生植物。

擦擦屁股就搬家

算起来，槲寄生还真是植物王国里的另类呢！根部不沾土，它们是怎么长到高大的树木之上的呢？

嘿！槲寄生聪明着呢！

别看它们没有脚，没有翅膀，但是它们懂得利用鸟儿这位“免费搬运工”啊！

深秋是槲寄生果实成熟的季节，当红色或黄色的果实挂上枝头，馋嘴的鸟儿就飞来啦！这些鸟儿又啄又吞，忙个不停。它们哪里知道，槲寄生的果肉富有黏液，鸟儿的嘴一旦碰到，果实就会粘在鸟嘴上。

嘴巴上多了个东西，这可不舒服，鸟儿只好烦躁不安地在树枝上又蹭又擦。这样一来，槲寄生的果皮连着果子便粘到树枝上了。当然，这也意味着槲寄生的种子为自己找到了新家。

那么，被鸟儿吞掉的果实怎么办呢？

不用担心槲寄生的种子会被消化，它们的外壳满是黏液，鸟儿们对这种黏性液体无能为力，只能连种子一起排出体外。在鸟儿便便时，它们甚至会挑衅似的粘在鸟儿的屁股上。

屁股上多了个东西，这可不舒服。没办法，撅（juē）着屁股蹭一蹭，擦一擦，就这样，槲寄生的种子便在鸟儿擦屁股时宣告搬家完毕。从此，它们便在新地方开始了新生活……

美人脸，蛇蝎心：猪笼草的“嘴唇”好致命

苍蝇坏事做尽，不是整天嗡嗡嗡吵得人焦躁不安，就是忙着传播病菌，人们盼着它们立即灭绝才好。不过，有几只苍蝇够倒霉的，因为它们刚刚经历了一生中最伤自尊的事儿——居然死在了一株植物的“嘴里”。

我的“嘴唇”无肉不欢

几只苍蝇百无聊赖，突然它们好像闻到了花蜜的香味。它们迫不及待地找到香味儿的来源，才发现是从一个瓶子的圆口散发出来的。苍蝇轻轻飞过去，尝一口蜜汁，味道还不错，探头往下一看，瓶子下面还有更多呢！

就在这时，苍蝇脚下一滑，掉入了瓶子里，刚挣扎没几下就不再动弹——死了！仔细一看，和苍蝇一起的还有蚂蚁、黄蜂等昆虫的尸体呢！

谁叫它们贪吃，掉入猪笼草的美丽陷阱呢！猪笼草的嘴巴可是无肉不欢啊！

平卧生长的猪笼草，有与众不同的获取营养的部位——捕虫笼。它们袋口向上，下部膨大，笼口还有个盖子，模样像极了猪笼。捕虫笼平时就垂挂在植株上，专等猎物自投罗网。

猪笼草的每一个叶片都只能产生一个捕虫笼，如果它们的捕虫笼因衰老而枯萎或是出于别的原因有所损坏，原来的叶片上是不会再有新的捕虫笼长出来的。

为了诱惑猎物，猪笼草可没少用“美人计”。

猪笼草还未成熟时，青绿色的捕虫笼笼口紧闭，哪怕用力挤压，笼

知识哈哈镜

很少有人知道，猪笼草也是一道特色美食哦！在东南亚地区，当地人烹调“猪笼草饭”时，会将猪笼草的捕虫笼作为容器。他们将米、肉等食材一股脑儿地塞入捕虫笼，再放进锅中蒸熟，吃起来别有一番风味。

猪笼草饭

盖也不会张开。成熟的猪笼草可就不一样了，红绿色的笼口不仅张开，而且还夹杂着红褐色的斑点或条纹，很有迷惑性。

一番打扮还不算结束，“香水”也是猪笼草的“扮靓秘籍”。

6毫米宽的笼口边缘或红或绿，这里分布着能分泌蜜汁的芳香蜜腺，在阵阵香甜的“诱惑”下，昆虫很难不上当。

瓶子里的玄机

如果说猪笼草披着美丽的外衣，等待猎物的行为是守株待兔，那么它们的另一个招术算不算主动出击呢？

原来，猪笼草捕虫笼的上缘还有“秘密”，这里居然能反射紫外线，可以吸引一些昆虫。对猪笼草而言，即使猎物不被自己的美貌吸引，利用猎物的好奇心将其诱来捕杀，也是不错的呢！

猪笼草的捕虫笼除了漂亮，还暗藏玄机。捕虫笼内壁光滑，其上有蜡质或水，掉进笼里的猎物要想逃跑简直就是痴心妄想。等待它们的只能是慢慢被分解，笼壁很快就能将分解的营养物质消化、吸收。

捕虫笼的内壁上有100多万个消化腺，可分泌出大量无色透明的酸性消化液，其中就含有能让昆虫中毒、麻痹的蛋白酶（méi）和毒芹碱（jiǎn）。

毒芹碱可厉害啦！它能水解昆虫体内的蛋白质，从而为猪笼草补充生长所需的氮元素。不过，猪笼草不能分解吸收昆虫的躯壳，所以瓶子里的昆虫尸体看上去完整无缺。其实它们已经徒有其表，只剩下空空的躯壳了。

猪笼草的“贴心小助手”：消化液

既然昆虫都能被猪笼草的消化液消化掉，那如果我们的手指不小心碰到，是不是也会瞬间变成白骨啊？不敢想，这太可怕啦！

这种担心是多余的哦！

猪笼草的消化液固然能消化虫子，但需要长期浸泡才能消化，偶尔碰一下实在没必要害怕。

聪明的小读者一定很想知道，如果遇到下雨，大量雨水灌入捕虫笼后，消化液的浓度可就降低了呀，这样虫子还会怕吗？

其实，捕虫笼口上的笼盖可以一定程度上防止雨水进入笼里稀释消化液。另外，猪笼草也具备自行调节消化液浓度的能力，在有猎物掉入笼中或触碰笼子的时候，会有消化液分泌出来，不用担心浓度不够。

炉火纯青的“易容术”：聪明植物会伪装

特种兵在执行作战任务时，出于隐蔽的需要，他们不仅要穿迷彩服，还会在脸上也涂迷彩。这样便于他们更好地融入环境，避免暴露，还能躲避光学侦察呢！其实，在植物王国里，为了更好地繁衍生息，植物们也各出奇招，将“易容术”练得炉火纯青，让敌人一时真假难辨。

玩的就是“潜伏”：屁股花

在炎热干燥的沙漠里，我们经常能看到一些四处散落的或灰色或棕色的不起眼的小石头。不过，这些可是活着的“石头”，有极其旺盛的生命力呢！别惊讶，它们并不是真正的石头，只是将自己“易容”成石头的屁股花。

屁股花顶部略平，中间有一道缝隙，因像极了屁股，所以得名屁股花，又叫生石花。还别说，如果将它们和砾石放在一起，真让人傻傻分不清。

它们为什么将自己伪装成石头呢？

原来，屁股花生长于干旱少雨的沙漠砾石地带，为了繁衍生息，它们只好进化成与石头相似的多肉植物。屁股花的两片变态叶对生联结，肉质肥厚，呈倒圆锥体。它们体内有像海绵一样储水力惊人的柔细胞，一旦缺水，它们就靠体内的水分维持生命。

屁股花将自己伪装成石头的样子，潜伏在砾石之间，就是为了避免成为食草动物的盘中餐。当然，它们并非一直都是“丑小鸭”的模样。到了夏季或秋季，它们就会“盛装亮相”——像小菊花一样娇美的花朵，从“屁股缝”中挤出来，将整个荒漠点缀得格外美丽。

残酷的“拉锯战”：西番莲与纯蛱蝶

咦？不远处的枝条上怎么挂着一个个小时钟？是谁有这么好的兴致将时钟高高挂？赶紧看看去！

呀！不是时钟，而是美丽的藤本植物西番莲呢！这种花儿的形状很像时钟，因此又叫计时草。

别看西番莲颜值高，它们却是一种很危险的植物。它们的茎和叶都暗藏着毒液。没办法，垂涎西番莲美色的家伙太多啦！

即使西番莲有毒，纯蛱蝶也无所畏惧。

快看！那边几只纯蛱蝶在藤蔓缠绕的草丛上方飞来飞去，它们意欲何为？一只纯蛱蝶突然变得很兴奋，翩翩地落在一片西番莲的叶子上。

原来它们是在寻找产卵的地方呢！

成年纯蛱蝶对西番莲来说是无害的，但它们喜欢在西番莲植株上产卵。虫卵孵化出来的毛毛虫胃口惊人——能将整株西番莲吃掉。

为了自保，西番莲通过体内合成有毒代谢物来对抗纯蛱蝶幼虫的啃噬。不幸的是，这种毒素很快就没有作用了，因为纯蛱蝶幼虫很快就进化出了解毒抗体。

这可怎么办？难道西番莲就此认输吗？

西番莲知道，一旦纯蛱蝶发现某株西番莲上有了别的蛱蝶卵，便会重新寻找目标。于是，它们便用“易容术”伪装一番，不仅在叶片上长出很多与蛱蝶卵相似的黄色花斑，就连茎上也有卵状凸起。

然而，虽然西番莲的“易容术”足以以假乱真，仍有不讲究的纯蛱蝶不管不顾，在它们的叶子上产卵。另

美丽的西番莲

外，即使西番莲在外形上能以假乱真，纯蛱蝶还是能通过特殊的味道辨别真假。就这样，一个防守，一个进攻，残酷的“拉锯战”不断上演……

有时，西番莲会拿出壮士断腕的勇气弃车保帅——让有纯蛱蝶卵的叶子从身体上枯萎脱落，如此一来，虫卵就会因叶片枯萎没有食物而被活活饿死，这种牺牲局部保全整体的策略简直令人叹服。

更让人叹为观止的是，它们还会借刀杀人。

西番莲的蜜腺在花儿外边生长，能分泌少量氨（ān）基酸和糖分。有了这些甜蜜诱惑，蚂蚁、寄生蜂等一些小动物纷纷前来捕食。它们在吸食这些蜜汁的同时，首先会将纯蛱蝶幼虫消灭掉，以免它们分一杯羹。

不得不说，这招借刀杀人的计谋高明得很呢！

“角色扮演”招红娘：窄唇蜘蛛兰

兰花高贵典雅，气味馥（fù）郁芳香，深受大家喜爱。常言道，兰花难养。但你一定不知道，兰花有 3.5 万多个种类，一颗果实里可以有数万粒种子，当然，它们的种子很小，与一粒灰尘差不多大。

除了种类多、种子多，兰花的“易容术”也不容小觑，如窄唇蜘蛛兰。

窄唇蜘蛛兰淡黄色的花上布满棕色斑点，分得很开的花瓣细细长长，像极了蜘蛛的大长腿。花朵的中间部分呢？当然是“蜘蛛”的身体啦！

经过一番打扮，就连以蜘蛛为食的节腹泥蜂都会上当受骗。

一看到“蜘蛛”，节腹泥蜂就赶紧用毒针发起攻击。好一会儿之后，节腹泥蜂才知道搞错了进攻对象。不过，这时它们已经将窄唇蜘蛛兰的花粉抹满全身啦！不过，节腹泥蜂可是不长记性的家伙，当经过别的窄唇蜘蛛兰时，它们已经将刚才的事情忘得一干二净，又满血复活，重新投入新的战斗，把花粉传来传去。

这样一来，窄唇蜘蛛兰可就开心了！本来嘛，角色扮演又不是为了好玩，而是为了让你当我的红娘啊！

当节腹泥蜂将身上的花粉沾到别的窄唇蜘蛛兰柱头上，授粉过程便宣告完成。

“艺高人胆大”：
恶劣环境怕个啥

爸爸妈妈经常希望我们可以练就“十八般武艺”，更好地应对将来的生存竞争。其实，不仅人类，就连植物王国的成员们都知道这个道理。面对炎热干旱的环境，抗旱达人仙人掌傲然不屈、风滚草打滚儿旅行；寸草不生的盐碱地上，红柳铁骨铮（zhēng）铮，笑傲风雨……

“看我水桶腰”：仙人掌

烈日炎炎，一望无际的沙漠被晒得滚烫滚烫的。在这里，滴水如金，没有什么比水更珍贵了！在如此缺水的环境里，仙人掌却能长势良好，给荒凉的沙漠带来一丝生机。

尽管仙人掌千奇百怪，但无一例外都全副武装，穿一身带刺的铠甲。这些锐利的尖刺可真让人望而生畏啊！

你一定好奇，仙人掌怎么能在这样炎热干旱的环境下生存呢？那是因为，抗旱达人仙人掌练就了一身本领。

首先，它们的根系超级庞大。

别看它们的根只深入地下一点点，但分布的面积可不小，这样就可以吸收更多水分。一旦下雨，它们还能长出更多的根呢！

其次，它们有超强的储水本领。

仙人掌茎的表面有厚厚的蜡质层和绒毛保护，可减少水分蒸发。最重要的是，它们将肉质茎当作大容量“水桶”，“水桶”里有储水细胞，不仅吸水力惊人，还能防止水分逃散。

最后，仙人掌在干旱季节还能“不吃不喝”，就像动物冬眠一样。

一旦进入休眠状态，仙人掌就将体内水分和营养的消耗降到了最低。当雨季来临，它们又一个激灵马上活跃起来，贪婪地吸收水分。

有了这些本事，干旱炎热小意思啦！

“抱团打滚儿”去远方：风滚草

和仙人掌一样，风滚草也能适应炎热干旱的沙漠环境。

虽然风滚草没有仙人掌那样的本事，但沙漠这种恶劣环境，它们也一点儿都不怕！

风滚草本来扎根于沙丘中，并尽可能将根系和茎向四周延伸。但沙漠多风，沙子总是跟着风跑，风滚草的根和茎露出地面在所难免。每当这时，它们就“号召”四周的根和茎向种子的方向聚集。就这样，种子便被很好地保护起来。不仔细看，还以为地上到处长着精美的“鸟笼”呢！

不用担心种子的安全，风滚草便放心地抱成团、打着滚儿开始漫长的沙漠旅行。它们滚动着蓬松的圆滚滚、胖乎乎的身体，一边旅行一边寻找新的家……

当然，在漫长的旅途中也有种子“惨遭不幸”，会落到“鸟笼”外枯死，但更多的幸运儿会找到新的环境，繁衍生息。

戈壁“哨兵”好威风：红柳

无边无垠的戈壁滩白茫茫一片，除了偶尔看到一簇绿中带红的植物，几乎再无其他颜色。

你一定很好奇，戈壁滩怎么总是白茫茫呢？这些绿中带红的植物又是什么呢？

戈壁滩几乎都是盐碱地，盐碱随着水分蒸发而积聚在土壤表层。在干风劲吹的季节，地面水分被风刮走，盐碱便留在地上，看上去白茫茫一片。

在这种盐碱地环境中，大多数植物都难以生存。因土壤中盐分过高，外界的渗透压过大，植物根系无法吸收到土壤中的水

分，就只能枯死。

但是，这种环境对红柳来说，简直不值一提。

红柳有很多红棕色或紫红色的分枝，叶子像一根根针似的，它们开的花或红或紫，别提多美丽啦！

在环境恶劣的戈壁滩，红柳的根向下、再向下……它们的触须可深入地下30多米，以便吸取更多水分。哪怕被流沙掩埋，它们也有“起死回生”的本领，让被掩埋的枝条重新长出新枝条。

生命力如此顽强，难怪它们能像哨兵一样挺立于戈壁滩啦！更妙的是，红柳的根部细胞可以吸收大量的盐，同时还能保证红柳体内不会积累过多盐分。这是因为它们的茎、叶上都是盐腺，能将体内多余的盐分排出。

知识哈哈镜

生长于撒哈拉沙漠的沙漠夹竹桃的抗旱本领简直甩别人几条街啊！它们的气孔位于叶片下，而且都藏在一个洞口有茸毛的洞洞里，这样就能牢牢锁住水分，可以很好地防止水分“逃逸”。此外，它们还有“金钟罩铁布衫”——一种由挥发油散发的蒸气。有了这种蒸气笼罩树体，抗旱嘛，简直小菜一碟！

寒风冻死我：枫树过冬很“伤心”

冬天，好冷啊！

风儿像刀子一样刮过，我们只好用厚厚的帽子、围巾、棉衣等将自己裹得像个“大粽子”；动物们不是窝在洞穴里不出来，就是进入冬眠状态，或者迁徙（xǐ）到温暖的南方……可是，植物们又该怎么办呢？

看起来柔弱娇小的蒲公英、荠（jì）菜等植物，它们茎部枯萎，叶子紧紧贴着地面，以抵御寒冷的冬天。千万别以为它们枯死啦，其实，在我们看不见的地底，它们的根系还是妥妥哒！

可是，生性敏感的枫树就有点儿“伤心”了！

枫树生来自带温度传感器，每天自然温度的变化，它们都能实时捕捉。随着气温降低，枫叶的叶绿素逐渐减少，红色的花青素“登台亮相”……

当炫耀完最后一抹色彩，枫树便黯（àn）然过冬。为了熬过冬天，它们只好尽量减少在外面的裸露部分。

因水分会通过树叶的气孔逃逸，枫树只好将它们堵住，甚至一不做二不休，连向树叶输送养分的通道也彻底堵死。为了减少养分消耗，它们还借助风力，让身上的树叶飘向远方。

图书在版编目（CIP）数据

生物太有趣了. 超神奇的动物与植物 / 徐国庆著. —成都：天地出版社，2023.6（2024.4重印）
（这个学科太有趣了）
ISBN 978-7-5455-7623-8

Ⅰ. ①生… Ⅱ. ①徐… Ⅲ. ①生物学－少儿读物
Ⅳ. ①Q-49

中国国家版本馆CIP数据核字（2023）第012297号

SHENGWU TAI YOUQU LE · CHAO SHENQI DE DONGWU YU ZHIWU
生物太有趣了 · 超神奇的动物与植物

出品人 杨 政
作 者 徐国庆
绘 者 李文诗
责任编辑 王丽霞 李晓波
责任校对 张月静
封面设计 杨 川
内文排版 马宇飞
责任印制 王学锋

出版发行 天地出版社
（成都市锦江区三色路238号 邮政编码：610023）
（北京市方庄芳群园3区3号 邮政编码：100078）
网 址 http://www.tiandiph.com
电子邮箱 tianditg@163.com
经 销 新华文轩出版传媒股份有限公司

印 刷 三河市嘉科万达彩色印刷有限公司
版 次 2023年6月第1版
印 次 2024年4月第5次印刷
开 本 787mm × 1092mm 1/16
印 张 23.5（全三册）
字 数 324千字（全三册）
定 价 128.00元（全三册）
书 号 ISBN 978-7-5455-7623-8

咨询电话：（028）86361282（总编室）
购书热线：（010）67693207（营销中心）

生物太有趣了

有趣的细胞与微生物

徐国庆◎著 李文诗◎绘

天地出版社 | TIANDI PRESS

前　言

不负少年不负梦——有趣的生物世界

人类是怎么起源的呢？

显微镜下的世界有什么秘密？

我们的身体里是不是藏有一面小鼓，不然怎么“咚咚”响个不停？

“大胃王”海星被“五马分尸”了，怎么还“乐”个不停？

为什么说小小的细胞也很“励志”呢？

…………

宇宙如此神秘，生物世界如此神奇。

很难想象，生命的基本组成单位竟然是细胞。我们的身体无时无刻不在进行着一场场没有硝烟的、激烈的“战争”，在显微镜下无所遁形的微生物“轻骑兵”，在我们的身体中来去自如；有的微生物不眠不休，在我们体内抢夺细胞、扩充领地……

这时候的你，脑子里一定装满了无数个调皮的小问号吧？别急，不管你的问题多么千奇百怪，“生物太有趣了”系列丛书都将为你一一揭晓答案。

在《生物进化与身体奥秘》一书中，你将了解到：生命诞生的“摇篮”、生物界的“重磅炸弹”、生态系统“大家庭”中的各位“成员”，以及两栖动物的进化与哺乳动物的诞生……当然，我们还将带领你揭晓人体各部位鲜为人知的奥秘。

在《超神奇的动物与植物》一书中，我们将告诉你：在庞大的动物王国里，有各种各样的“长鼻怪”；动物“宝爸、宝妈”们有令人大跌眼镜的“育儿经”；水里的鱼儿看似老实，其实它们“逮”着机会就想看看外面的世界；若论演技，动物界的“演技达人”与我们人类的当红明星相比毫不逊色……在神奇的植物王国里，既有牢不可破的“友谊”，也不乏“友谊的小船说翻就翻”；“高智商”的植物一旦伪装，那炉火纯青的“易容术”就会让人真假难辨……

在《有趣的细胞与微生物》一书中，我们将与你一起探寻有趣的细胞起源，并跟随它们的脚步进行一次细胞世界“大冒险”。千万别以为细胞一成不变，只要时机适宜，它们便会完成分裂，甚至不惜“自杀身亡”；微生物可是用身体吃东西的“超级无敌大胃王”，繁殖力惊人；让人“又爱又恨”的细菌成员们也各个“身怀绝技”……

翻开这套书，你会发现：一个个看似深奥又神秘的生物现象，通过浅显易懂、富有童真童趣的语言向你娓娓道来，不知不觉中便让你忍俊不禁，爱不释手。

当然，如果俏皮、活泼的语言还不足以满足你，幽默、夸张的插图绝对会让你大饱眼福。突破常规的知识点、与文字相得益彰的插图，就这样慢慢铭刻在你的脑海里。

此外，我们还别出心裁，特意设置了“知识哈哈镜”这一板块。作为知识的补充，它不仅能拓宽你的视野，有趣的知识还能让你捧腹大笑。

不负少年不负梦，快让我们相约，在奇妙的生物王国里畅游吧！

徐国庆

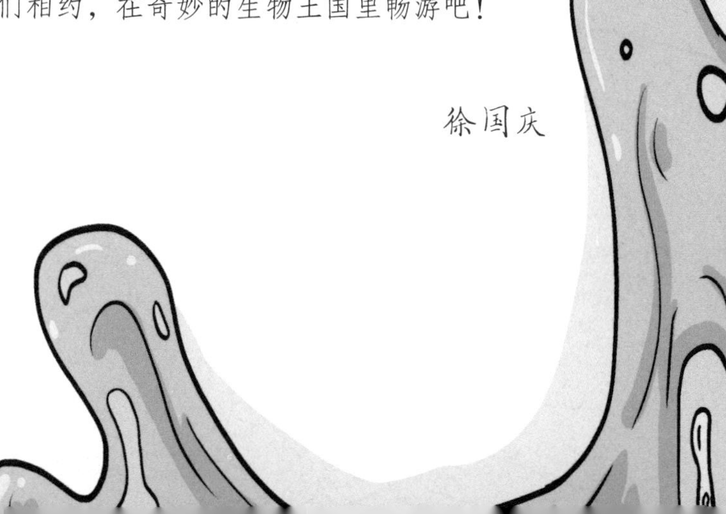

目录

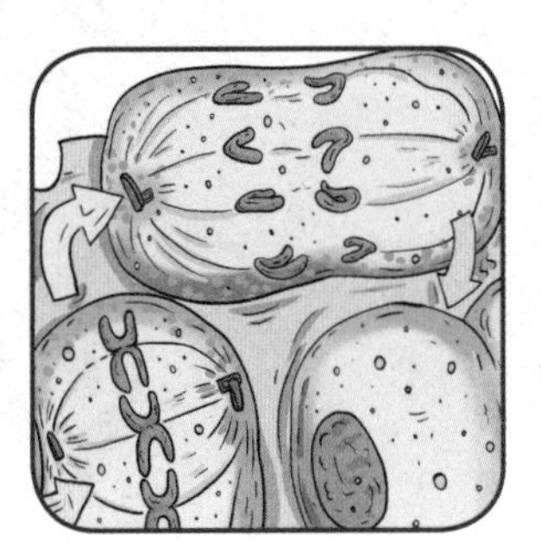

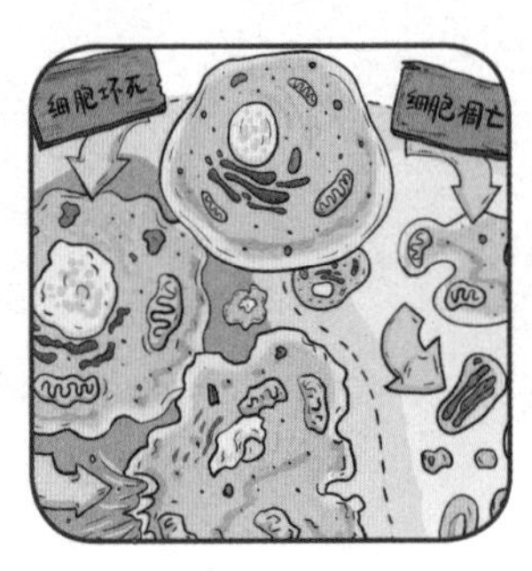

细胞诞生记：生物由一个个“小房间”构成 002

细胞世界大冒险 008

酷毙了：遗传好神奇 012

赏心悦目的“双螺旋”：遗传密码 DNA 018

快看！细胞分裂啦 022

当心，细胞“炸毛”啦！细胞也“自杀” 026

萌萌哒：单细胞生物好有趣 030

看不见的五彩缤纷：微生物 034

真核生物的“鼻祖”：原核微生物 038

进化不止，进步不停：真核微生物 042

警报拉响！微生物入侵 046

“小人儿国”的“居民”爱捣蛋：细菌部队来袭 052

细菌“宝宝”诞生记 056

一触即发：“讨厌鬼”大肠杆菌 060

天哪，好恶心：潜伏的寄生原虫 064

是“小乖乖”还是“小恶魔”？菌儿那些事儿 070

就要这么“潮”：有“个性”的细菌 077

细菌界的爱因斯坦：细菌智商高 080

打响保卫战：细菌战略花样多 084

消灭微生物的“火炮手”：抗生素 088

抵抗病毒的“增援部队”：抗病毒药 092

“残兵败将”的神助攻：疫苗 096

“坏坏惹人爱”：让微生物成为我们的“盟友” 100

奇思妙想：细菌成员的另类本领 104

辣眼睛！细菌的奇葩“爱好” 108

翻开这一页，
一起来探索
奇妙莫测的
生物世界！

细胞诞生记：

生物由一个个“小房间”构成

在奇妙的生物王国里，细胞可是极其有趣的存在，有关细胞的趣事真是不胜枚举。细胞的英文单词“cell”来源于拉丁语，意思是“小小的房间”。生命诞生之初，单细胞生物只有一个细胞。慢慢地，多个、分化的细胞组成了生物体，其分化的细胞各有不同的专门的功能，这就是多细胞生物。那么，这是不是意味着，生物都是由一个或多个“小房间”组成的呢？

生命不息，奋斗不止：细胞

约 40 亿年前，具有相互连接特性的复杂分子聚在一起，宣告最早的生命体形成。生命一开始只有一个细胞，后来才逐渐出现多细胞生物。

你只需记住这样简单的一句话：细胞是生命活动的最小单位。

既然多细胞生物是指由多个细胞组成的生物体，那么你一定很好奇，生物究竟由多少个细胞组成呢？

呀！这是个难题。因为不同的生物体，其细胞的多少也不一样啊！

就以我们人体为例：人体细胞形态多样，有球形、方形、柱状形等。其大小差异很大，细胞的平均直径在 5 ~ 200 微米（1 微米 = 0.001 毫米）之间，总数量为 40 万亿 ~ 60 万亿个。这可是个天文数字啊！这些细胞每天都兢（jīng）兢业业、勤勤恳恳地奋斗在自己的工作岗位上，这个人才能生动灵活。

不过，这些细胞最终面临的结局都是死亡，并由新细胞来接任死去的细胞。根据细胞种类的不同，它们更新的周期也从一天到几个月不等。

你一定很难想象，短短一分钟，人体细胞的更新换代就有数亿次。我们完全有理由认为，人的健康正是由细胞的增殖与死亡来维持的。

平手：大象细胞 PK 蚂蚁细胞

看到这样的标题，你一定会大吃一惊：蚂蚁的细胞怎么能与大象的细胞相提并论呢？这简直没有任何可比性嘛！

你要是有这样的想法，那可就大错特错了！

如果告诉你，大象的细胞和蚂蚁的细胞大小差不多，你的小嘴巴一定张成了大大的“O”字形对吗？

除了细菌和蓝藻的细胞，大部分生物的细胞都是真核细胞，其直径在 1 毫米的千分之二十到千分之三十这个范围之内。不管蚂蚁还是大象，它们的细胞大小差别不大。

不过，二者的细胞数量却有天壤（rǎng）之别。

你一定好奇，为什么细胞的大小不依生物体的大小而增大或缩小呢？

首先，受遗传信息控制，细胞无时无刻不在进行着输送蛋白质的任务。假如细胞太大，就不能在最短的时间里将蛋白质运往生物体的各个角落；生命活动过程中产生的废物也会因细胞过大，不能顺利排出。

其次，细胞大小也受强度需要的限制。

你不妨回想一下，对一个装满水的气球来说，是不是体积越小，反而越不容易受到外力的影响呢？所以，聪明的细胞才最终选择将大小维持在极小的水平。

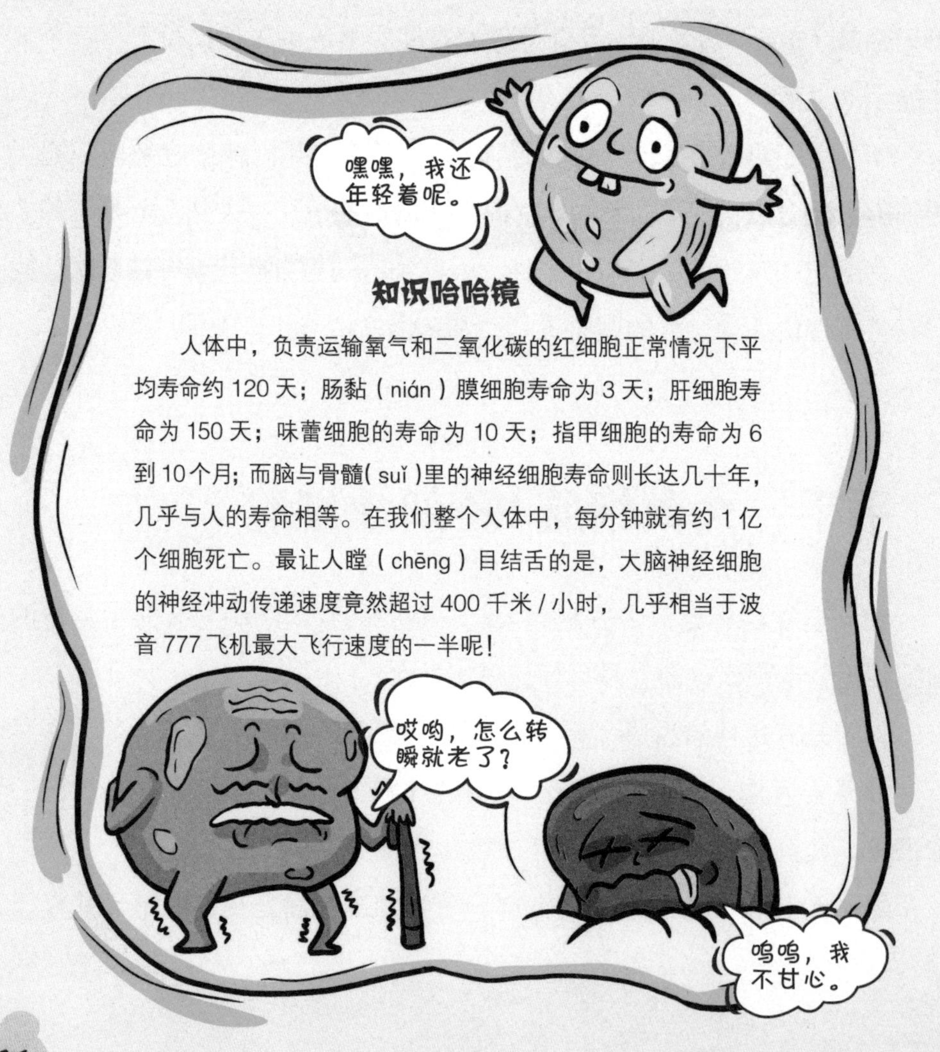

知识哈哈镜

人体中，负责运输氧气和二氧化碳的红细胞正常情况下平均寿命约 120 天；肠黏（nián）膜细胞寿命为 3 天；肝细胞寿命为 150 天；味蕾细胞的寿命为 10 天；指甲细胞的寿命为 6 到 10 个月；而脑与骨髓（suǐ）里的神经细胞寿命则长达几十年，几乎与人的寿命相等。在我们整个人体中，每分钟就有约 1 亿个细胞死亡。最让人瞠（chēng）目结舌的是，大脑神经细胞的神经冲动传递速度竟然超过 400 千米 / 小时，几乎相当于波音 777 飞机最大飞行速度的一半呢！

跨界达人：罗伯特·胡克

说到细胞，英国物理学家罗伯特·胡克不得不提。

罗伯特·胡克堪称17世纪英国最伟大的科学家之一。不管在力学、光学，还是天文学方面，他都取得了重大成就，是名副其实的“跨界达人”。

当时，由他设计和发明的科学仪器无与伦比，因此他声望极高，被誉为“英国的双眼和双手”。

在光学方面，他是光的波动说最有力的支持者。当光的波动说由意大利数学家格里马第首次提出后，罗伯特·胡克便致力于光学仪器的创制。

在力学方面，罗伯特·胡克的贡献尤为卓著。他不仅提出了弹性体变形与力成正比的胡克定律，还指出彗星靠近太阳时轨道是弯曲的……

1665年，根据英国皇家学会一位院士给的资料，罗伯特·胡克设计了一台复杂的复合显微镜。用这架自制显微镜，他对很多生物进行了观察，如蚤（zǎo）、虱（shī）和霉（méi）菌等。

一天，他在显微镜下观察一块软木薄片时，观察到了植物细胞（已死亡）。他看到这些植物细胞呈蜂窝状排列，很像当时教士们住的单人房间，因此便用“cell”一词为植物细胞命名，这也是人类史上第一次成功观察到细胞。

哇哦！细胞也有“大巨人”

经过不断改进，显微镜的性能有了飞速发展。当然，人们对细胞的观察也越来越深入。随着电子

显微镜的诞生，细胞观测也跃上了新台阶。

毫不夸张地说：对细胞的研究，显微镜功不可没。

你一定会想到这样一个问题：是不是没有显微镜我们就看不到细胞了呢?

对平均直径为 0.015 毫米的人体细胞来说，没有显微镜的帮助，我们确实无法用肉眼直接观察到它们。不过，这并不代表所有细胞我们都无法用肉眼看见。

你一定想不到，我们吃的鸡蛋中，蛋黄其实就是一个卵细胞，它的直径约 3 厘米。如果是鸵鸟蛋的蛋黄，直径可达 7 厘米。

除了鸟类，很多其他生物的卵细胞都比一般细胞要大，如直径 1.5 毫米的蟾蜍（chán chú）卵细胞、长 0.2 毫米的草履（lǚ）虫细胞……一般来说，人类的卵细胞直径为 0.1 毫米左右，用肉眼观察也可以看到。

就连单细胞生物中，也有“细胞大块头”的存在。比如，长达 3 厘米的气泡藻细胞，在深海中生活的巨型原生动物阿米巴虫——其细胞直径甚至可达 20 厘米呢！

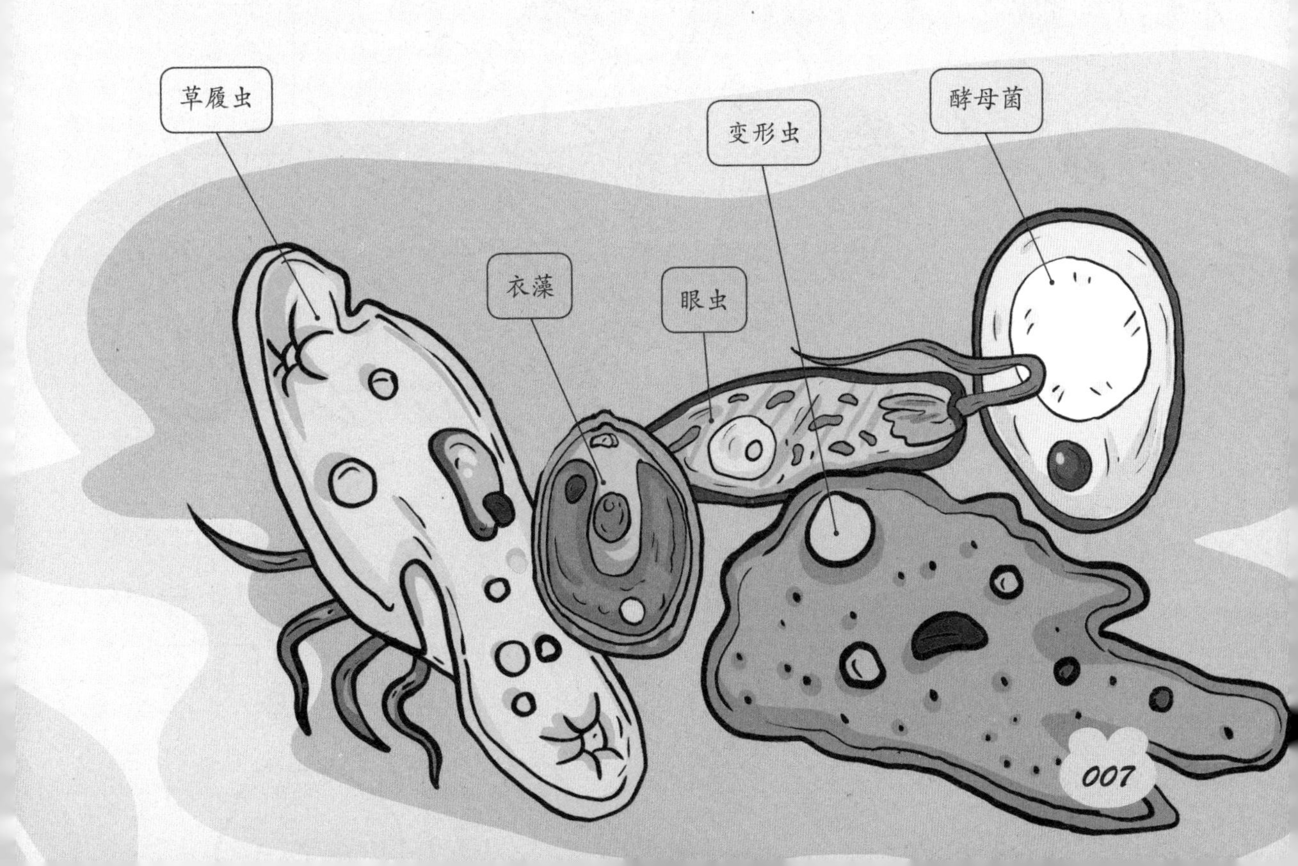

细胞世界大冒险

“宝贝儿，你可要按时吃饭哦！”“乖乖，不吃水果可不好。”“来，把这杯水喝了吧。”……每天，我们是不是都因爸爸妈妈催着吃各种东西而感到厌烦呢？其实，不仅我们每天需要物质和能量，小小的细胞同样需要物质和能量。什么？你不信，那我们就一起去细胞王国一探究竟吧！

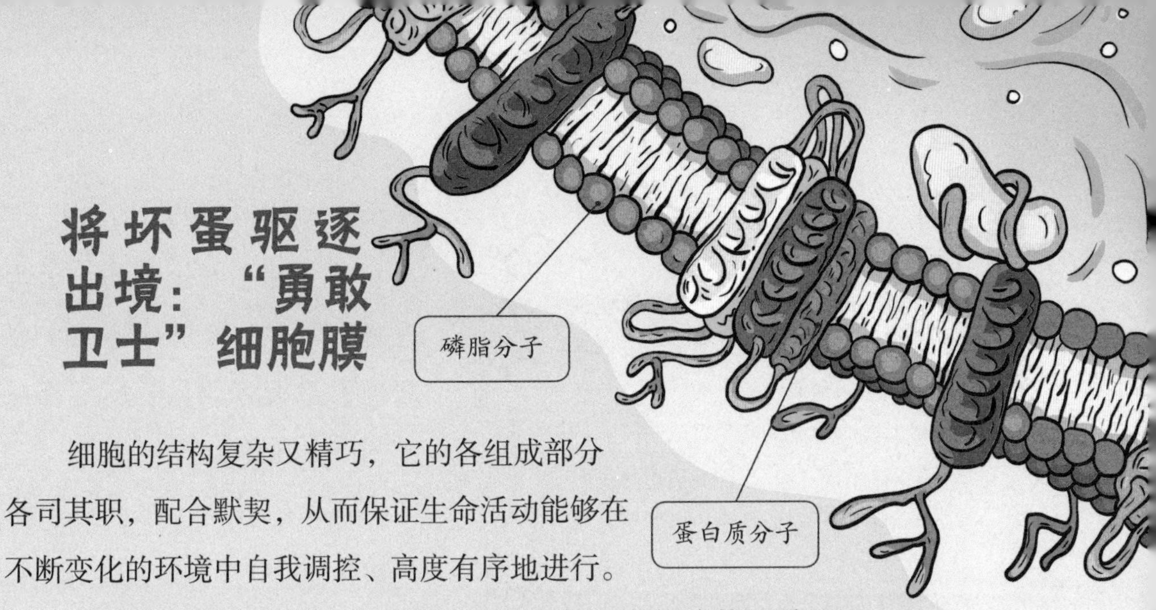

将坏蛋驱逐出境："勇敢卫士"细胞膜

细胞的结构复杂又精巧，它的各组成部分各司其职，配合默契，从而保证生命活动能够在不断变化的环境中自我调控、高度有序地进行。

如果乘坐细胞战舰进入动物细胞，我们一定能清楚地看见组成它的"四大金刚"——细胞膜、细胞质、细胞器和细胞核。

不过，植物细胞却多了一个动物细胞没有的"金刚"——细胞壁。

仔细观察，植物细胞内侧有一层极薄的膜紧紧附着，这就是细胞膜啦！这层由蛋白质分子和脂类分子组成的薄膜，能够让水和氧气等小分子物质畅通无阻，却将细菌和病毒拒之门外。细胞膜除了肩负保护细胞内部的重任，还负责将细胞内产生的废弃物排出细胞。

在电子显微镜下，可以看出细胞膜主要由蛋白质分子和脂类分子构成。磷（lín）脂双分子层占据细胞膜"C 位"，它是细胞膜的基本骨架。在它的外侧和内侧，则有许多球形蛋白质分子。细胞膜有极佳的流动性，这对于它顺利完成各种生理功能可是至关重要呢！

能量交换的"战场"：细胞质

一进入细胞质，你就会发现这里"波涛汹涌"，让人胆战心惊。

细胞质是黏稠透明的物质，它们占据了细胞体积的绝大部分。细胞质中一些带折光性的颗粒就是细胞器。细胞器是一种具有一定形态结构及功能的微器官，其主要"成员"有线粒体、中心体、叶绿体、核糖体等。它们共同形成了细胞的基本结构。正是因为它们"不遗余力"地工作，各种生物的细胞才能更好地运转。

千万别小看细胞质，因为这里可是进行新陈代谢的主要场所，绝大多数化学反应都在细胞质中进行。

除此之外，细胞质对细胞核还有调控作用呢！

也就是说，细胞发生能量交换的“战场”就是细胞质，所以这里“极不平静”，波动很大。

在植物细胞中，能量的交换通过叶绿体来进行；动物细胞可不一样，它们依靠线粒体进行能量交换。不过，神奇的大自然经常带给我们一些意外！你知道吗？世界上竟然有一种超神奇的动物——绿叶海蜗牛，它的细胞内含有大量叶绿体。

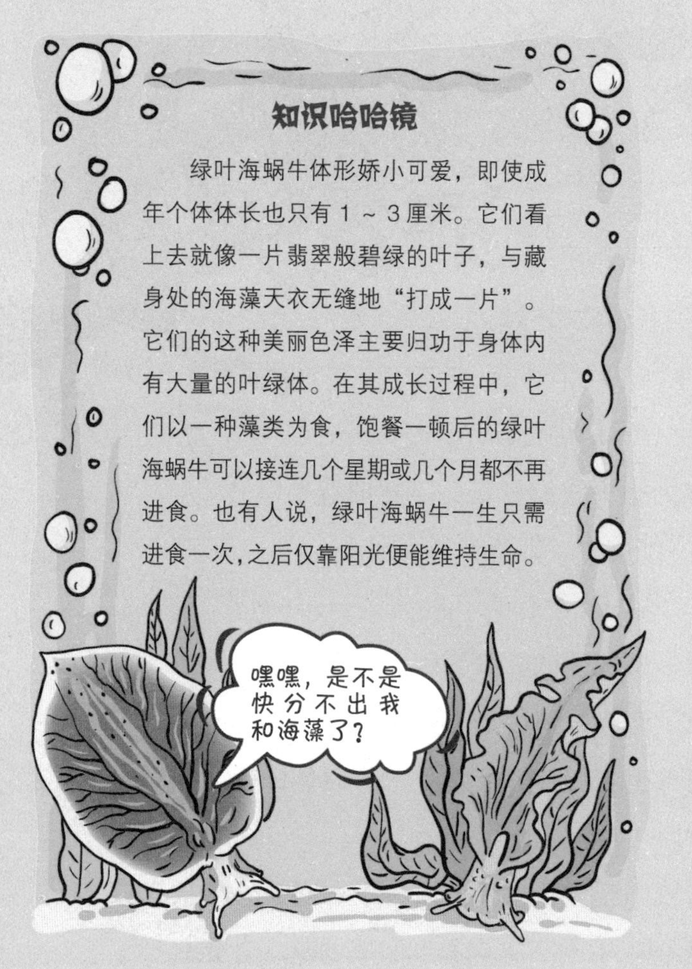

你一定会质疑：既然是动物，为什么它的细胞里不是线粒体呢？

原来，绿叶海蜗牛以海底的绿藻为食，它能将绿藻中所含的叶绿体贮（zhù）存下来，并对其加以利用进行光合作用，如此一来它便有了长久的能量来源。不过，如果长时间见不到太阳，绿叶海蜗牛就会慢慢死去。

既是遗传信息库，又是调控中心：细胞核

有这样一个问题：真核细胞内最大、最重要的细胞结构是什么？答案显而易见，它就是细胞核。

细胞核不仅是细胞遗传与代谢的调控中心，而且是区分真核细胞与原核细胞明显的标志之一。

作为细胞的控制中心，细胞核在细胞代谢、生长、分化等方面的作用都极其重要，它也是遗传物质的“大本营”。别看细胞核的形状千变万化，它的基本组成却相差无几，主要由核被膜、染色质、核仁及核基质组成。

大多数细胞核呈球形或卵圆形，随物种和细胞类型的不同，其形状也有很大变化。另外，物种不同，细胞核的大小也有差异。如高等动物的细胞核直径大多为 5 ～ 10 微米，高等植物的细胞核直径大多为 5 ～ 20 微米，低等植物的细胞核直径大多为 1 ～ 4 微米。

在细胞核中，有许多交叉状的物质，它们发出不一样的光，看上去十分美丽，这就是细胞遗传的真正秘密——由 DNA 和蛋白质组成的染色体。

有人这么总结细胞核的功能：它既是遗传信息库，又是细胞代谢和遗传的控制中心。

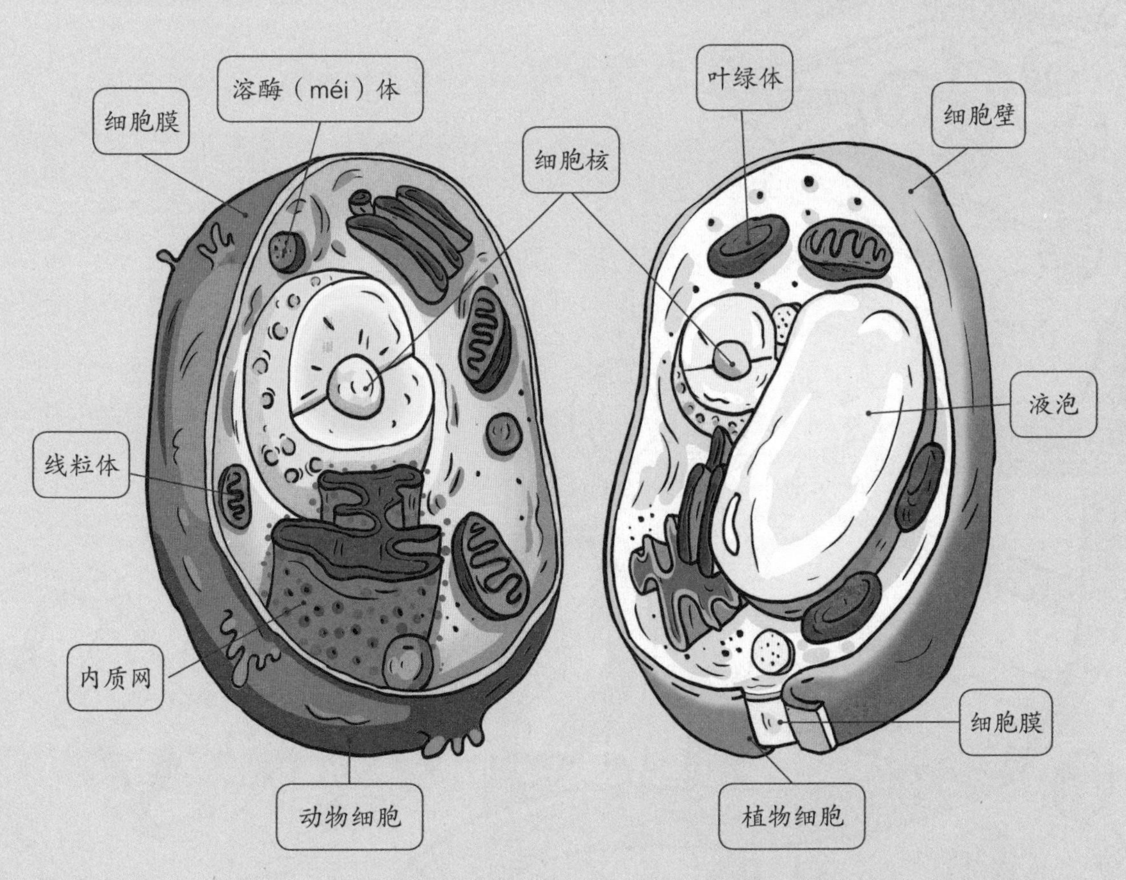

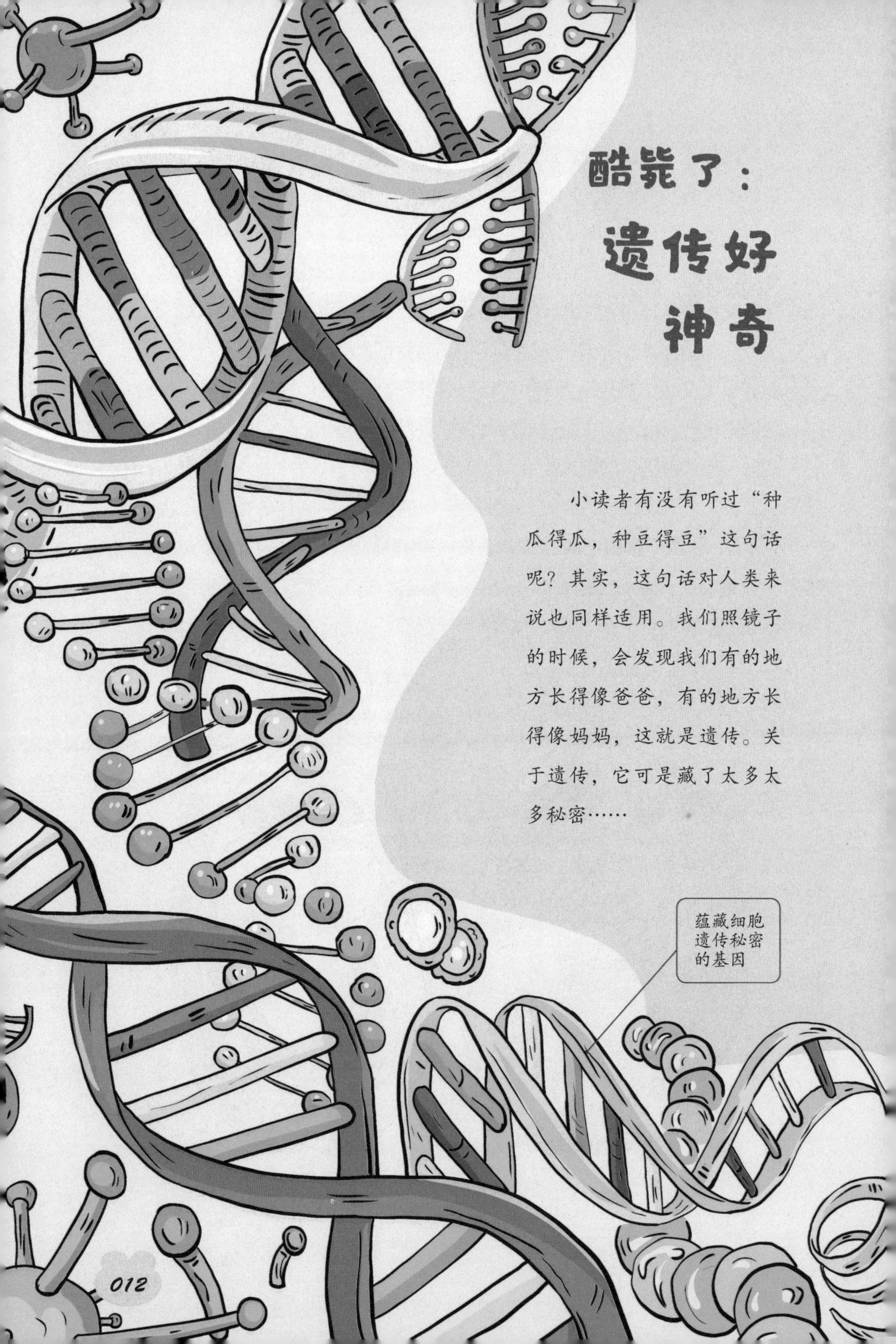

酷毙了：遗传好神奇

小读者有没有听过“种瓜得瓜，种豆得豆”这句话呢？其实，这句话对人类来说也同样适用。我们照镜子的时候，会发现我们有的地方长得像爸爸，有的地方长得像妈妈，这就是遗传。关于遗传，它可是藏了太多太多秘密……

有个性的染色体

我们人体细胞核里有一种呈交叉细丝状的物质，它就是染色体。人体细胞里含有 22 对常染色体和 1 对性染色体，这些染色体储存了我们遗传的全部信息。

1879 年，德国生物学家弗莱明在用染料将细胞核中的丝状物质和粒状物质染红后发现：这些物质平时“自由散漫”地分布于细胞核中，一旦细胞分裂，“自由散漫”的染色物质便开始浓缩，从而形成一定数目和一定形状的条状物。当分裂过程结束，这些条状物又恢复如初——“自由散漫”地分布。

1888 年，染色体被正式命名。

染色体蕴藏着细胞遗传的秘密，既然有这么大的本领，自然也有独特个性：它们每一次开始分裂，都会复制出一个和自身一模一样的染色体。这样的个性是不是很酷啊？

当然，这也是染色体为什么总是成对出现的原因。此外，染色体也表现出很明显的种属特异性。它们的大小、数量以及形态，随生物种类、细胞类型及发育阶段的不同而有很大差异。

达尔文的悲剧

作为 19 世纪进化论的奠基人、伟大的生物学家，达尔文在提出著名的物种起源假说之前，就曾受到自然规律的无情打击。

1839 年 1 月，30 岁的达尔文与表妹艾玛喜结连理。随后让达尔文百思不得其解的是，自己和妻子都身体健康，但他们的 10 个孩子却有 3 个夭（yāo）折，其余的孩子也都各有疾病。这可真是太奇怪了！

无独有偶，20 世纪美国著名遗传学家摩尔根也发生过类似的婚姻悲剧。摩尔根与表妹玛丽结婚后生的两个女孩都是痴呆儿，而且都早早离开了人世，唯一的儿子也有明显的智力障碍。

其实，不管是达尔文还是摩尔根，他们的悲剧的根源就在于近亲结婚。

可惜的是，达尔文到了晚年研究植物的进化过程时才发现，异花授粉的个体比自花授粉的个体果子结得又多又大，自花授粉的个体更容易遭到淘汰。

达尔文的教训可谓深刻而又惨痛。为什么会出现这种情况呢？

不管是精子还是卵细胞，都是 23 对染色体，它们上面约有 2 万多个基因，就是这些基因携带着遗传“密码”。这 2 万多个基因里总有那么几个基因“不安全”——隐藏着遗传病。只要不是近亲结婚，这些致病基因就很难相遇，而一旦近亲结婚，它们便可能爆发。

遗传“大功臣”：基因

小读者不妨回忆一下，是不是经常有人说你长得像爸爸或妈妈呢？如果爸爸妈妈个子不太高，那么，我们也很难长得高；如果爸爸妈妈有双眼皮，那我们大概率也会长出双眼皮；如果爸爸妈妈的头发天生自来卷儿，那我们的头发也很可能是卷发……这些现象就叫作遗传。酿（niàng）成达尔文和摩尔根家庭悲剧的也是遗传，其“罪魁（kuí）祸首”就是基因。

人体细胞核里，每对染色体上都携带着许多遗传因子，这就是基因。每个基因都对某个特定的性状进行控制。

有了它们，不仅人的样貌可以遗传，就连疾病、性格、智力等也都是可以遗传的。唐氏综合征、血友病等就是最有代表性的遗传病。当然，我们不仅会从父母那里继承很多东西，而且也会把这些传给我们的后代。

平时，我们是不是也经常听到“基因组”这个词语呢？简单来说，人类基因组就是人类具有的所有遗传基因的总和。

人类的 23 对染色体中，与人类遗传相关的基因全部存在于 DNA 这种物质中。染色体的外形像极了长绳子，假如要将一个细胞所含的基因密码一一罗列，长度将超过 1 万千米呢！

就要与众不同：变异

应该承认的是，我们固然都在遗传爸爸妈妈的基因，但或多或少又会与他们表现出不一样的特征，这就是生命遗传中

的另一种现象——变异。

变异指同种生物的不同个体之间表现出的性状差异，分为可遗传变异和不可遗传变异。

有时候我们去海边待几天后，会发现皮肤变黑了，但只要过一段时间不晒太阳，皮肤又会变回原来的样子。这就是不可遗传变异，因为晒太阳并没有改变遗传物质。

遗传变异则是由基因突变引发的。

变异是人体细胞内染色体上的基因发生改变引起的，一般包括基因重组、基因突变和染色体变异这三种。

环境变化、辐（fú）射、污染等因素都能引起变异。虽然我们人体染色体的基因信息 99.8%是完全相同的，但仍有 0.2%的差异。

千万别以为这 0.2%微不足道，恰恰就是这不起眼的 0.2%，成就了独一无二的你我。

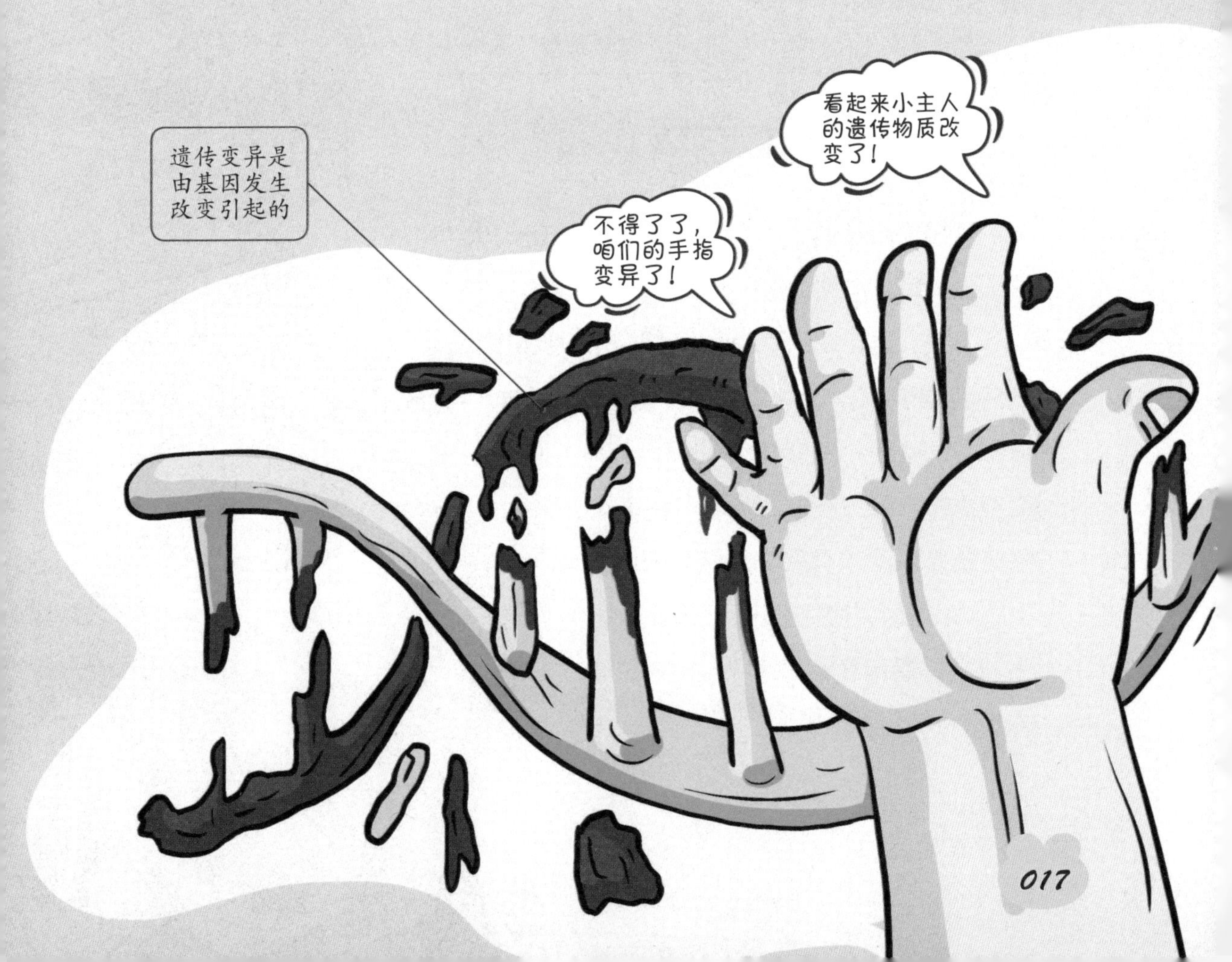

赏心悦目的“双螺旋”：遗传密码 DNA

染色体由蛋白质和脱氧核糖核酸（DNA）两种分子构成。不过，到底哪一个才是遗传物质呢？一开始，生物学家们以为蛋白质是遗传物质，因为它的化学构成单元氨（ān）基酸比DNA的四种核苷（gān）酸碱（jiǎn）基更具有多样性。不过，后来的研究表明：非致命菌只有DNA在场时，才会给几分“面子”——转化为致命菌，其他什么细胞都不管用，从而证明携带遗传基因的是DNA。

DNA的分子结构为双螺旋形，就像一条盘旋而上的螺旋形楼梯

“阶梯”上的遗传密码

基因携带生物信息，这些信息会被编码为DNA中的核苷酸碱基序列。

看上去赏心悦目的DNA分子模型由两条多脱氧核苷酸链组成，沿着中心轴，它们以相反方向相互缠绕在一起，像极了一座盘旋而上的螺旋形楼梯。两侧扶手是两条多脱氧核苷酸链的脱氧核糖－磷酸交替结合而成的骨架，阶梯踏板当然就是配对的碱基啦！

嘘！遗传密码呢？就藏在中间的阶梯上。

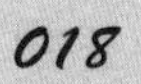

DNA 的美绝不仅仅在于双螺旋，还在于两条链上碱基之间的互补配对。如此一来，每条链都可以互为备份或模板，从而成为携带遗传指令的最佳“人选”。

父母把细胞里的遗传物质传给孩子，也就是受精的卵细胞在分裂时，起遗传作用的 DNA 经过不断复制，便形成了两组 DNA 遗传密码。

不过，美丽的双螺旋分子模型可不是一下子就被发现的哦！

1869 年，瑞士医生弗雷德里希·米歇尔最早从废弃绷带残留的脓（nóng）液中分离出 DNA。之后，瑞士科学家们证明 DNA 结构是不对称的。20 世纪中期，剑桥大学的沃森与克里克在进行 DNA 实验时，利用化学、晶体学等多方面知识，成功证实 DNA 两条链的螺旋互为反方向。

至此，DNA 双螺旋结构的分子模型最终确立。它的确立，意味着生命科学从此翻开了新的篇章。

水落石出：DNA 指纹建奇功

一天，一家银行发生了一起惊世骇俗的恶性抢劫案，不仅丢失大量现金，还有多名银行职员被杀害。警察们赶来，一番查探后，什么有力的证据都没有找到。

就在他们一筹莫展的时候，一名警员在一个打开的保险柜旁找到一根头发。经 DNA 鉴定，这根头发不属于银行工作人员，那就只能是歹徒留下的了。这一发现让警察们欣喜不已。最后，在 DNA 指纹鉴定法的帮助下，警察很快就将这起案件的犯罪分子一网打尽。

小读者一定很好奇，DNA 指纹是“何方神圣”？它为什么这么神通广大呢？

知识哈哈镜

1953 年 4 月 25 日，英国的《自然》杂志刊登了美国的沃森和英国的克里克在剑桥大学合作的研究成果：DNA 双螺旋结构分子模型。这一成果被誉为 20 世纪生物学方面最重大的发现。

沃森 15 岁时就进入芝加哥大学学习，自从阅读了薛定谔（è）的进化论巨著《生命是什么》后，他便下决心“发现基因的秘密”。后来，他到英国剑桥大学学习，在此期间与克里克成了好朋友。他们每天一起讨论学术问题。两个人取长补短，终于取得了举世瞩（zhǔ）目的成就。

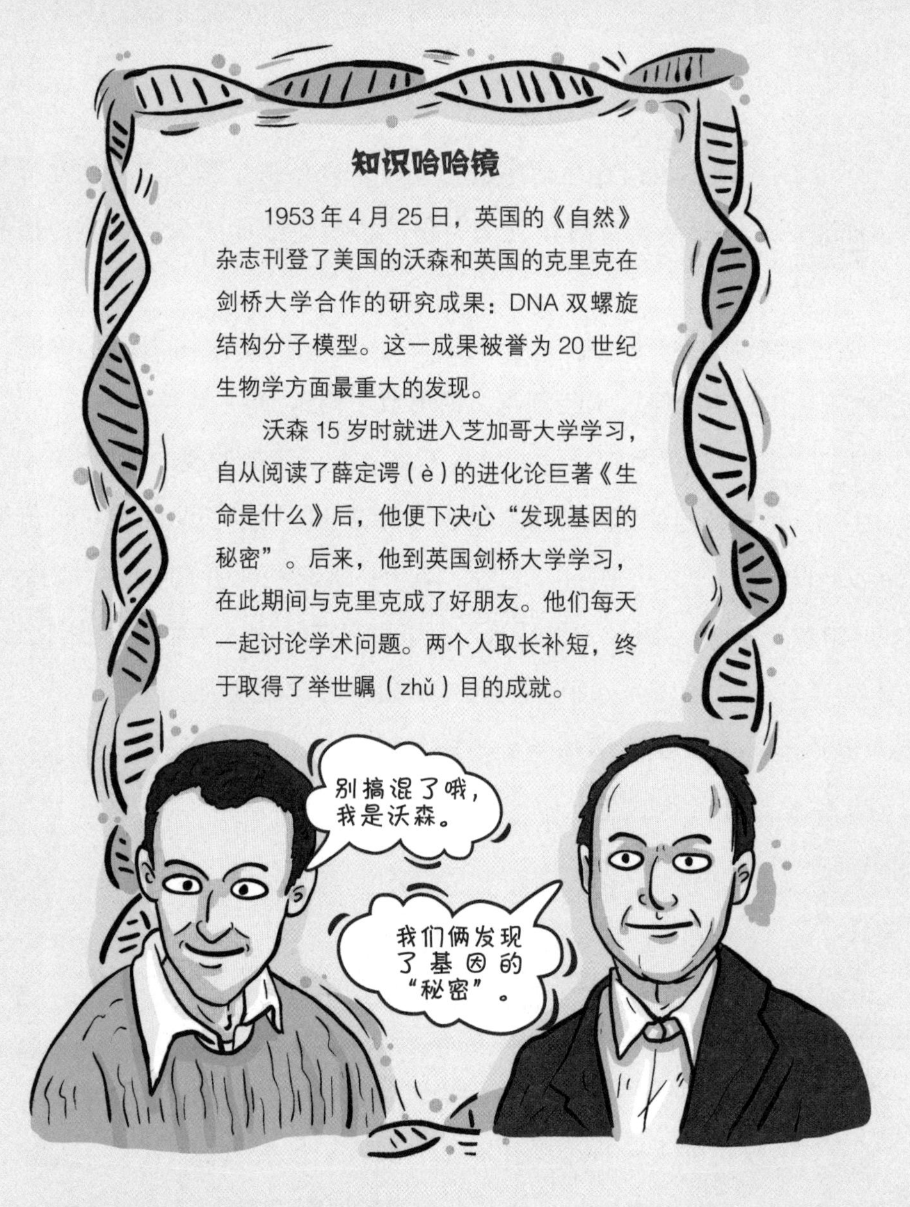

科学家们从血液或别的组织中提取的 DNA，通过特定方法将它们切割成长短不一的片段，再用电泳的方法将它们按一定规律分开，然后转移、固定和杂交，就能绘制出“个性十足”的、肉眼可见的图谱。

这些图谱就像我们的指纹一样，不同个体的图谱也不一样，所以得名“DNA 指纹”。

与此同时，同一个体的不同生长发育阶段和不同组织，其 DNA 指纹却完全相同。因此，它们既有个体的特异性，同一个体又是极其一致和稳定的。不管是一根毛发，还是一滴血液，甚至是唾液、鼻涕等，都能拿来进行 DNA 指纹分析，结果十分可靠。

完胜“滴血验亲”：DNA 亲子鉴定

在一些电视剧中，会有古代人滴血验亲的情节，其实这并没有科学依据。

想要鉴定亲子关系，应该用 DNA 鉴定。它否定亲子关系的准确率几近 100%，对亲子关系进行确定的准确率可达到 99.99%。

DNA 分析作为最先进的刑事生物技术，能直接认定犯罪，对侦破重大疑难案件起着至关重要的作用。

随着 DNA 技术的日益发展和广泛应用，DNA 分析检测已成为破案的重要手段。当然，这一方法也是国际上公认的亲子鉴定的最好方法。

如果真要与古代的滴血验亲来一场较量，DNA 亲子鉴定妥妥地完胜啊！难怪有人说，现在是 DNA 时代。

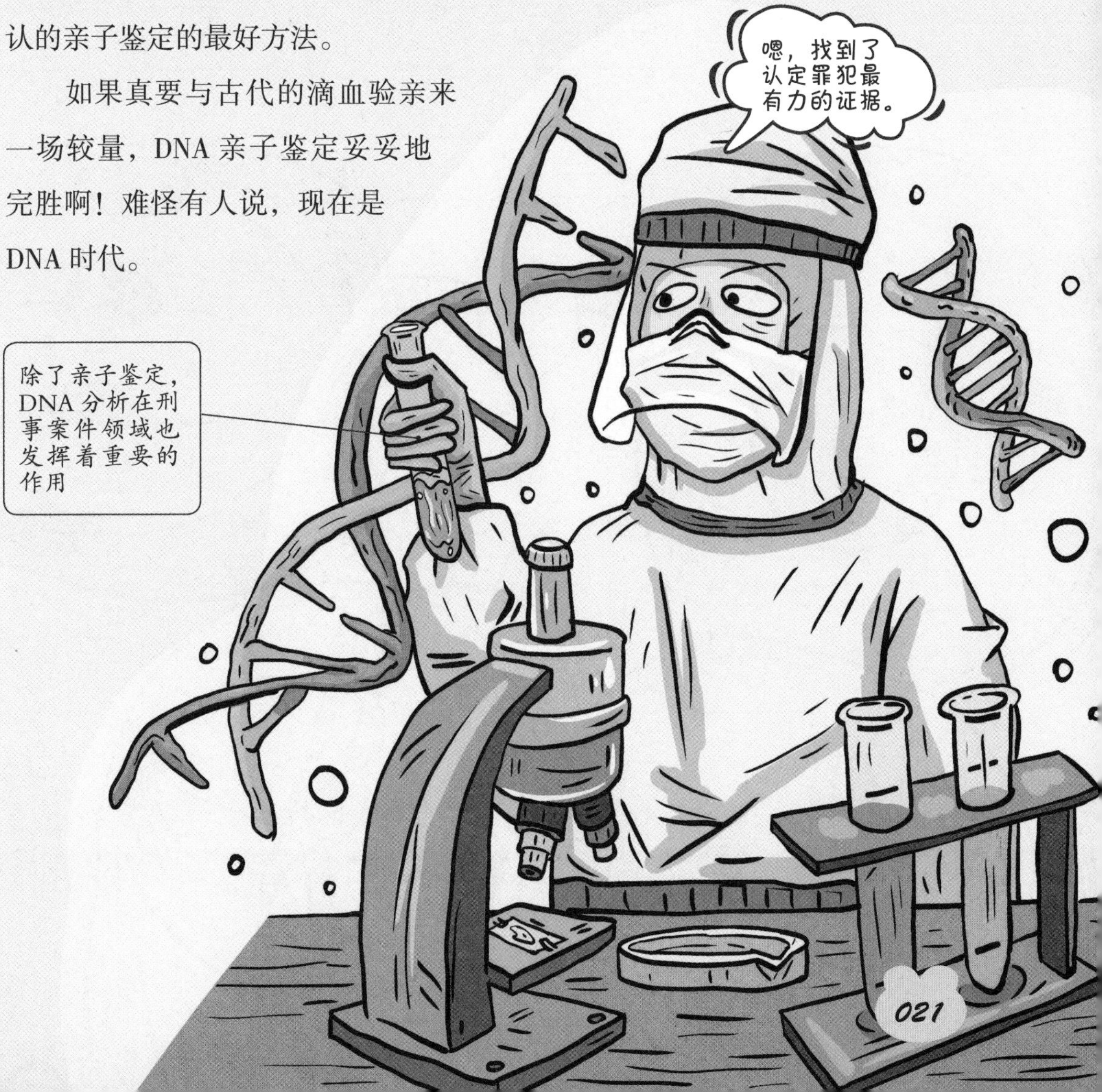

嗯，找到了认定罪犯最有力的证据。

除了亲子鉴定，DNA 分析在刑事案件领域也发挥着重要的作用

快看！
细胞分裂啦

小小的细胞居然也会分裂，是不是觉得很不可思议呢？没办法，绝大多数细胞只有通过分裂的方式，才能产生新的细胞。细胞分裂包括细胞核分裂和细胞质分裂两步。千万不要小看细胞的分裂过程哦，因为要完成分裂，远没有那么简单……

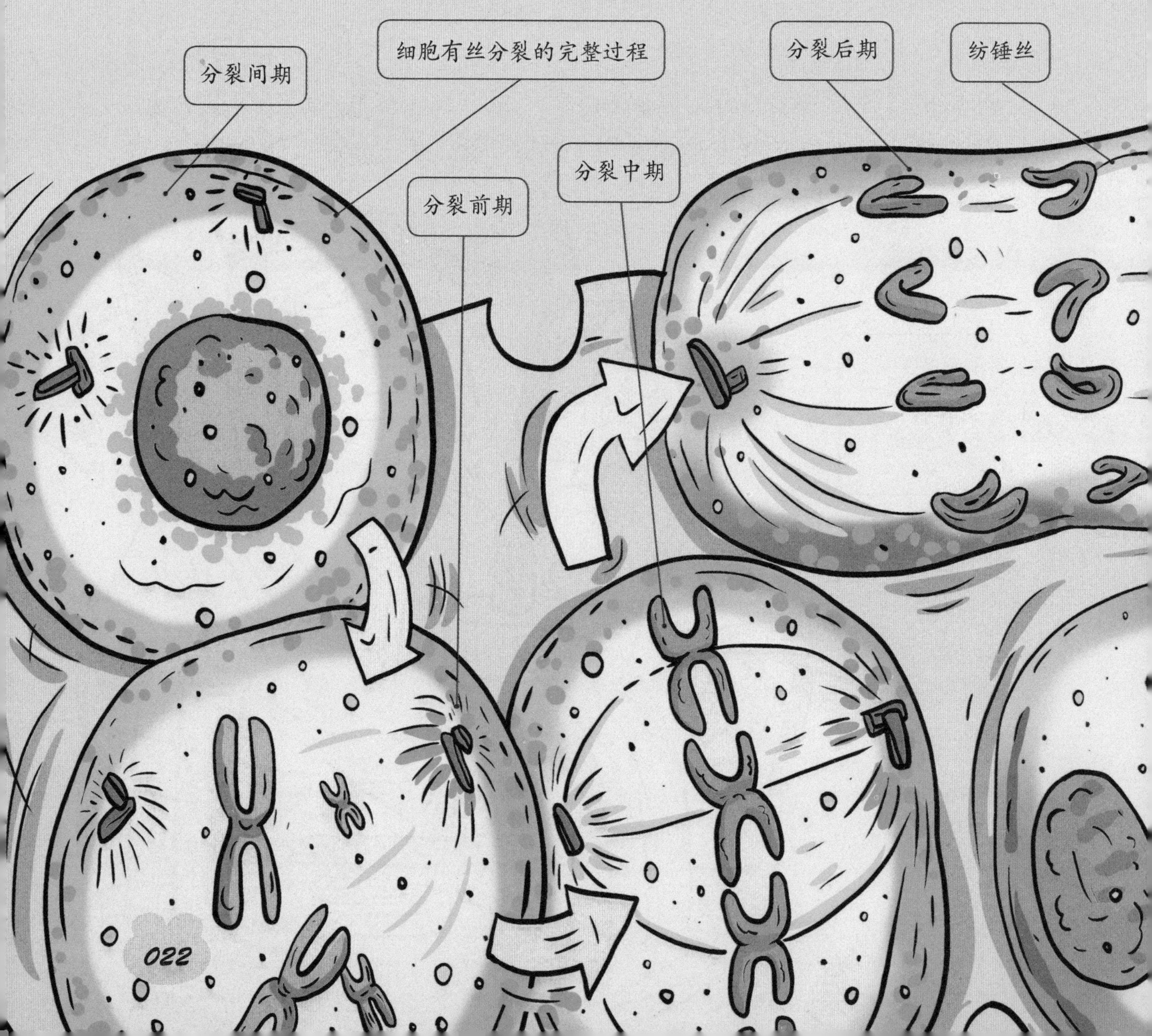

难坏“小迷糊”：细胞的分裂方式

一个细胞分裂为两个细胞，分裂前的细胞叫作母细胞，分裂后形成的新细胞叫作子细胞。在细胞核分裂的过程中，母细胞就会将遗传物质传给子细胞。对于单细胞生物而言，细胞分裂意味着个体的繁殖（zhí）；在多细胞生物中，细胞分裂也是个体生长、发育和繁殖的基础呢！

细胞的分裂极其复杂，有无丝分裂、有丝分裂和减数分裂三类。

是不是觉得一头雾水？你一定好奇，它们之间到底有什么区别呢？

细胞在进行有丝分裂的过程中，有纺锤丝出现，而且分裂过程结束后染色体数目不变。细胞在进行无丝分裂的过程中，没有纺锤丝出现，而且无丝分裂只在某些原生生物和部分动物的细胞中才能进行，如蛙的红细胞。细胞在进行减数分裂的过程中，不仅出现了纺锤丝，而且分裂过程结束后染色体数目还会对半减少呢！

细胞分裂时，先是细胞核神奇得像变魔术似的由一个分成两个。之后，细胞质分成两份，每份都包裹着一个细胞核。最后，在原来细胞的正中间形成细胞膜。当然，这仅限于动物细胞，植物细胞还要形成细胞壁呢！

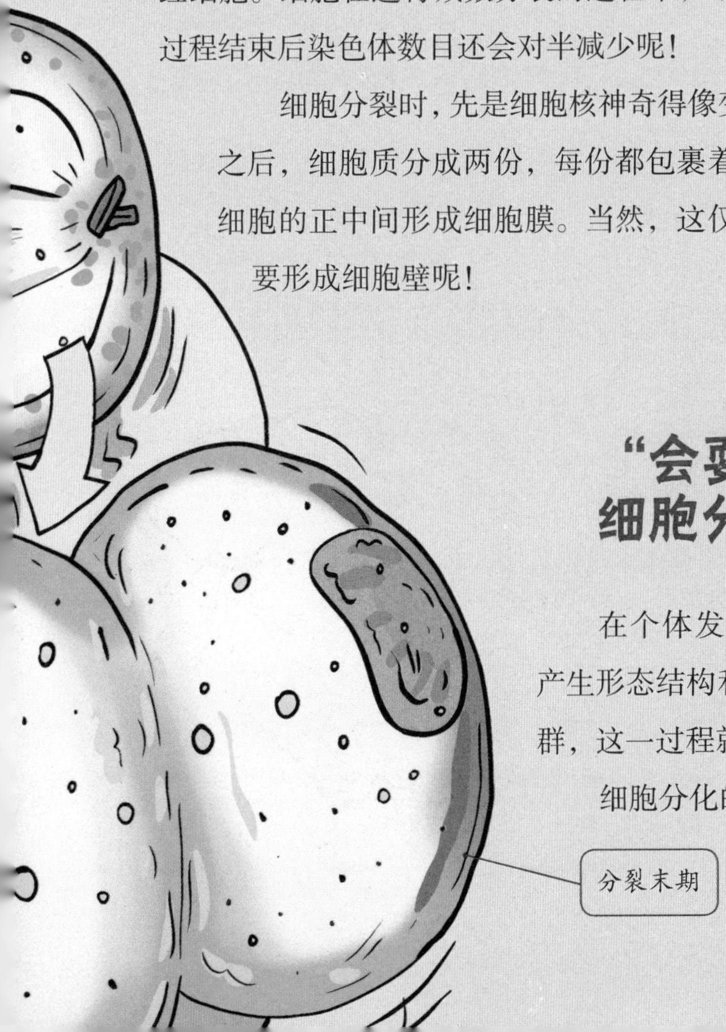

“会耍小性子”的细胞分化

在个体发育中，细胞发生分裂并逐渐产生形态结构和功能特征各不相同的细胞类群，这一过程就叫细胞分化。

细胞分化的最终目的是产生各个组织，

分裂末期

或者说组合出了新产品。千万别以为细胞分化只发生在胚胎发育这一过程中，其实分化一直都在进行，使衰老和死亡的细胞及时得到补充。

你一定想不到吧？

细胞在分化时，不喜欢受到任何打扰！因为其本质是基因组在时间和空间上的选择性表达。假如在时间上影响了细胞分化，那么细胞也会耍耍“小性子”，干脆就不进行分化“以示抗议”。

细胞分化的过程可不简单呢！绝大多数情况下是不可逆的，但偶尔也能做到逆向变化，回到原来的模样，这种生物现象就叫“去分化”。

呀！这可太有趣了！

去分化指分化细胞特有的结构和功能失去后，变为未分化细胞的过程。去分化现象在植物中最为常见，去分化的细胞最终会成为薄壁细胞。

团结力量大：细胞“组织”好复杂

小读者是不是喜欢玩搭积木的游戏呢？搭积木时，只有把一块块的积木都拼搭起来，才能成为我们预想的样子。

其实，细胞也不喜欢孤立，它们也是有组织的。

细胞讲究“物以类聚”，功能一样、形态相似的一群细胞和细胞间质常常聚在一起，称为“组织”。

不同的细胞也就形成了不同的组织结构。就好比我们人类有上皮组织、结缔（dì）组织、肌肉组织和神经组织，每一个组织对我们都至关重要。

不妨设想一下，如果我们没有神经组织，就会失去感觉，想想都觉得恐怖。

知识哈哈镜

神经组织可是我们人体四大组织中细胞数量最多、最复杂的一个组织啦！神经细胞结构复杂，它们有着被称为“胞突”的、很长的“通信天线”。正是因为有了这些“通信天线”，神经细胞才能传导冲动和整合信息。假如我们把大脑的全部神经细胞约 100 亿个都连接起来，全长可达 18 万千米。

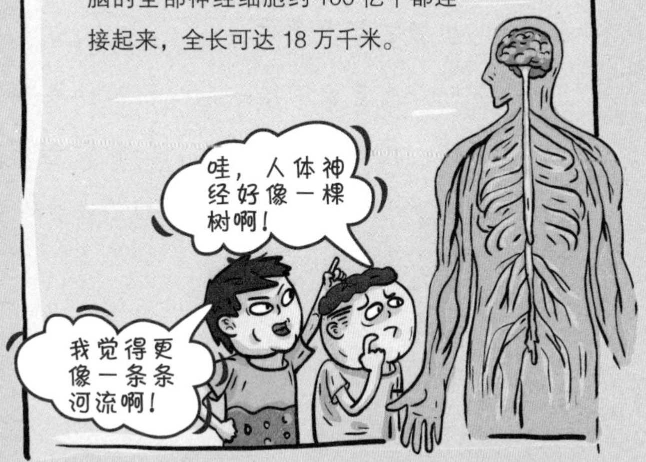

说起组织的复杂性，我们人类还比不上植物呢！

你很难想象，植物竟然拥有分生组织、保护组织、营养组织、输导组织、分泌组织和机械组织，一共六大类呢！

动物的细胞组织经过进一步结合后形成器官，器官组合形成系统，系统组合形成动物体。不过，植物却不是这样。植物组织结合形成器官后，将由器官直接形成植物体。

你一定好奇，植物怎么会有器官呢？

当然有啦！我们人的器官功能各异，植物也不例外，根、茎、叶是它们的营养器官，花、果实、种子是它们的生殖器官。不过，这六大器官只有开花植物才有呢！

当心，细胞“炸毛”啦！

细胞也“自杀”

从古至今，妄想长生不老的人比比皆是，一些位高权重的人为了完成这一心愿甚至不惜一切代价，结果却总是事与愿违。其实，随着年龄的增长，我们所有的组织和细胞在形态、结构、功能上都会慢慢衰退，直到最终死亡。这是任何人都无法更改的客观规律，长生不老只是人们的一种美好愿望而已……

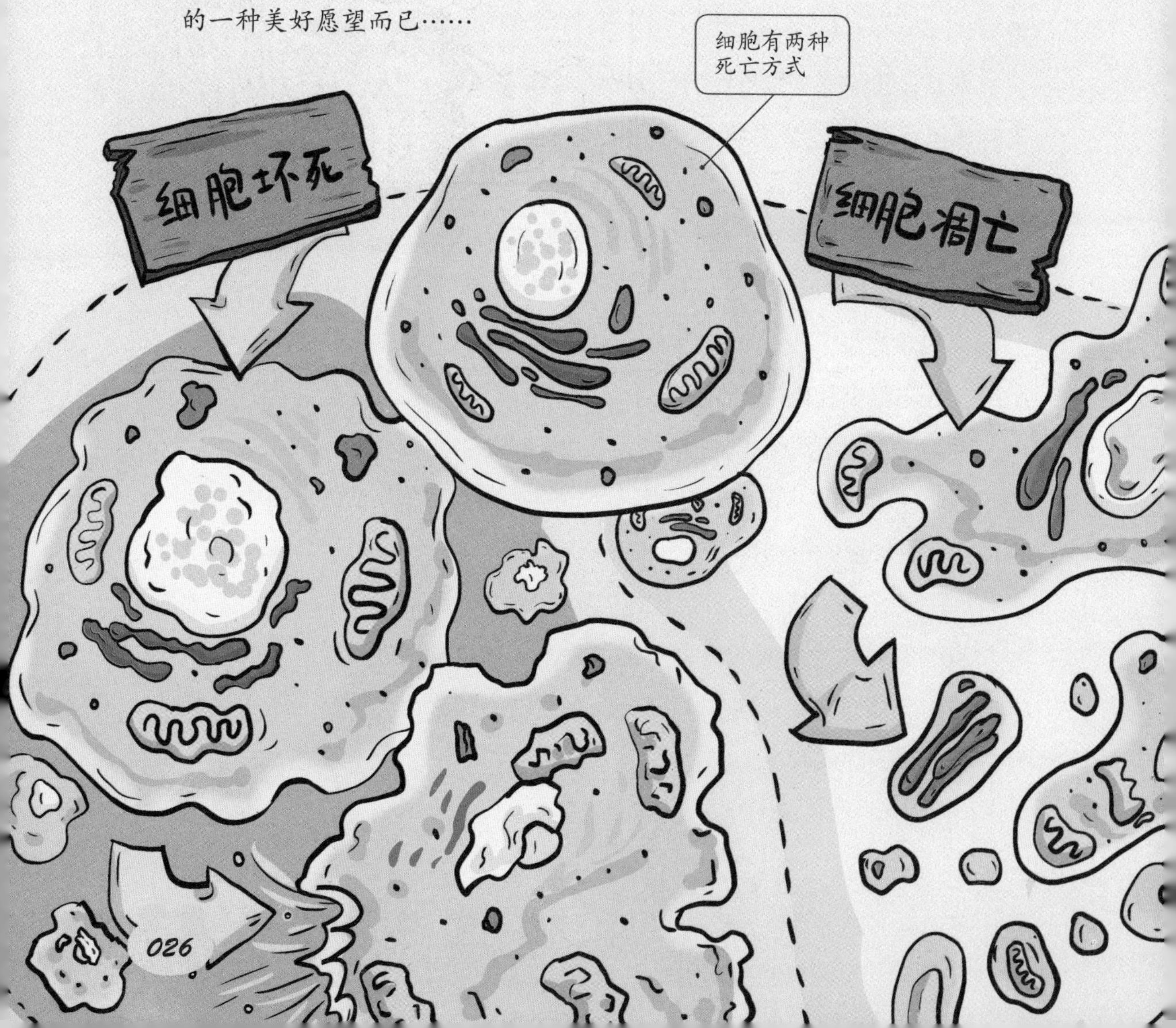

是“自杀”还是“他杀”：细胞凋亡和细胞坏死

大家一定都见过青蛙的孩子小蝌蚪（kē dǒu）吧？

回想一下可爱的小蝌蚪，它们的尾巴是不是几乎占了身体长度的一半。随着时间推移，它们的尾巴又像变戏法似的消失不见呢。

你知道这是为什么吗？

原来，变态发育中的青蛙，尾部细胞会启动早已编制好的“死亡程序”，也就是细胞凋亡。简单来说，细胞选择“自杀”了！

真是太意外了！

细胞凋亡是指为维持内环境稳定，由基因控制的细胞自主的有序的死亡。这也意味着，它们的“自杀”并不是一时“头脑发热”，而是“蓄谋已久”。

当然，在遇到突发事件时，生命体为了清除体内的有害细胞，也会启动这些细胞的“自爆装置”。当细胞开始凋亡，细胞核首当其冲发生巨变。因细胞核浓缩，DNA 就被降解成小片段，凋亡细胞最终被分解为零散的凋亡小体。在巨噬（shì）细胞“狼吞虎咽”的吞噬下，凋亡细胞就此消失不见。

让人惊讶的是，在这一过程中，凋亡细胞的任何内容物都不会流出，这和细胞坏死截然相反。

如果说细胞凋亡是“蓄谋已久”的自杀，那么细胞坏死则是“他杀”，是事故造成的被动死亡。生活中，因摔跤导致的擦伤、伤口感染等，都可能引发细胞坏死。

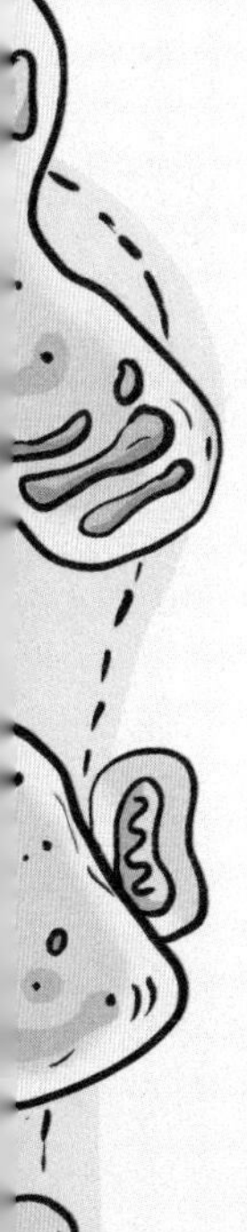

细胞分裂有极限：海弗里克极限

古时候的很多皇帝为了真的能“万岁，万万岁”，都幻想长生不老。不管是“略输文采”的秦皇汉武，还是“稍逊风骚”的唐太宗，他们都希望得到“不死之药”。为了达到目的，有找仙药的、求助方士的，也有炼丹、服食丹药的……

别看方法那么多，结果只有一个：没戏。

有这样一组数据：

1947 年，日本男性的平均寿命只有 50 岁，女性的平均寿命为 54 岁；2016 年，日本男性的平均寿命为 81 岁，女性的平均寿命为 87 岁。

短短的 70 年时间里，日本男性和女性的平均寿命都提高了 30 多岁。聪明的小读者一定会说，如果按照这样的发展势头，要实现“长生不老”的美好愿望，好像也没那么难嘛！

事实可不是这样呢！

虽然有研究者信誓旦旦地指出，人类寿命的极限即将消失，人们甚至能活 300 岁，但是这一说法很快被反驳，因为较主流的观点是：人最多能活 120 岁。这距离帝王们幻想的“万岁”可太遥远啦！

之所以如此，是因为存在海弗里克极限。它是指脊椎动物正常体细胞的分裂次数是有极限的，即 40 ~ 60 次。

知识哈哈镜

20 世纪中期，美国生物学家海弗里克将细胞放进培养皿（mǐn）中培养，让它们分裂、生长，直到这些细胞铺满整个培养皿。这时，正常细胞就会停止增殖。随后，海弗里克将其中一部分细胞转移到新的培养皿中。经过反复多次实验，海弗里克得出结论：即使培养条件再完美，细胞也不可能无限增殖，而是大概分裂一定次代后就会终止。经研究证实，每种动物的细胞都有自己的分裂“极限”，如海龟的细胞为 90 ~ 125 次，可活 175 年。细胞可分裂代数越多，其生命体的寿命就越长；反之，寿命越短。

细胞寿命的“终结者”：端粒

海弗里克极限告诉我们，细胞经过一定次数的分裂后，就不能再分裂了。以我们人类为例，细胞分裂的次数极限约为 60 次，换算成寿命大约为 120 年。

这个极限就像是一个定时闹钟，到了指定时限闹钟就会响起，细胞就会停止分裂，人类也就逐渐衰老、死亡。

你一定很好奇，这个极限是受什么影响呢？

答案是：端粒。它们位于细胞的染色体末端，就像是帽子一样保护着染色体的两头。细胞每分裂一次，端粒就缩短一截。一旦端粒缩短到极限，细胞将不再分裂。当然，这也意味着细胞的寿命走向终结。

你肯定还会问：难道就不能突破这一极限吗？有人曾大胆设想：如果能防止端粒缩短，难题不就迎刃而解了吗？

想法虽美好，现实却很残酷。

1984 年，科学家们发现了一种能维持端粒长度的酶——端粒酶，这种酶可以把端粒修复延长，有防止衰老和延长寿命的功效。然而，细胞的癌（ái）变也与端粒酶的活性有很大关系。因此，人类的寿命延长之路依然任重道远。

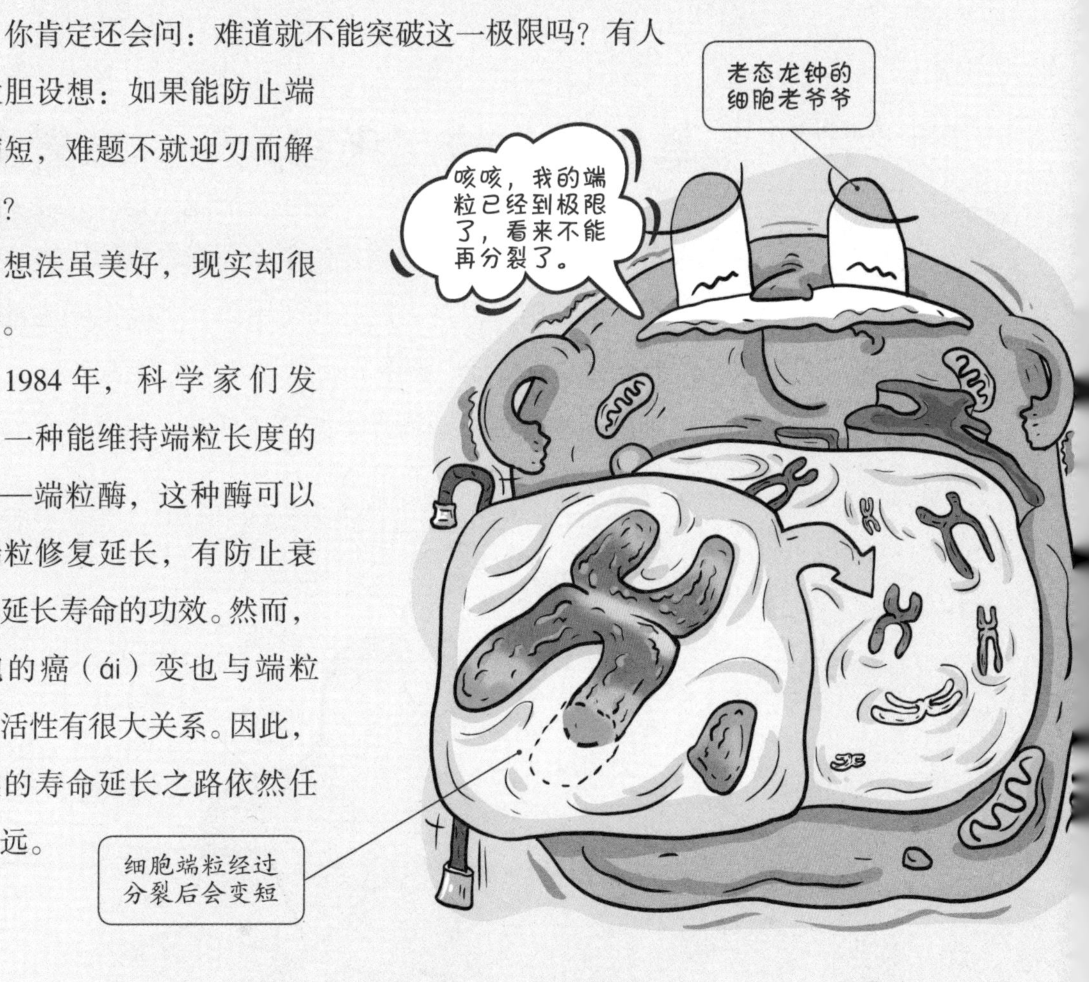

萌萌哒：
单细胞生物好有趣

通常，我们在形容一个人单纯、没脑子的时候，会说：“那个人可真是个单细胞啊！”其实，这种说法不仅对人不礼貌，对单细胞生物来说也是一种很失礼的行为。别看单细胞生物只由一个细胞构成，但它们的世界也是超有趣的呢！

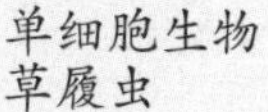

单细胞生物“代言人”：草履虫

顾名思义，单细胞生物就是由单个细胞组成的生物。虽然它们只有一个细胞，但是它们能独自生活，也能很好地完成呼吸、营养、运动、排泄、调节和生殖等多种生命活动。

单细胞生物在整个动物界中算是最低等、最原始的了，第一个单细胞生物出现在距今十分遥远的40亿年前。

结构简单又怎样，它们按照自己的方式生存繁衍（yǎn），在生物王国里独自精彩。

单细胞生物主要分有核单细胞生物和无核单细胞生物两种。如草履虫就堪称有核单细胞生物的“最佳代言人”。

说到草履虫，那可就太有趣啦！

体长只有 180 ~ 300 微米的草履虫，是一种身材娇小的原生动物。它们的寿命可短啦，短到只能用小时来计算，它们的一生只有少得可怜的一天一夜。

你一定好奇，它们为什么叫草履虫呢？

这是因为，它们的形状从平面角度看，像极了一只倒放的草鞋底。它们全身只有一个细胞，身体被一层长有纤毛的膜包围，在水里的活动都靠纤毛来完成。它们身体的一侧长有“嘴巴”——一条凹入的口沟。通过口沟内的纤毛摆动，它们就能将细菌等食物摆进口沟，摄入草履虫体内后供其消化吸收。最后，食物残渣从它们身体后部的胞肛排出体外。

知识哈哈镜

肠内乳酸菌与健康长寿可是有很大关系呢！20 世纪初，生物学家梅契尼可夫在对 30 多个国家人口寿命情况进行统计后发现，位于巴尔干半岛东南部的保加利亚的居民最为长寿。这是因为他们日常生活中经常饮用的酸奶中含有大量乳酸菌，这些乳酸菌定居在人体内，能有效抑制有害菌的生长，减少因肠道内有害菌产生的毒素对整个机体产生的毒害。

你说奇怪不奇怪：眼虫藻

眼虫藻也是一种单细胞生物。不过，这种生物有点儿让人抓狂，因为

它们体内既有能进行光合作用的叶绿体，也有能让它们在水中移动的鞭毛。

说它们是动物，可是动物怎么能进行光合作用呢？说它们是植物，它们却能在水中活动，你说奇怪不奇怪？

对于这种让人傻傻分不清属性的生物，生物学界的权威专家们最终达成一致看法：同时具备动物特征和植物特征的眼虫藻，是由原生动物与绿色藻类在真核细胞中共生导致的。

哈哈！原来眼虫藻是动物和植物的“结合体”啊！

单细胞生物眼虫藻也叫“裸藻”。它们的身体呈长梭形或圆柱形，靠身体前端小凹陷处生出的一条细长鞭毛游动。

这条鞭毛可是“大有玄机”！其秘密就在于，鞭毛基部附近有个叫“眼点”的红色小点，它能吸收光线，和光感受器一起调节鞭毛的运动。

现在，眼虫藻越来越受到大家的关注。因为它们竟然含有 59 种人体所需的营养物质呢！如氨基酸、矿物质、维生素……

更为难得的是，它们还没有一般植物细胞的细胞壁，因此更容易被吸收。此外，眼虫藻细胞中还含有较多的脂质，有很好的易燃性，所以作为生物燃料的前景也十分广阔。

这么说，眼虫藻可是新型能源的“潜力股”呢！

小细胞，大用途

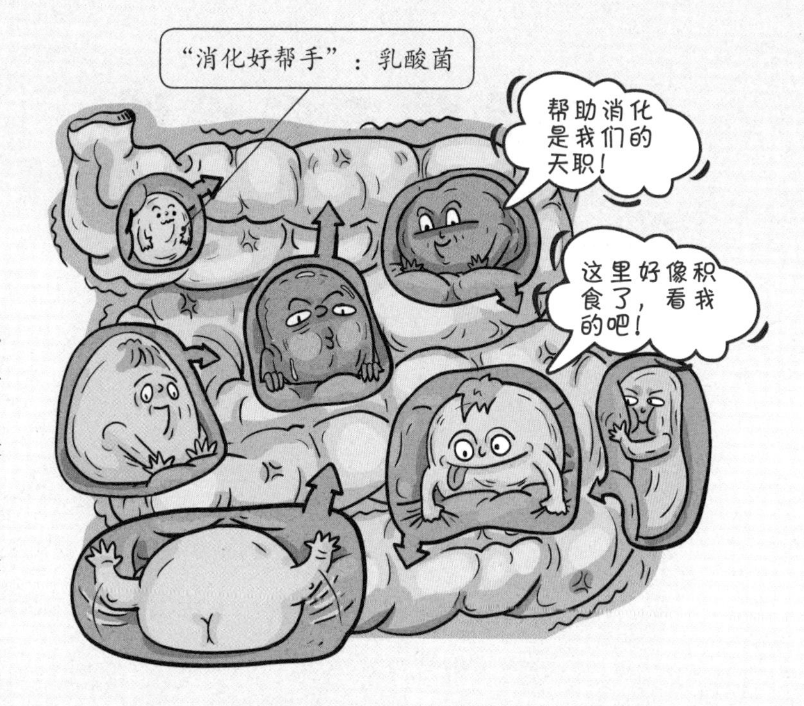

单细胞生物虽然结构简单，但是它们与我们的生活可是密不可分的呢！

小读者是不是喜欢喝酸奶呢？不管是酸奶、泡菜，还是做饭时调味用的豆豉（chǐ），它们的制作都离不开一类生物——乳酸菌。

你一定好奇，乳酸菌和单细胞生物有什么关系呢？

只要能从葡萄糖或乳糖的发酵（jiào）过程中产生乳酸的细菌，都叫乳酸菌。它们的种类可多啦，有 200 多种呢！不过，它们都属于原核生物细菌，因此乳酸菌也属于单细胞生物。

绝大多数乳酸菌对人体有益，只有极少数是人体致病菌。在我们人体中，乳酸菌主要“驻扎”在肠道中，有“消化好帮手”的美名。

它们除了帮助我们消化、吸收食物，还能调节肠道菌群；它们还可以通过淋巴结刺激淋巴细胞，接受刺激的淋巴细胞再通过肠系膜淋巴结循环到血流中，从而调节机体的免疫应答；最后，乳酸菌的产酸作用还可以抑制杂菌的生长繁殖，从而防止肉色变绿和脂肪氧化，保鲜力极佳。现在，乳酸菌广泛应用于发酵肉制品加工中……

对我们有益的单细胞生物能给我们的生活带来便利，但也有一些单细胞生物喜欢“搞破坏”，如赤潮现象。单细胞生物赤潮藻大量繁殖，会遮蔽阳光、消耗水中氧气，使海水呈缺氧状态。如此一来，水里生活的生物就无法享受阳光和呼吸氧气，最后只能死亡。

看不见的五彩缤纷：微生物

在我们身边，有一个几乎看不见的微生物王国。虽然肉眼不可见，但是在放大镜或显微镜下，微生物的一切就无所遁形啦！千万别小看这些“小小小不点儿”，它们是整个生物圈中的重要组成部分，它们的“大胃口”还堪称生物界之最呢！

竞争残酷，生生不息

如果问你这样一个问题：地球上最古老的生命是什么？你能想到吗？正确答案竟然是——微生物。

虽然因生存环境的变化，个体微小的微生物也会大量灭亡，但是在漫长的亿万年间，微生物王国非但看不到丝毫衰败的迹象，反而逐渐发展壮大。这可真是太奇怪啦！面对一次又一次残酷的竞争，这些“小小小不点儿”是怎么立于不败之地的呢？

首先，它们有超厉害的繁殖力。

只需 15 ~ 20 分钟，许多微生物就能繁殖出下一代。只要有足够的物质支持，它们就能做到一个变两个、两个变四个、四个变八个……就这样呈指数进行超快速繁殖。

正因为微生物繁殖速度惊人，所以它们最明显的特点就是数量多、分布广、种类多。即使有一些新生菌因为环境影响和自身作用而死亡，但不妨碍其他微生物生生不息。

其次，它们适应环境的能力也超棒。

无论是在烈日炎炎的沙漠地区，还是在冰天雪地的南北两极；不管是在高耸入云的山巅，还是在深不可测的深海海底，微生物无处不在，简直“无孔不入”。

按对空气的要求，微生物有厌氧型和需氧型。顾名思义，缺氧严重的恶劣环境，反而是厌氧微生物喜欢的“舞台”。对整个微生物王国而言，这又增加了它们生存的机会。

用身体吃东西的“超级大胃王”

除了形体非常小，微生物的结构也十分简单。俗话说：“人不可貌相，海水不可斗量。”这句话用在微生物身上再适合不过啦！

相比小小的身体而言，它们不仅食性极其复杂，胃口也大得离谱。

有的微生物喜欢以动植物的尸体为食，有的则对我们人类的残羹（gēng）剩饭“情有独钟”，有的吃石油，有的吃废书、废纸，还有的只吃空气中的二氧化碳……简直让人大跌眼镜。

有这样的“花式食谱”，完全不用担心它们会饿肚子。

对其他物质的转化、吸收和代谢，微生物总是“雷厉风行”，速度快得惊人。想想看，不管是我们人类还是动物，吃东西都要靠嘴巴才行，食物进入身体后，还要依靠各种消化器官进行消化。微生物吃东西完全不是这样，它们可是用整个身体来吃东西啊！

一个物体被分割得越小，单位体积具有的表面积自然就越大。微生物就是这样，小体积，较大的表面积，它们的整个身体都有吸收营养物质的功能。

只要环境适宜，大肠杆菌每小时能消耗相当于自身重量2000倍的糖。如果以人类每年平均消耗200千克粮食计算，它们一小时消耗的糖相当于一个人500年消耗的粮食。

这“大胃口”——简直无敌啦！

冻在冰层中的
远古微生物

知识哈哈镜

微生物还练就一套独特的对生存有利的本领——休眠。在一定阶段，有的微生物原生质经浓缩后，会形成一层叫“芽孢（bāo）”的厚厚外壁。芽孢有很好的抵抗干燥、高温和化学药剂的能力，甚至一个芽孢能独立存活长达几十年。只要环境、温度等条件适宜，它们就会再次“满血复活”。这种本领在生物界可是绝无仅有的呢！

微生物“叛徒”：要“颜值”，也要“大个子”

我们知道，微生物一般是肉眼不可见的微小生物，要认识、了解个体微小、结构简单的它们，通常需要借助光学显微镜或电子显微镜。

这是不是意味着微生物全是“小小小不点儿”，都不能用肉眼直接观察呢？其实，微生物王国里偶尔也会出现异类，下面这两个就是微生物中的“叛徒”。

1985 年，有人发现了一种生长在红海水域中的热带鱼。深海中发现热带鱼本来不足为奇，但偏偏在它们的小肠管道中发现了外形像雪茄、长约 200 ~ 500 微米的大个儿微生物。这种微生物好像要长成“大个子”似的，最长达到 600 微米，体积是大肠杆菌的 100 万倍之多呢！不需要借助任何显微镜，我们凭肉眼就能看到它们。

已知最大的细菌，是 2004 年由德国生物学家舒尔斯在非洲纳米比亚海岸沉淀物中发现的一种呈球形的细菌。虽然它们生活的环境缺乏氧气，但沉淀物中养分丰富，含有很多硫（liú）化氢（qīng），于是，它们利用硝（xiāo）酸盐将硫氧化以获得能量。这些细菌直径大都有 0.1 ~ 0.3 毫米，最大的可达 0.75 毫米。它们数量极多，因含有微小的硫黄颗粒，所以发出闪耀的白色光芒。特别是它们排列成一行的时候，就像一串璀璨（cuǐ càn）的珍珠项链。后来，舒尔斯便将它们称为“纳米比亚珍珠硫细菌”。

真核生物的“鼻祖”：原核微生物

毫不夸张地说，没有微生物就没有我们现在的美好生活。微生物按细胞结构分类，主要分为原核微生物、真核微生物，以及细菌、病毒、真菌和少数藻类等，它们一起构成了庞大的微生物王国。人类科学史上，原核微生物是已知最古老、最原始、最简单的微生物。甚至可以认为：真核生物的进化也是从原核微生物开始的。这么说来，原核微生物还是真核微生物的“老祖宗”呢！

技能就“要强”：原核微生物的多样性

小读者们一定很想知道，什么是原

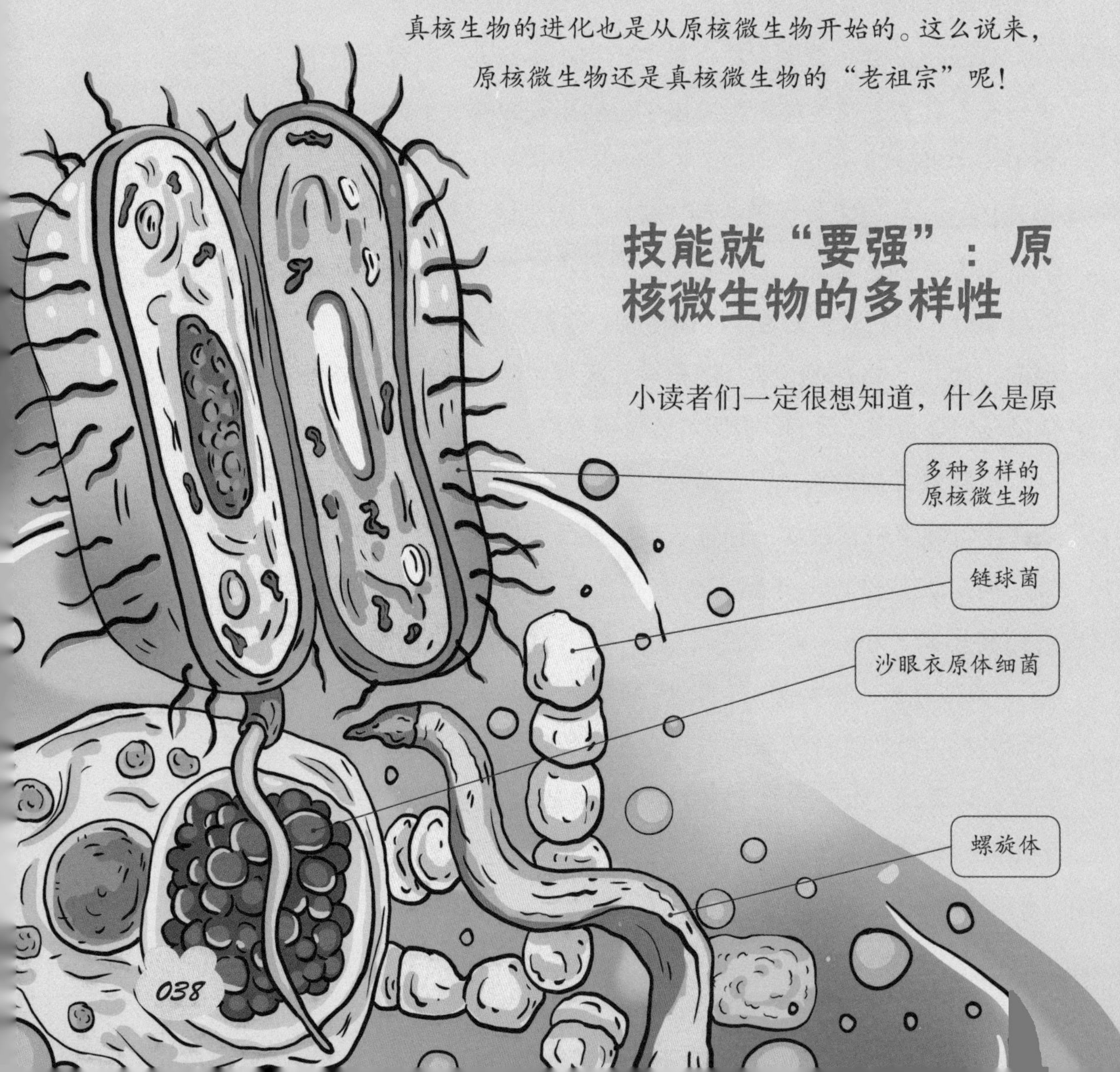

核微生物呢?

原核微生物是一类没有真正意义上的细胞核的单细胞生物，或近似于简单细胞组成的微生物。对于原核微生物来说，核质和细胞质之间没有明显的核膜存在，其染色体由单一核酸组成。

原核微生物的细胞组成不仅简单，而且没有发育完全。因为它们的基因载体没有隔膜，细胞质和细胞核也没什么界限，所以我们又称之为“似核”或“拟核”。

你一定很好奇，它们既发育不全，结构又如此简单，那它们是靠什么本领在残酷的竞争中拥有一席之地的呢?

不管是动物、植物，要想不被大自然淘汰，都得有自己的“撒手锏（jiǎn）”，微生物当然也不例外。

原核微生物也有自己的“专属技能”——多样性。

别看它们简单，但为了适应不同的生态环境，它们各具特色：如细胞形态多样性、生长发育多样性、细胞结构多样性、代谢功能多样性、细胞化学多样性和遗传变异多样性……

也可以说，原核微生物是利用价值极高的一种生物资源。

在原核微生物“队伍”中，古菌、细菌、支原体、衣原体等都是极其重要的成员，正是在它们的不懈努力下，我们的世界才多姿多彩。

最酷的“范儿”：古菌

迄今为止，我们人类发现的最古老、最简单的生命体莫过于古菌了!它们虽然简单，但实力不容小觑，总是以超乎寻常的生命力一次次颠覆我们的认知。

很难想象，大多数古菌喜欢生活在各种极端恶劣的环境中。不管是千里冰封的极地，还是岩浆迸发的火山口，都能见到它们的身影。

古菌的细胞形态千变万化，有球形、螺旋形、耳垂形……有的薄薄的，有的呈扁平状，有的由精确的方角和垂直的边构成直角几何形态……简直太酷了！

代谢物呈多样性的古菌有自养型、异养型和不完全光合作用型。在它们自我生长的过程中，人类还经常利用它们的代谢物呢！如直径 1 微米的甲烷（wán）菌呈不规则的圆球状，它们超级讨厌氧气，喜欢在酸碱度为 6.5 ~ 6.8 之间的环境中生活。它们在生长过程中，能产生对我们人类有用的物质——沼气，这是人类可以开发利用的廉价能源。

不过，有利就有弊。

有一种以盐为生的嗜（shì）盐菌，它们喜欢生活在海水、盐湖等盐度较高的环境中，因此，腌（yān）制菜品的地方就成为它们寄生的首选。有它们存在，菜品更容易坏掉。这可真让人头疼！不过，一旦离开盐度高的环境，它们便会自我解体。

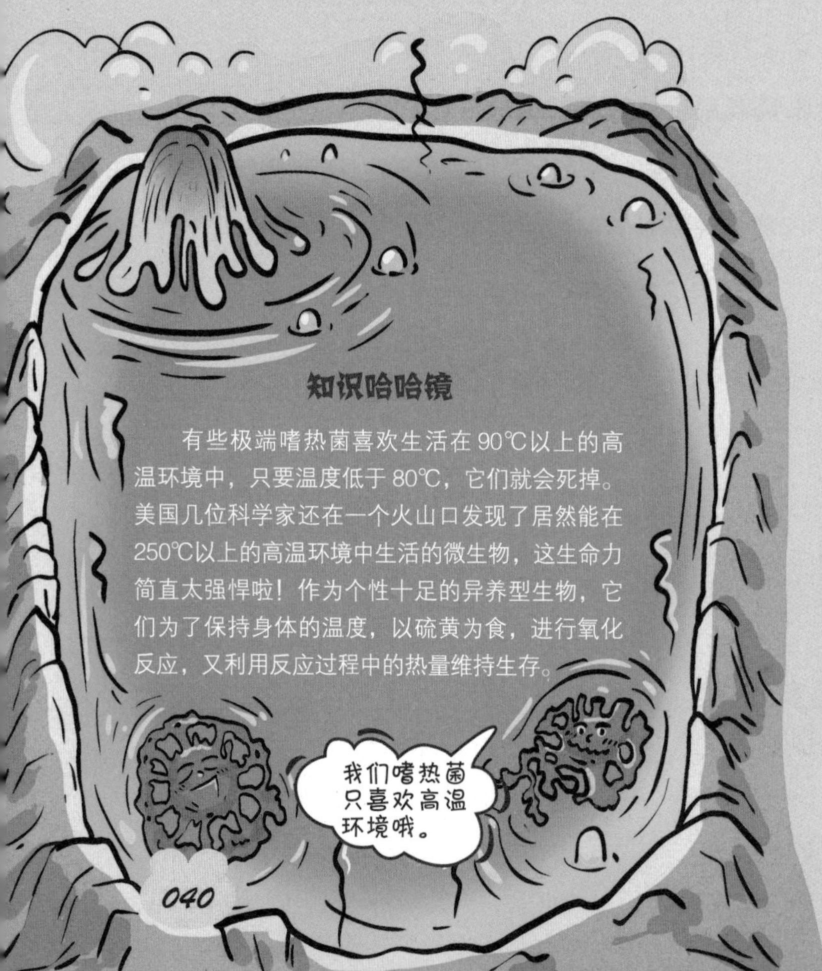

知识哈哈镜

有些极端嗜热菌喜欢生活在 90℃以上的高温环境中，只要温度低于 80℃，它们就会死掉。美国几位科学家还在一个火山口发现了居然能在 250℃以上的高温环境中生活的微生物，这生命力简直太强悍啦！作为个性十足的异养型生物，它们为了保持身体的温度，以硫黄为食，进行氧化反应，又利用反应过程中的热量维持生存。

又爱又恨的存在：细菌的繁殖

将一块肉放在温度较高的地方，只需一两天，肉就会变得黏（nián）黏的，还有怪味儿，这表明肉被细菌“光临”了。再过两三天，整块肉变得臭不可闻，这说明细菌增多了。

原来，和动植物一

样，细菌也能繁殖呢！

在微生物王国里，细菌队伍最庞大、分布最广泛，它们是让人又爱又恨的存在。

在适宜的条件下，大多数细菌繁殖速度很快，每隔 20 ~ 30 分钟便能繁殖一代。个别细菌繁殖速度较慢，如结核分枝杆菌要 18 ~ 20 小时才可分裂一次。如果按照每 20 分钟分裂一次的速度计算，一个细菌经 10 小时繁殖后，可达 10 亿个以上。

小读者一定会问，照这样的繁殖速度，我们的地球很快就会被它们吞没吧？

其实，这种担心是多余的。因为即使在人工提供的最好条件下，细菌的繁殖也很难维持几个小时。在自然情况下，细菌群体不可能有无止境地繁殖的需要，反而会出现很多抑制它们生长繁殖的因素。

当一个细胞分裂成两个新的个体，这些新细胞就会将原来细胞的遗传基因继承下来。球菌分裂生殖后，后代还是球菌；厌氧菌分裂生殖的后代，在有氧条件下还是不能生存；需氧菌的后代也必须有氧才能生活……

说细菌让人又爱又恨，是因为它们的成员“有好有坏”。“好”是指一些细菌对人体有好处或能为人类所用，如大肠杆菌能帮助人体肠道消化食物等。“坏”是指一些病原体细菌能使人患上霍乱、伤寒以及破伤风等疾病，一些细菌的入侵还能导致农作物减产呢！

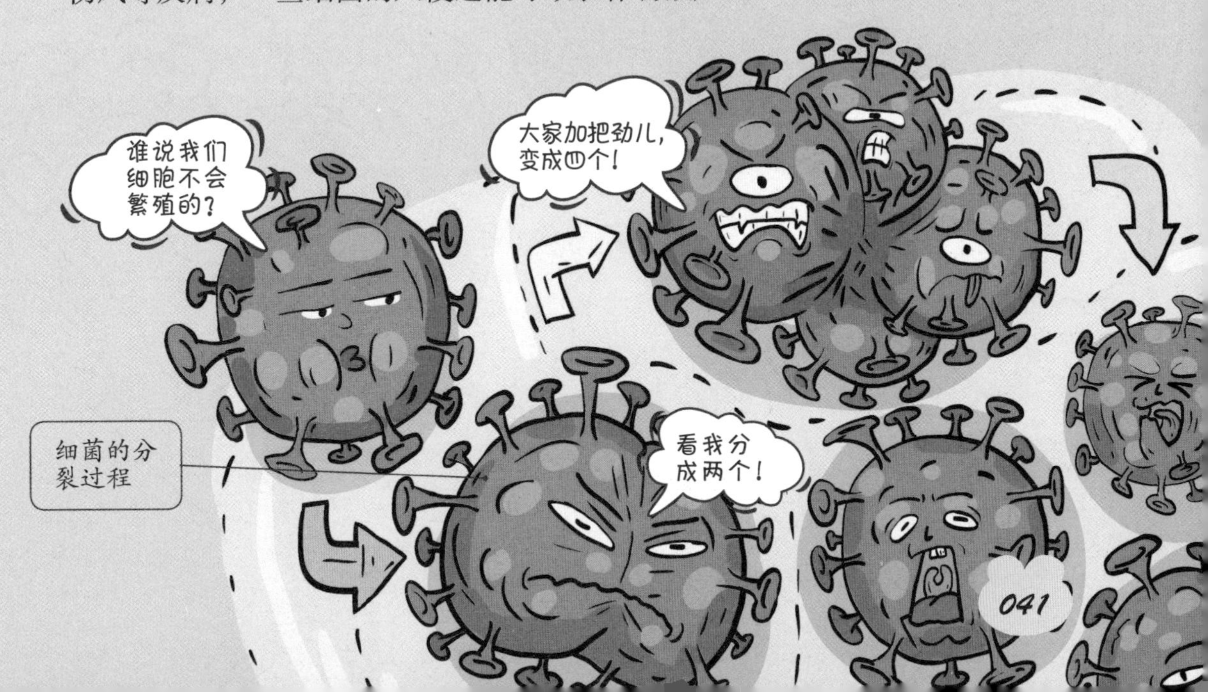

细菌的分裂过程

进化不止，进步不停：
真核微生物

小朋友们喜欢吃香菇吗？别看总是打着一把小伞的香菇不起眼，它们却是有名的菌类食物，高蛋白、低脂肪，还含有多种维生素和氨基酸，营养可丰富啦！在我们身边，不管是香菇、平菇，还是银耳、灵芝，它们都是真菌，是标准的异养型生物。它们自身没有叶绿体，只能通过大量吸收周围的养料才能生长。你知道吗？这些真菌也都是真核微生物呢！

真菌也爱“躲猫猫”

前面我们已经了解了原核微生物，那什么是真核微生物呢?

只要细胞核具有核膜，能够进行有丝分裂，细胞质中有线粒体存在的微小生物，就都是真核微生物。

和原核微生物不一样，真核微生物的细胞核发育完好，核内有核仁和染色质；核膜将细胞核和细胞质分开，两者之间的界限非常明显；能进行有丝分裂，有高度分化的细胞器，如染色体、线粒体等。

真菌、藻类以及原生生物都是真核微生物家族的成员。

真菌主要由霉菌、酵母菌等微生物组成，它们遍布世界各个角落。别看它们分布广泛，但要想见到它们还真不容易呢！这些小家伙们可调皮了，它们最喜欢和我们玩“躲猫猫”的游戏——它们在生长过程中，会出现各种各样的保护色，人们一不留神就会将它们忽略。假如真和它们玩“躲猫猫”，输的一定是我们。

不管是在树枝上，还是在各种腐败物上，真菌都能很好地生长。绝大多数时候，它们与附属物形成一种奇妙的共生关系。

呜呜呜！我们“好可怜”：原生生物

原生生物的细胞内有细胞核和有膜的细胞器，有些原生生物还可以利用光合作用自己制造食物呢！毫无疑问，原生生物比原核细胞更大、更复杂。生物界里至少有 5 万多种原生生物，这队伍堪称“浩浩荡荡”。

根据化石推测，早在 15 亿年前，由原核生物演化而来的原生生物就已存在。原生生物大多为单细胞，所以它们被认为是结构简单的一群真核生物。不过，有些原生生物的细胞也会很复杂啦，虽然个体只是单细胞，但也需要像动植物一样进行新陈代谢。因此，生物学家们才认为：生物演化史上的最大突破是真核生物的出现。

原生生物的体积极其微小，只有在显微镜下我们才能“一睹（dǔ）真容”。它们分布广泛，湖泊、小溪、池塘……只要有水的地方，就有它们的存在。

在一些河流或湖泊的边缘，原生生物的数量极其庞大，静止的水面上还会出现能进行光合作用的浮游原生生物呢！

不过，这群“小可怜”费了好大力气才得到有机物，最后却只能满足其他异养型原生生物的口腹之欲，真是太惨啦！

原生生物长到一定程度，就会长出纤毛或鞭毛，它们像极了推动船只前进的小船桨，专门用来移动位置。

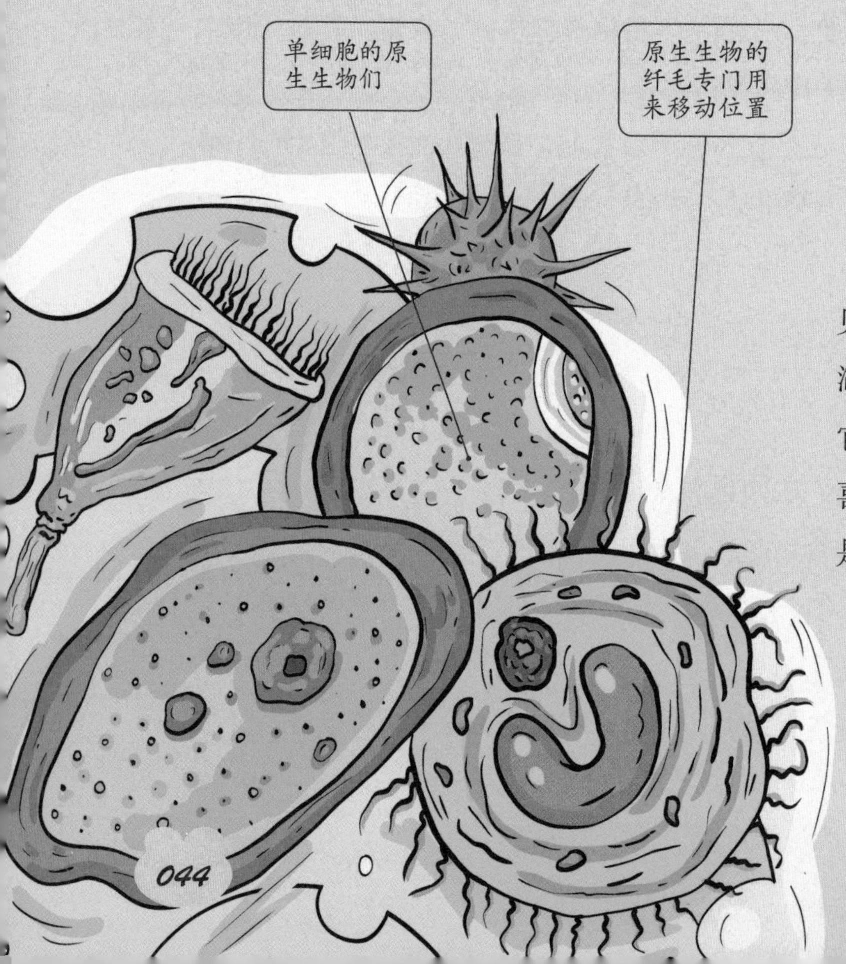

赞！生存能力我最强：藻类

藻类是一种很常见的水生生物，在陆地、湖泊、河流经常能见到它们的身影。我们平时喜欢吃的海带、紫菜也是藻类哦！

藻类极具个性，与原核生物、原生生物不同的是，它们完全自给自足，是纯粹靠光合作用生存的自养型生物。

陆地植物和藻类都是由蓝绿藻演化而来，不过藻类虽然能进行光合作用，但它们却不是植物哦！

千万别不信哦！因为藻类不具备植物最根本的东西，即根、茎、叶以及其他植物所拥有的组织构造。这一点，它们倒是与苔藓植物类似。

尽管不是植物，对藻类来说丝毫不影响它们成为“地球生命力最强战队”的队长。作为生存能力最强的生物之一，它们分布广泛，对环境条件几乎没有要求。即使在光线昏暗、营养低下的深海，在温度极低的南北两极，又或是在积雪的高山、温热的泉水等处，它们都能兀自生长。

应该说，藻类与我们的生活息息相关。

据生物学家介绍，地球上90％的光合作用都由藻类进行；浮游藻类是海洋食物链中至关重要的一环；所有高等水生生物的生存都离不开藻类。更让人难以置信的是，早在史前时代，藻类就已经被用作牲畜的饲料和人类的食物了！

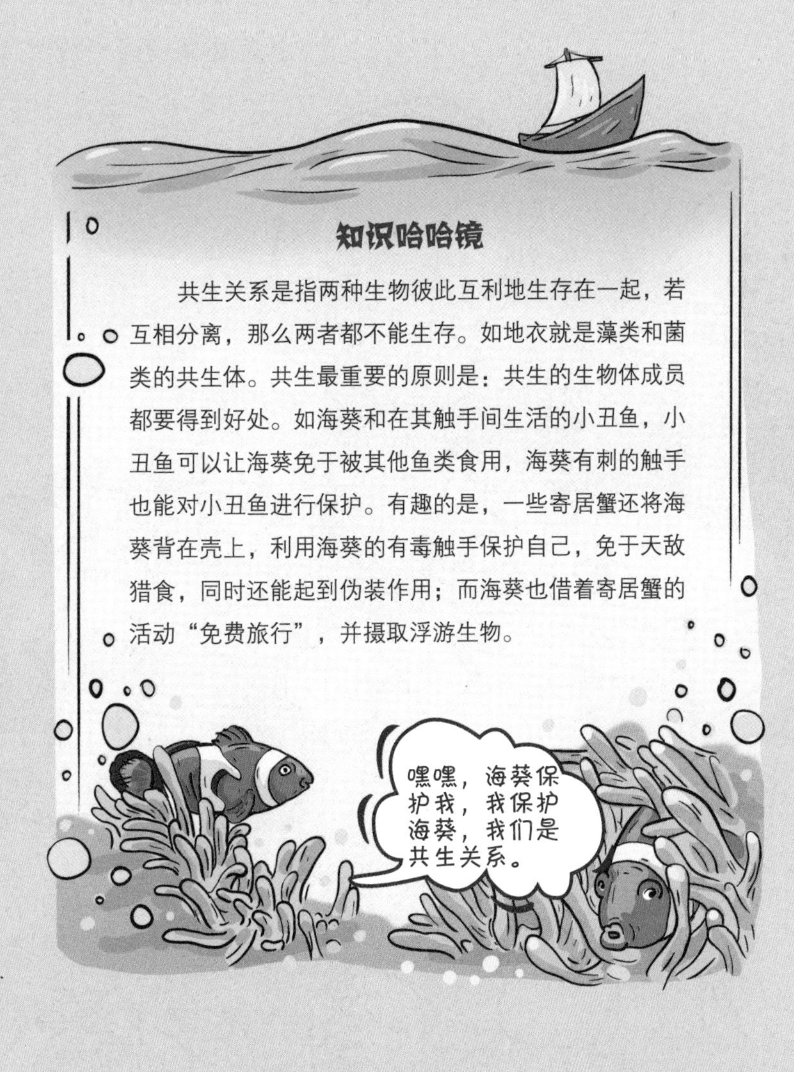

知识哈哈镜

共生关系是指两种生物彼此互利地生存在一起，若互相分离，那么两者都不能生存。如地衣就是藻类和菌类的共生体。共生最重要的原则是：共生的生物体成员都要得到好处。如海葵和在其触手间生活的小丑鱼，小丑鱼可以让海葵免于被其他鱼类食用，海葵有刺的触手也能对小丑鱼进行保护。有趣的是，一些寄居蟹还将海葵背在壳上，利用海葵的有毒触手保护自己，免于天敌猎食，同时还能起到伪装作用；而海葵也借着寄居蟹的活动“免费旅行”，并摄取浮游生物。

警报拉响！微生物入侵

微生物王国的成员千千万万，数不胜数。大多数微生物对我们人类来说都是无害的，不过也有一些对我们危害很大的“暴乱分子”，它们总是蠢蠢欲动，随时准备攻击我们。我们的身体是由几十万亿个细胞组成的，这些细胞像极了一个个“小星球”，微生物入侵者为了抢占细胞，不惜发动一场又一场“星球大战”……

前方高能：病毒“海盗”来袭

我们身体里的每个细胞都有自己的职责，它们尽职尽责地奋斗在工作岗位上：激活肌肉、消化食物、传送氧气……忙得不亦乐乎。

它们的辛勤工作，保证了我们人体各项功能的正常运转。在这些细胞里，还有更小的分子。这些分子对一些微生物入侵者有着“致命诱惑”，因此，入侵者总是与我们争夺细胞，并将细胞中的大量分子偷偷吃掉。

微生物种类各异，最不容易被人察觉、最小的微生物是病毒。作为人类的“敌人”，它们总是神不知鬼不觉地悄悄“潜伏”进我们身体的细胞里。

一开始，小小的病毒并不为人所知，直到电子显微镜发明之后，它们才逐渐进入我们的视线。作为最小的微生物，病毒并没有自己繁殖的“本领”，所以只要成功潜入细胞内部，病毒就像一个个无恶不作的“海盗”，侵占细胞的遗传物质复制模板，利用细胞的养分和酶，复制出成千上万个和自己一模一样的病毒“海盗”。真是太恐怖啦！

病毒“海盗”一旦破开细胞“出世”，就会迫不及待攻占附近的其他细胞。只需很短时间，一支战斗力超强的病毒大军就“集结完毕”。

芝麻，芝麻，请开门：打开细胞之门

病毒大军的实力不容小觑。虽然它们不属于五界（原核生物、原生生物、真菌、植物和动物），只能靠寄生生命体活着，但它们却能感染所有具有细胞结构的生命体。

1899年，荷兰微生物学家马丁乌斯·贝杰林克发现世界范围内第一

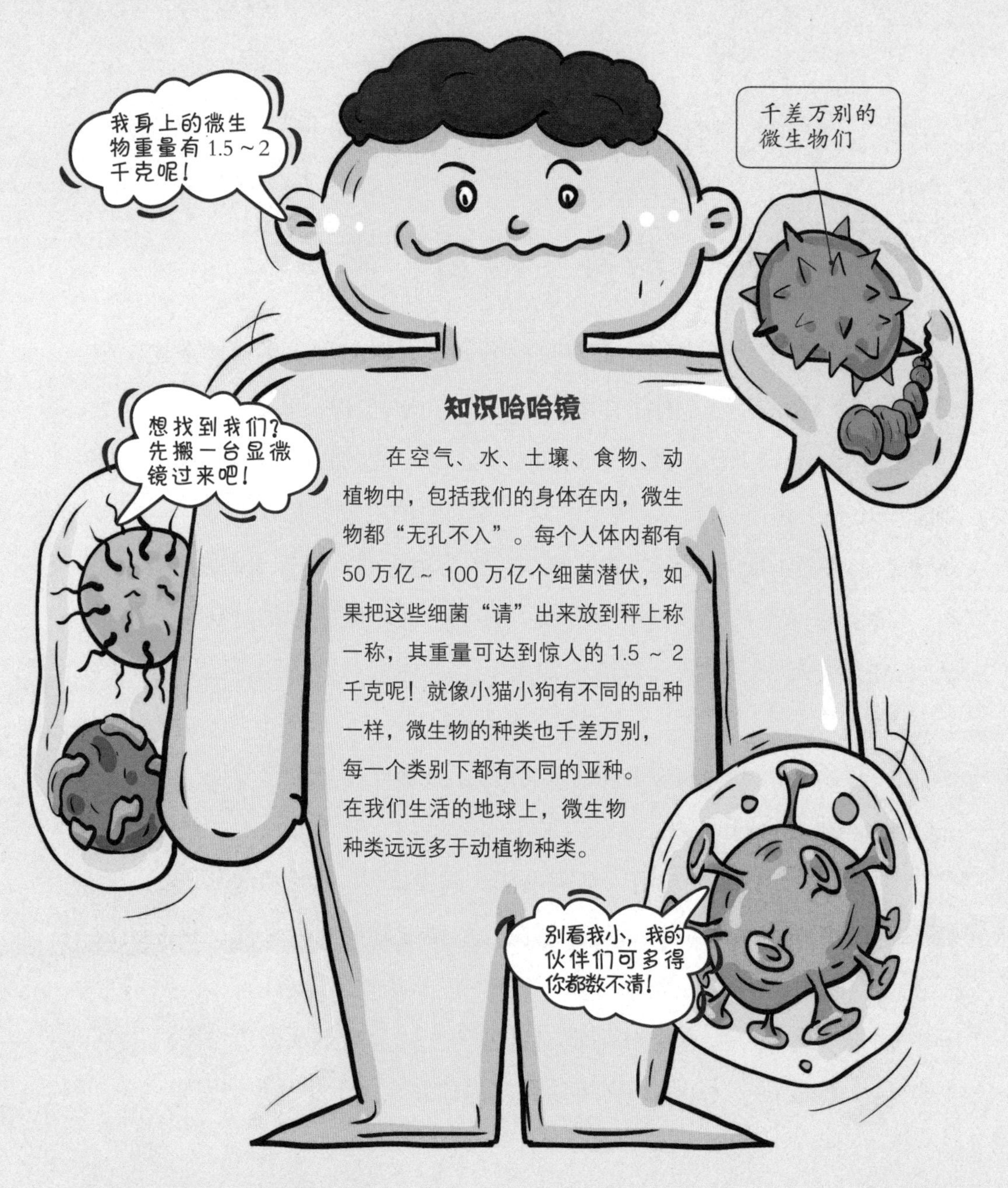

种被定义为“病毒”的微生物——烟草花叶病毒。现在，已经有 10000 多种类型的病毒得到确认。

对人体进行侵犯时，病毒也要经历重重关卡。

小读者还记得《阿里巴巴和四十大盗》的故事吗？故事中的主人公阿里巴巴每次要进入强盗们堆满财宝的山洞，都要说“芝麻，芝麻，请开门”。病毒也和阿里巴巴一样，只有说出正确的口令，找到合适的“门”，它们才能“侵入”细胞内。

我们人体细胞有不同的“门”，有这些“入口”，就能让运送养料的“朋友”畅通无阻，而一些不怀好意的不速之客则会被拒之门外。然而，有些病毒摸清了部分人体细胞的“底细”，便研制出进入这些细胞“入口”的钥匙，它们不仅能顺利进入，还能做到不被细胞察觉。

病毒比较“专一”，它们只入侵自己喜欢的细胞。如能引发狂犬病的丽莎病毒，只对神经细胞情有独钟，鼻病毒只喜欢“待”在鼻子深处……

“百变星君”：怪模怪样的病毒

17 世纪末，当荷兰代尔夫特市政厅看门人安东尼·列文虎克组装完成第一个原始显微镜的时候，他发现了一个全新的微观世界。

随着科技进步，我们在显微镜的帮助下认识了越来越多的

事物。之后，光学显微镜能将物体放大2000倍，但自从电子显微镜问世，这2000倍便显得不足为奇了！

现在，先进的电子显微镜能将微生物放大到自身大小的500万倍呢！如果我们想一睹引发感冒的鼻病毒真容，就需要将它们放大100万倍才能达到目的。很难想象，手掌上的一个病毒就仿佛在整个城市中心放着一颗玻璃弹珠。

借助显微镜，科学家们于1922年发现一种叫“米米病毒”的巨大病毒，它们的个头比其他已知病毒大350倍。2011年，一位法国生物学家又发现一种比它们大得多的病毒——智力巨型病毒。别担心，智力巨型病毒虽然是个“大块头”，但对人类无害。

显微镜下的病毒简直就是名副其实的“百变星君”，形态怪模怪样。

能让人患致命高烧的埃博拉病毒像极了一条小蛇；狂犬病毒仿佛一个子弹头；能让人患致命感冒的H1N1病毒看上去就像一个长满了小刺的球；牛痘病毒不是卵圆形就是菠萝形；由卵圆形的头和一条细长尾巴组成的噬菌体，就像一只小蝌蚪……

病毒“灭亡”记：“发热”背后的秘密

很多小朋友都有发烧的经历，发热时我们不仅虚弱无力，还免不了吃药打针，真是痛苦极啦！但是，你知道吗？发热并不是什么坏事，反而对我们的健康有好处呢！

当病毒侵入我们的身体，“聪明”的身体便让温度升高，从而使病毒的活动能

力大大减弱，如此一来，病毒就无法正常活动了。

当然，我们体内的白细胞也会马不停蹄地赶来，将这些失去活力的病毒一举消灭。体温升高对白细胞战胜病毒也有很大帮助呢！

此外，只要有病毒进入我们的身体，“善解人意”的肝脏首先就会把病毒最需要的食物——铁元素藏起来，没有了食物的病毒哪里还有力气与白细胞战斗呢！最终的结果只能是病毒被白细胞一网打尽。

病毒被杀死后，人体体温会慢慢回到原来的水平。这时，多余的热量会随着汗液排出体外，这也就是我们退热之后更容易出汗的原因。

在身体各个系统天衣无缝的配合下，人类就这样一次又一次地抵御了病毒的侵袭。

“小人儿国”的“居民”爱捣蛋：细菌部队来袭

在我们周围，细菌无处不在。你一定不知道，不管是在棉花糖一般的云层里，还是在厚厚的冰层下，抑或是我们知之甚少的外太空，都有细菌的身影。细菌可比病毒大多啦！细菌一般是单细胞，结构简单。虽然它们的种类有千千万万，但99%以上的细菌对我们人类来说都是无害的。千万别庆幸，因为余下的细菌种类虽少，但它们的破坏力却十分惊人。

华丽丽的逆袭：看门人的伟大发现

瑞典著名化学家诺贝尔曾说过这样一句话：“充满煤烟、灰尘的车厢，是一个‘活动的监狱’，我‘最大的优点’是保护指甲干净。”

他之所以这样说，是因为烟尘和指甲中潜伏着许多致病的病原微生物。现在我们已经有了这样的共识：“喝生水会肚子疼，因为里面有细菌”“养成早晚刷牙的好习惯”“不随地吐痰”“饭前便后洗手”……

这些简单的道理现在虽然妇孺皆知，但在300多年前，就连赫赫有名的英国皇家学会也不见得知道呢！

无孔不入的微生物在我们体内安营扎寨，从我们的鼻孔中自由钻进钻出。可是，由于我们无法用肉眼看见它们，几千年来人类对它们的存在居然一无所知。

你一定很好奇，究竟是谁第一个发现了微生物这个“小人儿国”呢？

他，就是荷兰代尔夫特市政厅的看门人——列文虎克。

看门工作清闲，他便将空余时间全部用来磨镜片。一次，他透过两片透镜观察，惊讶地发现能把微小的东西放大好多倍。于是，他将自己的牙垢放在透镜下观看，惊奇地发现牙垢里竟有许多怪模怪

知识哈哈镜

英国女王听说列文虎克发明显微镜后，曾向他提出请求：希望可以用显微镜亲自看一下那些“小人儿国”居民的风采。对于列文虎克的“逆袭”，很多人不解，也有很多人羡慕，他们紧追不舍，迫切想知道列文虎克成功的秘诀是什么。不料，列文虎克什么话也没说，只是伸出了他的双手——一双因长期磨镜片而布满老茧和裂纹的手！1723年，91岁高龄的列文虎克离世。他在自己的一生中，靠着双手一共制造了491架显微镜！

样的“小人儿国”居民——微生物。

就这样，看门人“华丽丽地逆袭”，他不仅发明了显微镜，还成了第一个发现细菌的人，一举成为微生物学界的“开山鼻祖”。

天生这么“萌”：形态就要不一样

1828 年，细菌一词最早由德国科学家埃伦伯格提出。这个词来源于希腊语，原意为“小棍子”。

19 世纪 60 年代，法国科学家巴斯德指出：细菌不是自然发生的，而是由原来已存在的细菌产生的。据此，著名的“生生论”被提出，还因此发明了沿用至今的“巴氏消毒法”。同时，他意识到，细菌可导致疾病。因贡献卓著，巴斯德还被人们誉为“微生物之父”。

在显微镜下，细菌的大小通常在 1 ~ 10 微米之间。而普通头发丝的直径在 60 ~ 90 微米，这意味着一个 1 微米的细菌比头发丝还要细上 60 倍！这样小的细菌，我们用肉眼是绝对看不见的。

就像爱美的姑娘们不喜欢撞衫一样，这些细菌也要不一样。有的细菌溜溜圆，叫球菌，如尿素小球菌；有的细菌呈圆柱状或杆状，叫杆菌，如枯草芽孢杆菌；有的细菌歪歪扭扭，或软或硬，就叫螺旋菌，如小螺菌；有的聚集成“串”，像一

串串葡萄似的，就叫葡萄球菌；多形性细菌更与众不同，它们甚至能“随心所欲”，让自己的形状改变……

好可怕的“化学武器”：细菌的致病力

细菌无孔不入，广泛存在于空气、土壤和各种水域，或者与其他生物共生。很多细菌还有挑战极限的“癖（pǐ）好”，它们喜欢在一些极端环境中分布，如温泉、放射性废弃物、火山熔岩等处。这类细菌有自己的名字——嗜极生物，如著名的海栖（qī）热袍菌，就是科学家在意大利一座海底火山中发现的。

尽管很多细菌都有自己的名字，但被科学家研究过并命名的种类只占“细菌王国”的一小部分。

如果一种细菌能引发某种疾病，它们就是病原菌。病原菌的致病力主要取决于它们的毒性和侵袭力。如我们经常听到的百日咳杆菌，它们就能分泌出扰乱人体细胞正常运转的有毒物质，甚至让细胞坏死，疼痛、炎症便因此而来。

一些细菌还能生产令人闻之色变的“化学武器”。金黄色的葡萄球菌一旦成功侵入人体，便同时释放出好几种有毒物质，负责人体免疫系统的“卫士”们不仅因此“神经错乱”，更可怕的是，这些“卫士”还会在有毒物质的侵袭下“自相残杀”呢！

细菌“宝宝”诞生记

细菌听起来好像很可怕，但是在久远的30亿年前，也是它们将了无生机的星球变得生机勃勃，适合其他生物居住。有人说，如果没有细菌、真菌等微生物，我们生活的世界将是尸体的海洋。那么，这是危言耸（sǒng）听吗？事实究竟是怎样的呢？

小小的“我”有“大魔力”：从了无生机到生机盎然

在久远的30亿年前，地球上连植物的影子都看不见，是细菌将我们了无生机的星球变成了适合生物生存的地方。

你一定觉得奇怪，毫不起眼的细菌真有这么大魔力吗？

细菌是已知的最古老的生物。作为地球上最早的生命体，它们一刻也不闲着。蓝细菌通过光合作用，时刻忙着将二氧化碳转化为氧气，氧气可是早期生物离开海洋登上陆地的必备条件呢！

很少有人知道，很多细菌还是“旅游爱好者”“运动达人”。这一类细菌可以通过鞭毛进行滑行或改变浮力，来达到“旅行”或“运动”的目的；还有一类螺旋体细菌，因具有类似鞭毛的结构——轴丝，它们运动时，身体便不由自主地呈现扭曲的螺旋形。

和我们一样，细菌的生存也离不开糖和铁等各种食物。同时，细菌也会将所吃的东西消化吸收，再将残留的东西排出来，这些小小的“垃圾”就是它们的代谢物。奇怪的是，偏偏另一些细菌对这些代谢物情有独钟。

正由于这样，大自然才能如此和谐。有的细菌是处在生物链最底层的分解者，有的细菌是生产者或消费者。当然，细菌最主要的角色还是分解者，如果没有它们，我们美丽的星球早被垃圾覆盖了！

冰川下的“长寿细菌”：12万年后的苏醒

微生物王国里，细菌队伍最庞大、分布最广泛。很难想象吧？科学家们竟然在格陵兰岛一座冰川下近3000米深的地方，发现了一种“寿命极长”的细菌。这里的环境真让人不敢恭维：温度可骤降至低于冰点，食物与氧气极度匮乏。那么，这种细菌到底是怎么生存的呢？科学们经过研究后猜测：它们极有可能处于“冬眠”状态，繁殖数量小，只进行简单的新陈代谢与复制。可不管以什么方式生存，它们都在格陵兰岛冰川这种恶劣的环境中活下来了。

为了让“冬眠”的细菌苏醒，科学家们在2℃的环境中对它们进行培养，随后又将其转移到5℃的环境中。令人惊讶的是，这些细菌“宝宝”们不仅重新有了“活力”，而且还很健康呢！

科学家们大胆推测，这种细菌之所以生命力强大，主要因为它们个头小，体表与外界的接触率就大，能更有效地吸收营养。在同一区域，科学家们甚至还发现了另一种生存了大约12万年的耐寒菌。在格陵兰岛这种超低温环境中，细胞或核酸可保存数百万年之久。这种冰冻环境，是对宇宙中其他行星环境的理想模拟。研究这类微生物，人们或许可以了解其他星球可能存在的生命的形式呢！

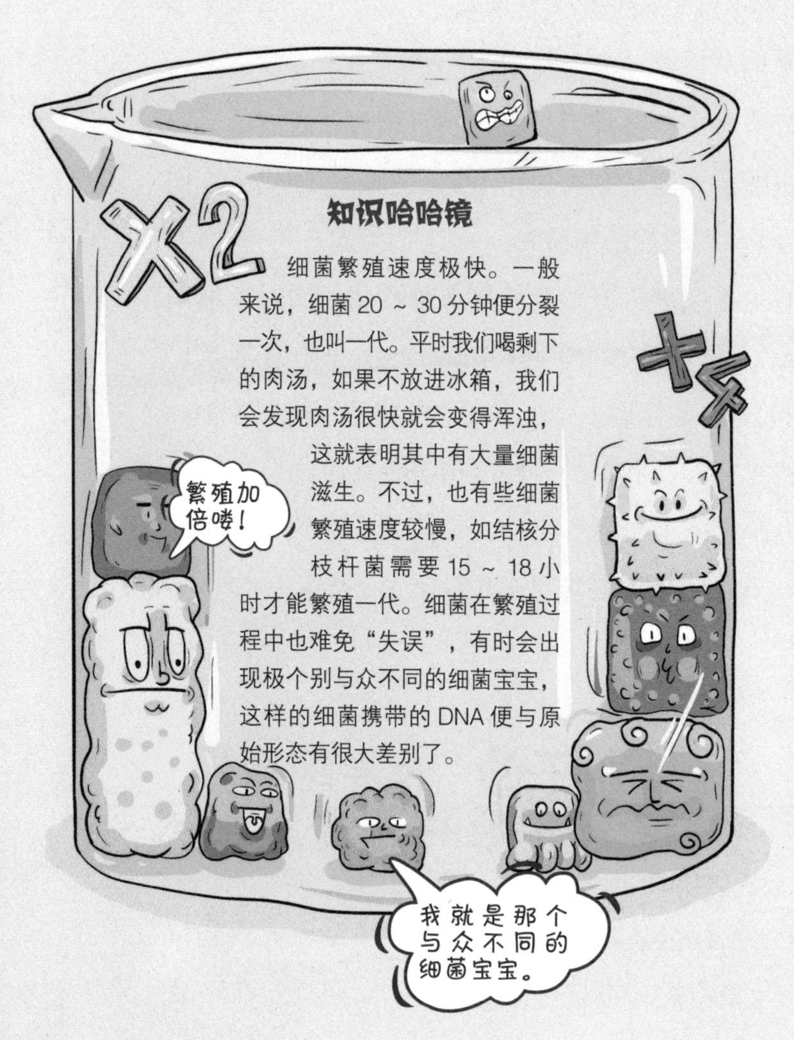

雨水里的“居民”：和细菌“小人儿”零距离

我们知道，列文虎克用自制显微镜看到了牙垢上捣乱的“小人儿”，并因此奠定了他的科学地位。其实，在此之前还有过一段小插曲。

一个下雨天，在阴暗潮湿的屋子摆弄显微镜的列文虎克感到烦闷，便站在窗前眺望落下的雨水。他突发奇想：用显微镜来看看雨水里有什么。当取来一滴雨水在显微镜下观察时，他吃惊地发现雨水竟然“活”了！

原来，显微镜下的雨水就像童话故事中的“小人儿国”一样，有无数奇形怪状的小东西动来动去。之后，他又取出一滴干净的水放在显微镜下观察，结果一无所获。但几天后，干净的水里也有“小人儿”了。

很显然：这些“小人儿”不是从天而降的。

其实，细菌要生存，也需要喝水。不管是家里的厨房还是浴室，我们随时都能与细菌“零距离”接触。它们聚集在水龙头和水管存水弯处，形成一层可以保护它们不被流水冲走的生物被膜。

甚至，我们也能亲眼见到细菌“呼吸”。

将一滴洗手液和一些双氧水倒在水龙头周围，几分钟后，这里就会有很多气泡往外冒，这就是细菌接触这些东西后有氧气生成。毫无疑问，气泡就源于细菌的“呼吸”。想清除这些细菌并不容易，因为它们喜欢水环境，即使用清洁剂将它们清除，很快它们又会“卷土重来”！

在大肠内幸福生
活的大肠杆菌们

一触即发：
“讨厌鬼”大肠杆菌

每到夏天，我们是不是总面临这样的尴尬瞬间：肚子一阵痛，我们佝偻（gōu lóu）着背，抱着肚子一阵风似的跑到卫生间，紧接着，清脆的“稀里哗啦”声响起。真讨厌，刚吃完的零食、水果全变成了便便。到底是谁在我们肚子里捣乱，真恨不得将它除之而后快……

“小恶魔”的乐园：大肠

在人体中，细菌宝宝们最喜欢光顾的地方莫过于大肠了！它们喜欢这里当然不是没有原因的。大肠里不仅有取之不尽、用之不竭的食物和水，而且这里温暖又舒适，简直就是无与伦比的“温暖小窝”。

在这里，细菌们乐此不疲地生存繁衍，不愁吃，不愁喝，过着“人人羡慕”的美好生活。在我们体内生活的细菌大都对身体没有害处，“大肠村”的“村长”——大肠杆菌当然也不例外，它们不仅帮助我们消化食物，还肩负着合成维生素的重任呢！

在大肠杆菌服务的过程中，我们的大肠里也会有“不美好”的东西被制造出来，如散发恶臭的便便和屁屁。

听上去好像对我们没什么危害，可为什么会出现腹泻这么难受的情况呢？引起腹泻的“幕后真凶”难道另有其“人”？

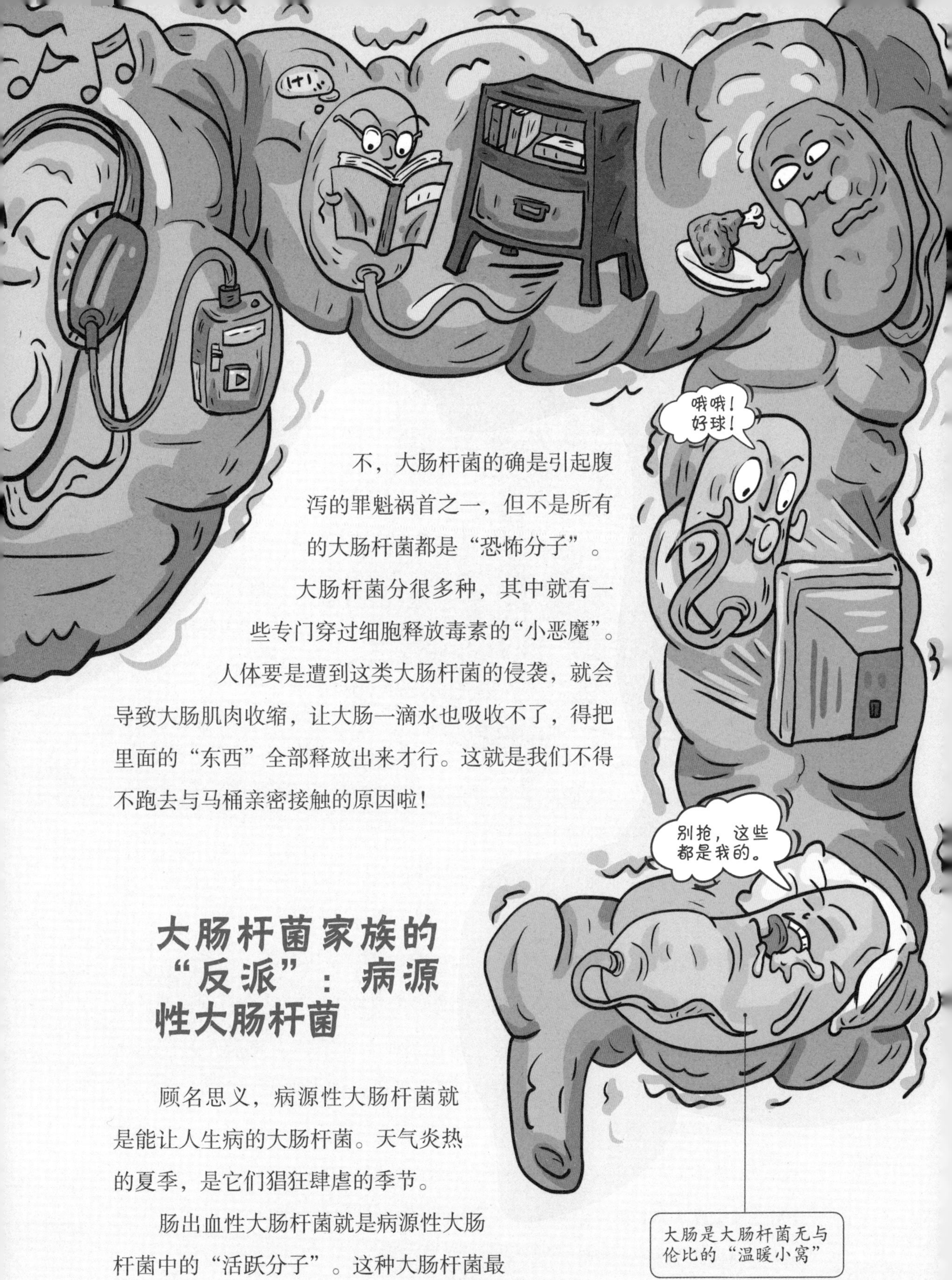

不，大肠杆菌的确是引起腹泻的罪魁祸首之一，但不是所有的大肠杆菌都是“恐怖分子”。

大肠杆菌分很多种，其中就有一些专门穿过细胞释放毒素的“小恶魔”。人体要是遭到这类大肠杆菌的侵袭，就会导致大肠肌肉收缩，让大肠一滴水也吸收不了，得把里面的“东西”全部释放出来才行。这就是我们不得不跑去与马桶亲密接触的原因啦！

大肠杆菌家族的“反派”：病源性大肠杆菌

顾名思义，病源性大肠杆菌就是能让人生病的大肠杆菌。天气炎热的夏季，是它们猖狂肆虐的季节。

肠出血性大肠杆菌就是病源性大肠杆菌中的“活跃分子”。这种大肠杆菌最

可恶，它们不仅能引起腹泻，还能导致血液的流出，让人十分痛苦。

按照释放毒素的不同，肠出血性大肠杆菌也分好几种。其中，最有名的“反派”绝对要数大肠杆菌 O157：H7 啦！

你一定想知道这是什么原因吧？

这些坏家伙平时就喜欢“玩蛰（zhé）伏”，它们无恶不作，偷偷藏身在食物里，牛肉是其最主要的传播载体。一旦被它们的毒素侵袭，我们的身体当然招架不住。

此外，它们也能通过人与人之间的传播带来更大的危害，被称为感染性腹泻。

这类细菌被人们所熟知，源于一起食品安全事故。

1982 年，美国有很多儿童吃完汉堡后觉得肚子不舒服，接着开始腹泻，便便里还掺杂着不少鲜血。这在当时引起了很大恐慌，人们称之为“汉堡病”，肠出血性大肠杆菌也因此进入人们的视野。

“汉堡病”这种病征是因食物污染引起人感染导致的。O157：H7 大肠杆菌有极强的致病力，同时还会破坏人体肠道的正常细胞。据统计，100 个 O157：H7 就可以使人发病，而 1 个被污染的汉堡包牛肉馅里足足含有 1000 个这种细菌呢！

百发百中：大肠杆菌“检察官”

老师是不是经常告诉我们，“任何事情都有两面性，看问题一定要全面，千万不能犯以偏概全的错误”呢？这句话对大肠杆菌同样适用。

面对病源性大肠杆菌的威胁，虽然我们不能彻底消灭它们，但是却能降它们带来的危害——平时尽量不吃“生、冷、硬、剩”的食物，不吃过期食品，定期对餐具、厨具杀菌消毒，养成勤洗手、喝开水的好习惯，就可以有效避免病菌的入侵。

换个角度看问题，大肠杆菌还是测量水和食物污染程度的“检察官”呢！你一定会好奇，“检察官”可都是“正义”的化身，大肠杆菌中的坏分子“坏事做尽”，还配有“检察官”的称号吗？

生活在人体或动物大肠内的大肠杆菌，离开大肠就无法传宗接代。但假如在水或食物中发现大肠杆菌，那只能说明：它们已经被排泄物或其他病源性细菌污染了。

繁殖速度超快的大肠杆菌也是单细胞生物，绝大部分不会引起病变。很久以前，就有人用它们来制造治疗糖尿病的胰岛素。现在，它们作为一种实验材料，应用范围已经越来越广泛。

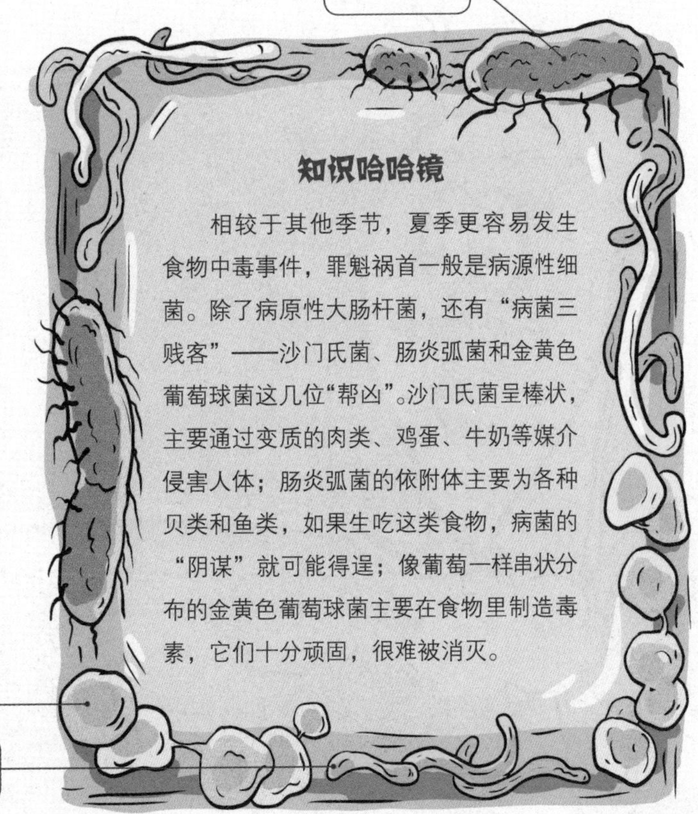

知识哈哈镜

相较于其他季节，夏季更容易发生食物中毒事件，罪魁祸首一般是病源性细菌。除了病原性大肠杆菌，还有“病菌三贱客”——沙门氏菌、肠炎弧菌和金黄色葡萄球菌这几位“帮凶”。沙门氏菌呈棒状，主要通过变质的肉类、鸡蛋、牛奶等媒介侵害人体；肠炎弧菌的依附体主要为各种贝类和鱼类，如果生吃这类食物，病菌的“阴谋”就可能得逞；像葡萄一样串状分布的金黄色葡萄球菌主要在食物里制造毒素，它们十分顽固，很难被消灭。

天哪，好恶心：
潜伏的寄生原虫

寄生虫是个大家族，它们无法独立生存，只能靠从宿主体内获取食物为生。但是你知道吗？一些真核原生生物寄生原虫将我们人体视为最理想的栖息地，通过空气、食物，还有饮用水，它们能轻而易举进入我们的身体，这真的好可怕。呼啦呼啦，鸡皮疙瘩已经冒出来了！

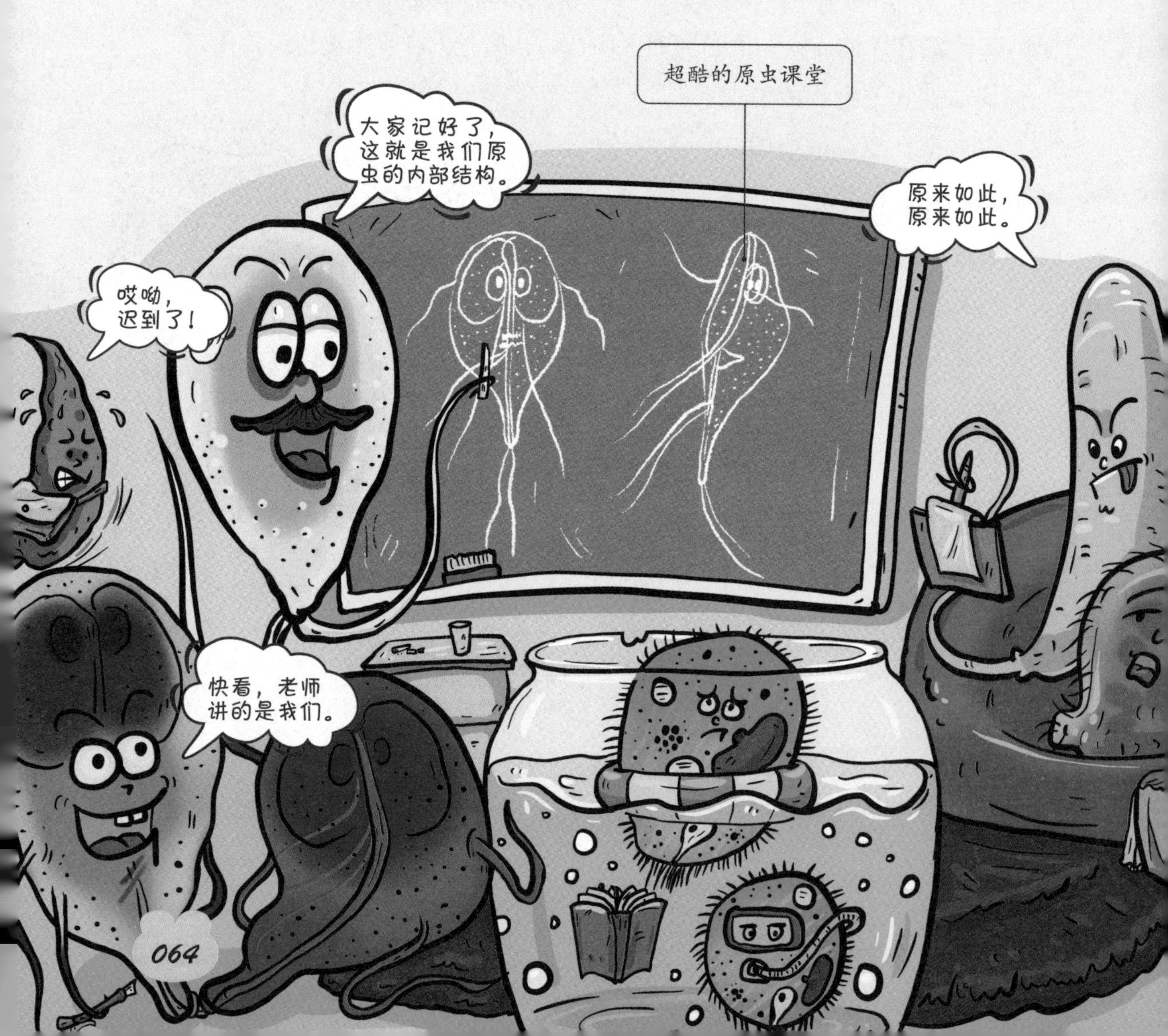

种类繁多的“原虫王国”

虽说寄生虫家族庞大，但它们最微小的“部下”——原虫家族的成员也不容小觑。作为单细胞真核生物，原虫看似微小，却能独立完成生命活动的全部生理功能。

它们不讲究环境，无论在海洋里，还是在各大水域或土壤中，它们都能生活得“舒适又惬意”。世界范围内，原虫种类多达6.5万多种。

你一定很好奇：原虫究竟长什么样呢？

原虫或呈圆形，或呈不规则卵圆形，不一而足。其结构与单个动物细胞结构大体相似。它们的大小不一，有的原虫直径只有少得可怜的2微米；有的却是“大块头”，直径可达200微米。但无论个头大小，它们都由表膜、胞质、胞核三部分组成。

当宿主和原虫相互作用时，表膜相当于“中间人”，起到沟通与阻断的作用，当然，虫体的摄食、运动、排泄等生理活动也都少不了它；胞质则是原虫代谢、营养储存的重要场地；原虫生命的维持、繁殖等重要任务，则由胞核负责完成。

当心：医学原虫入侵

在我们人体各大组织、体液以及细胞内，都潜伏着致病或非致病原虫，这类原虫又称“医学原虫”。

如严重危害我们身体健康的疟原虫，就是导致疟疾的罪魁祸首，全世界很多人都深受其害。这类原虫摄食、运动、防卫时，主要借助运行细胞器。即使不具备细胞器的原虫，它们也自有妙计：利用体表构造，进行滑动或小范围扭转。

对我们人类而言，致病类医学原虫简直是噩梦般的存在。

一旦遭到它们的入侵，身体便会受到极大危害。根据寄生部位的不同，它们所导致的症状千差万别：如肠道原虫，可导致腹泻、腹痛；肌肉原虫，可导致皮肤溃烂、瘙痒、红肿；神经系统原虫，可导致头痛、高热、昏迷；肺部原虫，让我们咳嗽不止、高热不退，甚至痰中还能找到虫体……真是太恶心了！

罕见的“食脑虫”：福氏耐格里阿米巴原虫

酷热的夏天，游泳这项运动绝对是很多人的最爱。但千万小心，游泳也需谨慎。

近年来，美国佛罗里达州就确诊了一起“食脑虫”病例。“食脑虫”即福氏耐格里阿米巴原虫，它们广泛存在于湖泊、温泉、河流、泳池等

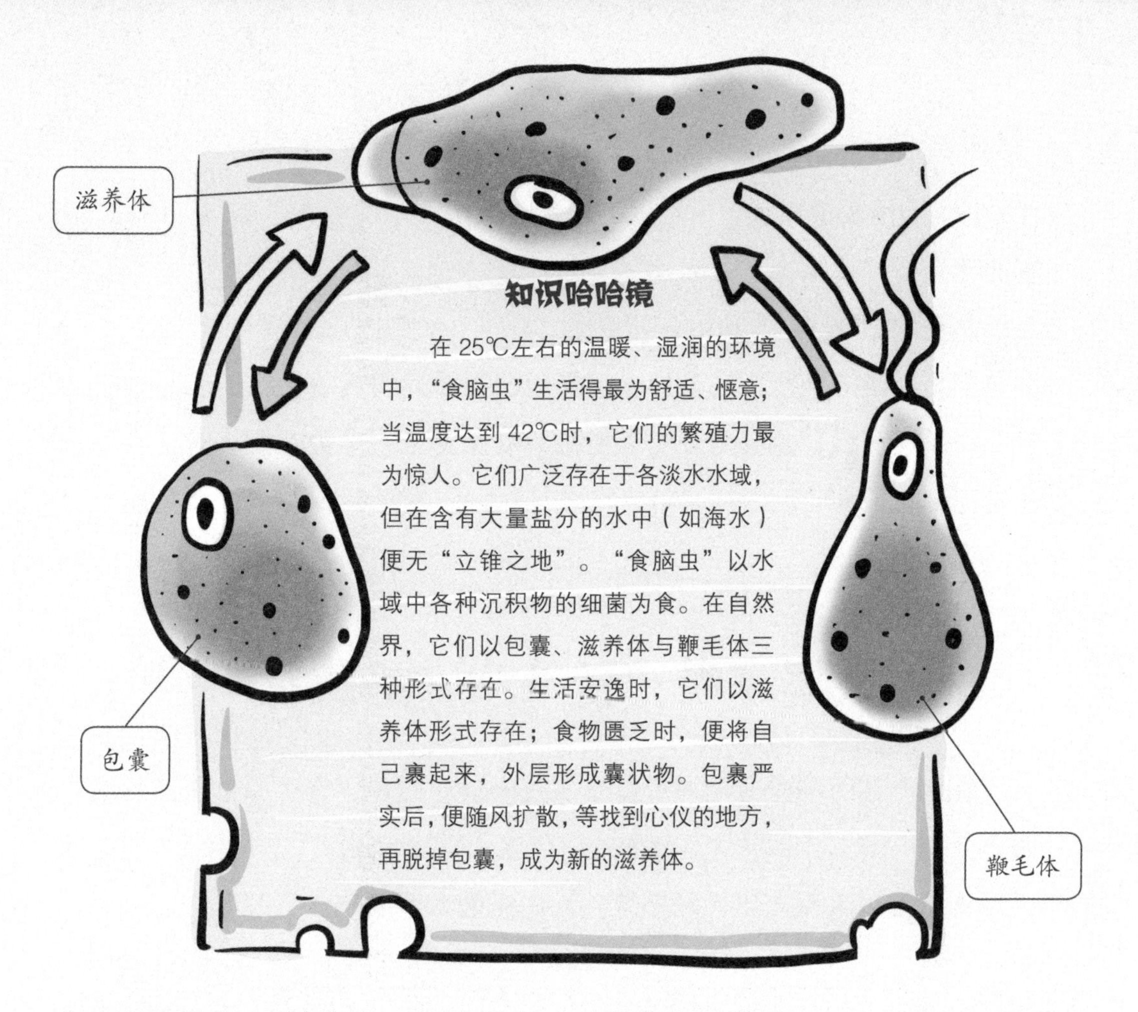

知识哈哈镜

在25℃左右的温暖、湿润的环境中，“食脑虫”生活得最为舒适、惬意；当温度达到42℃时，它们的繁殖力最为惊人。它们广泛存在于各淡水水域，但在含有大量盐分的水中（如海水）便无“立锥之地”。“食脑虫”以水域中各种沉积物的细菌为食。在自然界，它们以包囊、滋养体与鞭毛体三种形式存在。生活安逸时，它们以滋养体形式存在；食物匮乏时，便将自己裹起来，外层形成囊状物。包裹严实后，便随风扩散，等找到心仪的地方，再脱掉包囊，成为新的滋养体。

淡水水体中。它们可以通过鼻腔侵入我们身体，之后一路沿着嗅觉神经进入大脑。一旦它们在我们的大脑中安营扎寨，大脑就会因肿胀导致颅内压升高，颅骨承受不了巨大压力，便迫使大脑和脊髓的连接中断，从而让感染者出现高烧、恶心、呕吐、呼吸困难等症状。

更为可怕的是，人如果被福氏耐格里阿米巴原虫感染后，病情发展极快，一旦得不到及时救治，死亡率高达97%。因此，它们便有了“食脑虫”之称。

从美国2009年到2018年报告的34例“食脑虫”病例中可以发现，多数都是在游泳或玩水时被感染。所以，游泳后若出现头疼、恶心等症状，应及时就医；别随意在野外游泳，要选择正规泳池；游泳时，应尽量避免鼻腔进水……

恶魔大军来袭：传染病，好疯狂

在乌干达等一些非洲国家曾暴发过一种昏睡症，寄生原虫家族的成员之一——锥虫，是导致这种传染病肆意蔓延的元凶。

锥虫通过入侵人体神经系统，让患病的人不断陷入昏睡状态，甚至

永远醒不过来。如不加以治疗，这种传染病的死亡率接近100%。

对人体侵袭时，锥虫也懂得采取“迂回战术”。它们通过一种叫采采蝇的昆虫，就能实现自己罪恶的目的。

一开始，它们在采采蝇的唾液腺（xiàn）里潜伏。当采采蝇叮咬人体时，它们便不失时机地进入人体，在血液中繁殖。可怕的是，人体的免疫系统对它们毫无办法。等它们侵入脑部，被感染的人无法控制地频繁昏睡，直到最后因昏睡而死亡。

除了昏睡症，疟（nüè）疾也是一种高致死率的疾病。其罪魁祸首，是一种只在疟蚊胃里繁殖的名叫恶性疟原虫的寄生虫。

疟原虫雌性个体会在疟蚊的唾液中产卵，人类一旦被这种蚊子叮咬，它们就能将防止血液凝固的唾液注入人体的皮肤，从而达到吸血的目的。与此同时，疟原虫将随疟蚊的唾液进入人体，在红细胞里繁殖。当它们胀破红细胞，人就会高烧不退。虽然成年人有时能战胜疟疾，但对处于成长期的孩子来说，这种病是极其可怕的。

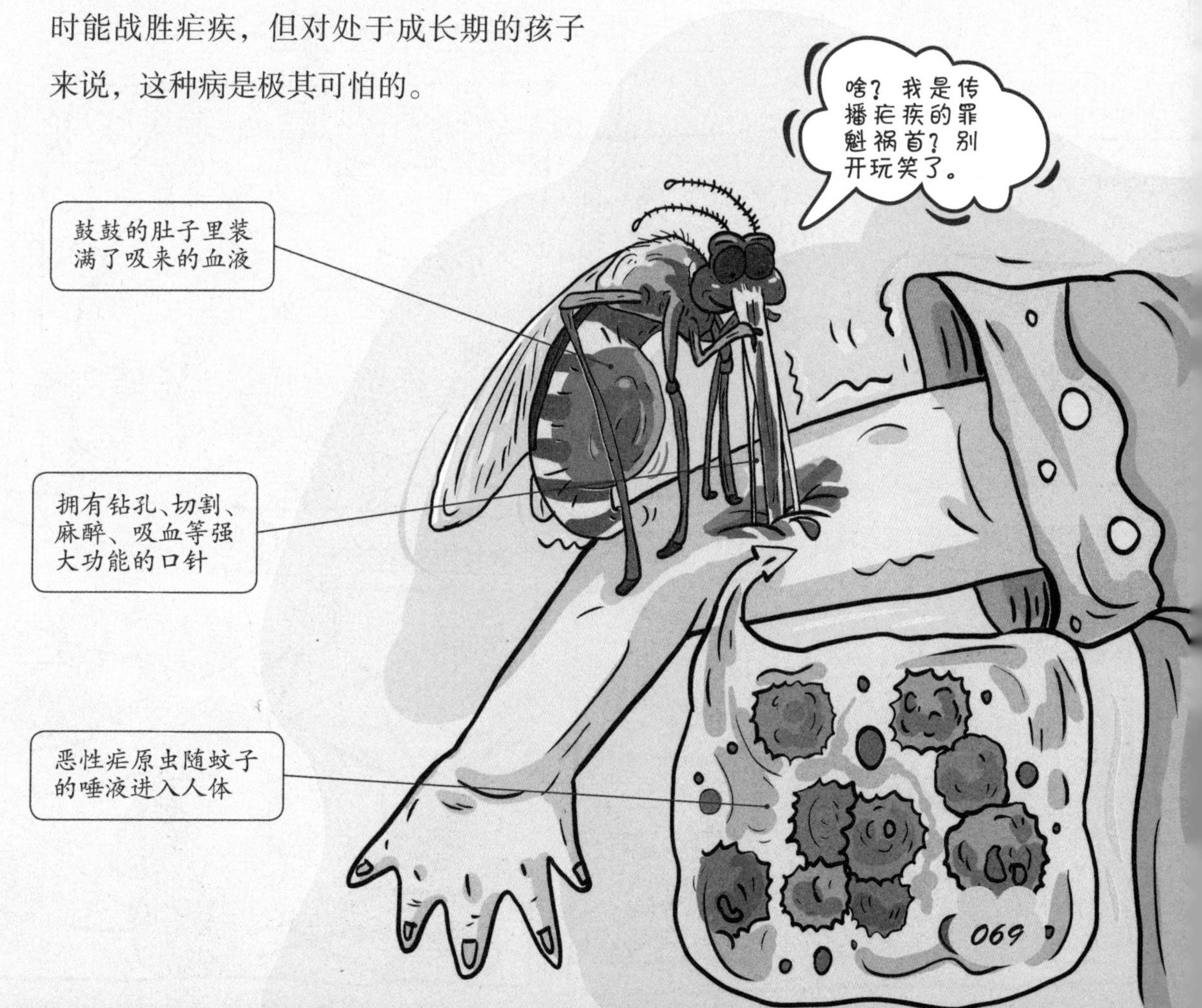

是“小乖乖”还是“小恶魔”？菌儿那些事儿

我们在微生物王国里漫步，会发现在这个五彩缤纷的世界里，细菌这个“小人儿国”绝对算得上“人多势众”。它们娇小玲珑，大约 1000 个细菌一个挨一个地并列起来，其长度也只有一个小米粒那么长。不过，小小的它们不管是“小乖乖”还是“小恶魔”，对我们而言，其影响都是不容忽视的。

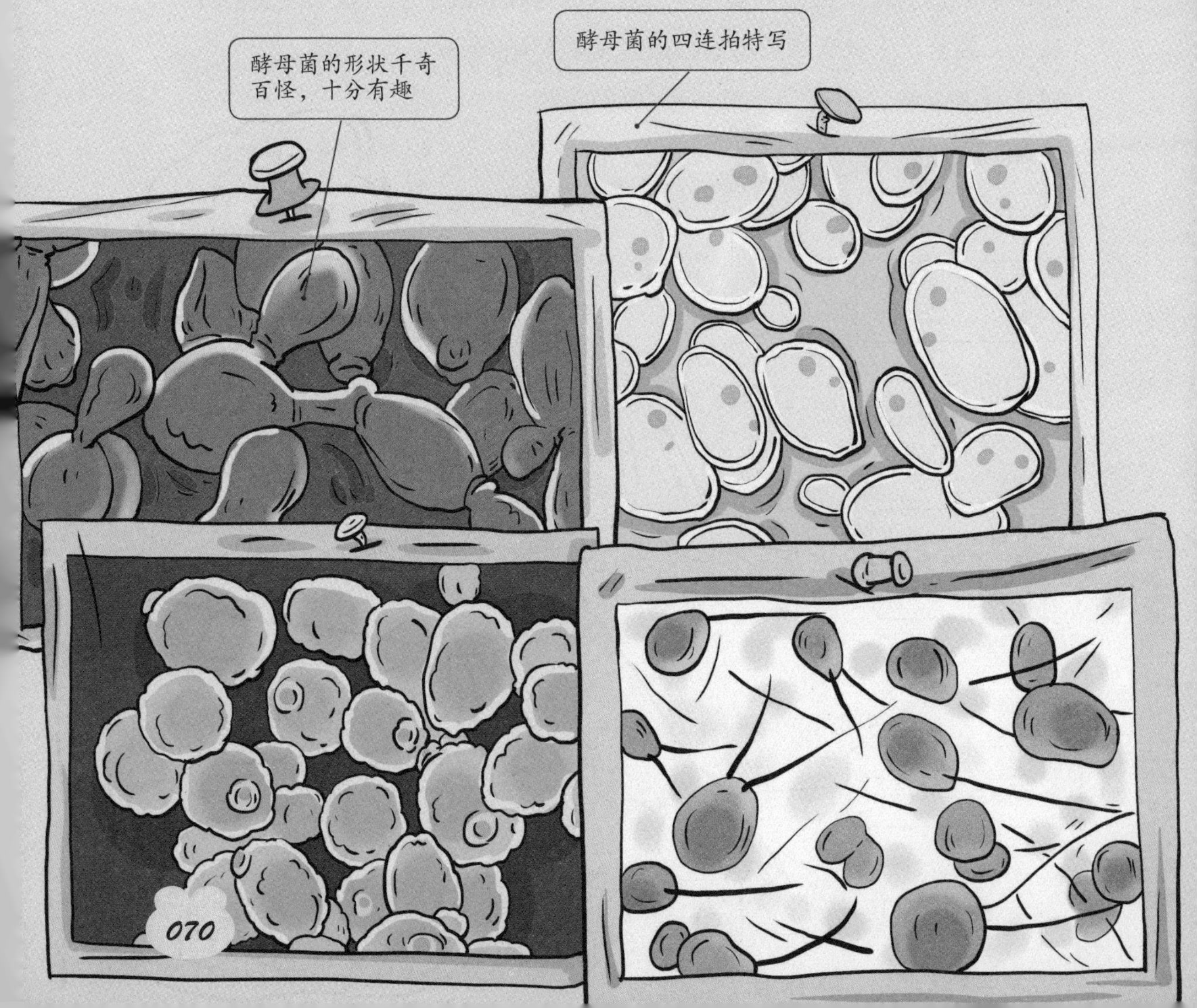

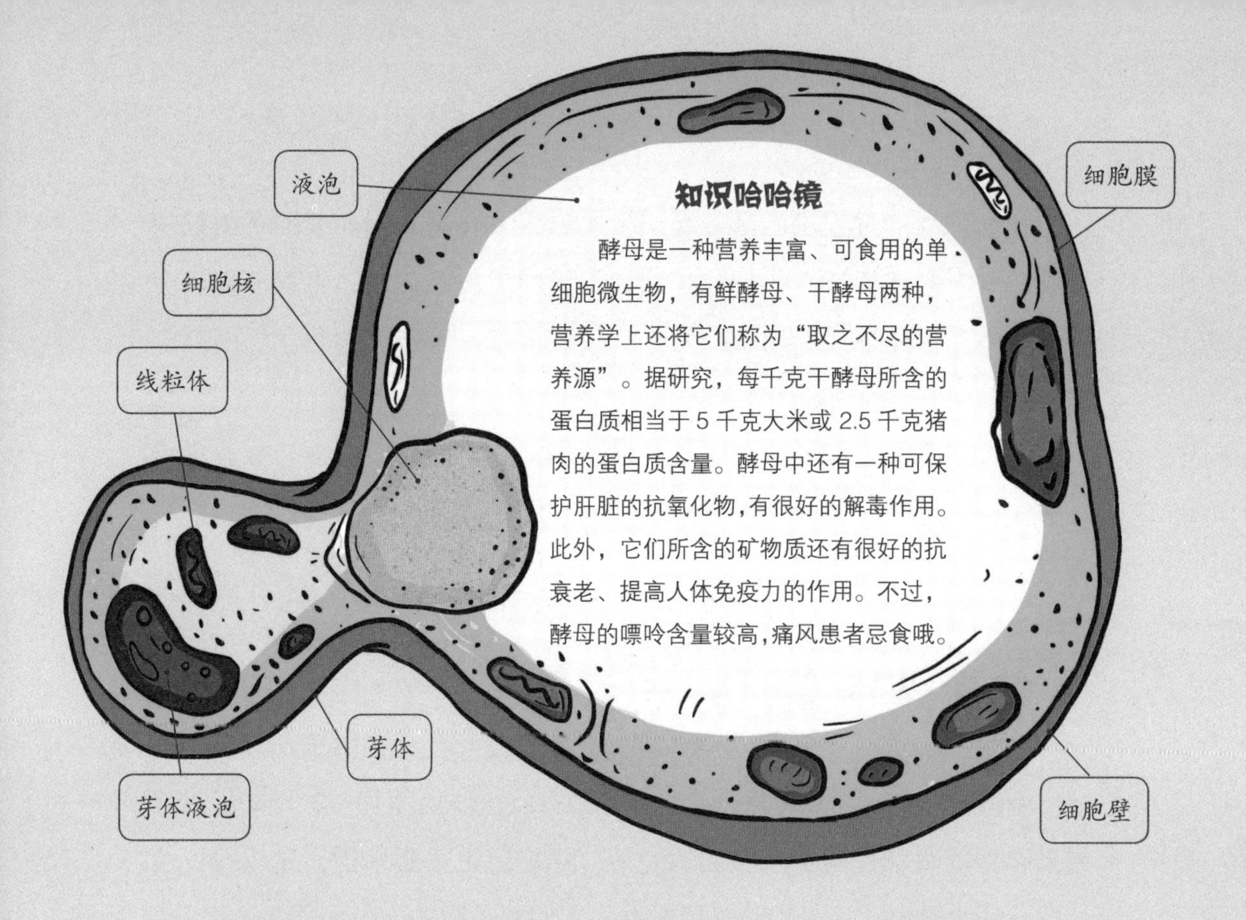

香香馒头的“秘密武器”：酵母菌

哇！松松软软的馒头看上去白白胖胖，味道一定好极了！忍不住咬上一口，满嘴馒头香。小朋友们是不是都喜欢吃妈妈蒸的馒头呢？不只馒头，面包的味道也很棒！

你一定很奇怪，起初明明只是一个小面团，后来怎么会变得那么大？难道妈妈有魔法？其实，不是妈妈有魔法，而是馒头里有一种叫“酵母菌”的秘密武器。

说到酵母菌，它们可是大有来头呢！

早在公元前3000年，人类就已经开始利用酵母来制作发酵产品。到目前为止，已知的酵母菌有1000多种，不管在加工食物还是在酿酒等方面，它们的作用都无可替代。

酵母菌的形态十分有趣，有的像一颗柠檬，有的像腊肠，有的像莲藕，有的像乒乓球……

是不是很好奇，酵母菌为什么有能让馒头变大、变香的“魔力”呢？

在面团发酵过程中，酵母会产生大量二氧化碳，因面筋网状组织的形成，二氧化碳就被“扣押”在网状组织内。如此一来，食物不仅会变得疏松多孔，体积也会增大。另外，又经历了一系列生物化学反应后，食物便散发出一种独特的发酵香味。

虽然小苏打也能发面蒸馒头，但小苏打会将面粉中富含的 B 族维生素破坏掉，这样的馒头营养价值会大打折扣。

健康晴雨表：双歧杆菌

双歧杆菌酸奶、双歧杆菌果汁饮料、双歧三联活菌片……不知何时，越来越多的双歧杆菌走入我们的生活。你一定也很想知道，这双歧杆菌究竟有什么魔力，让人们心甘情愿地为它们买单呢？

原来，双歧杆菌是人体内很重要的一类益生菌。对人类健康而言，它们除了有很好的免疫增强作用，还能改善胃肠道功能，在抗衰老方面也“很有一套”。

人体肠道中有大量微生物聚集，双歧杆菌菌群的状态在一定程度上代表了人体肠道的健康状况。如果肠道内双歧杆菌数量减少，则表明肠道系统可能有麻烦，所以，它们也被亲切地称为“人体健康晴雨表”。

双歧杆菌作用可大啦！它们能抑制人体内的有害细菌，抵抗病原菌的感染，合成人体所需的维生素。最重要的是，它们还有抗肿瘤（liú）、促排便、防便秘、净化肠道环境、分解致癌物质等多种神奇本领。

双歧杆菌“本领”不小，但是随着人的年龄增加，其数量也越来越少。处于母乳喂养期的婴儿肠道内双歧杆菌数量最多，可达肠道总菌数的91%；60岁以上老人的肠道内双歧杆菌数量则微乎其微，甚至没有。这也是老年人肠道健康状况较差的原因之一。

致命毒素：肉毒杆菌

如果说酵母菌和双歧杆菌是细菌家族中的“小乖乖”，那么肉毒杆菌则是名副其实的“小恶魔”。这个小恶魔让人谈之色变，避之不及。

名列世界十大致命细菌之首的肉毒杆菌，是一种生长在缺氧环境下的细菌，在罐头食品和密封腌制食物中有很强的生存能力。它们常在肉类罐头中被发现，所以便有了一个“香肠之毒”的恶名。

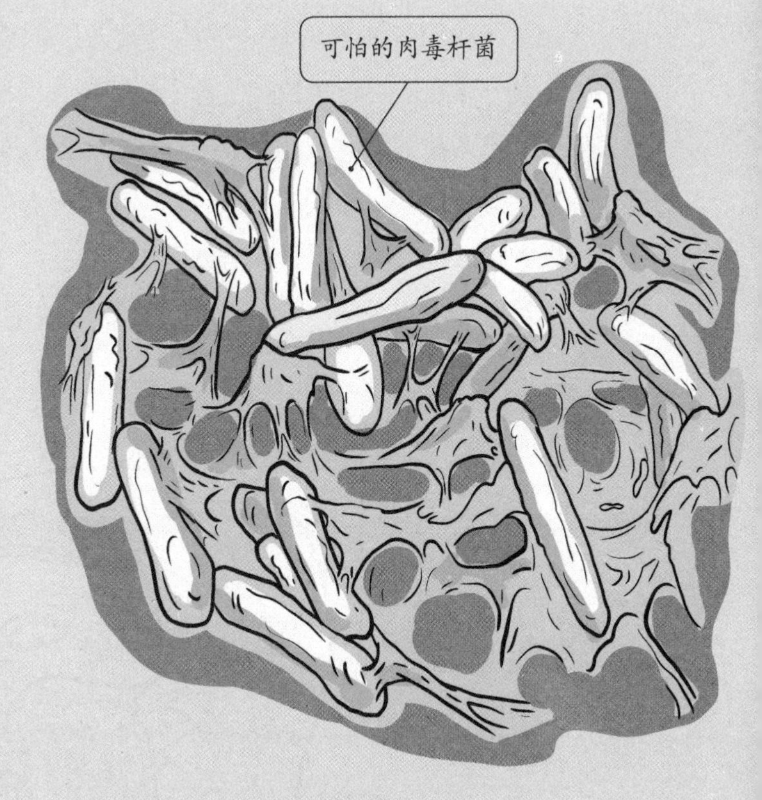

作为一种致命病菌，肉毒杆菌在繁殖过程中会分泌肉毒毒素，这种毒素是已知的最致命物质，曾经被军队用来制造生化武器。据说，1毫克肉毒毒素就能杀死

2 亿只小白鼠，也可让 100 万人死亡，足见其毒性之强。

人一旦吸入这种毒素，神经系统将会受到损伤，并随之出现眼睑（jiǎn）下垂、吞咽困难、呼吸困难和肌肉乏力等症状，严重者还能因呼吸麻痹而死亡！

肉毒杆菌在土壤、江河湖海沉积物以及家畜粪便中广泛存在，在干燥环境中可存活 30 年之久，即使在沸水中也能存活 3 ~ 4 小时。

在对肉毒毒素的结构与功能进行了解后，人们便试图让它们为我们服务。利用肉毒杆菌毒素能让肌肉暂时麻痹的特性，人们研制出通过注射肉毒毒素去除动态皱纹的技术。不过，注射肉毒毒素不仅要对剂量和浓度严格掌控，而且对注射部位也有很高的要求，稍有不慎，后果便不堪设想。

“胃酸，我不怕”：幽门螺杆菌

在我们身体里总有一些坏“菌儿”伺机搞破坏，如呈球状的链球菌就是一种潜伏的致病菌，它们主要隐藏在鼻咽部，并通过喷嚏（tì）、唾液、呼吸和飞沫等壮大自己的队伍。链球菌通过呼吸道进入人体后，会导致急性扁桃体炎、咽颊（jiá）炎，甚至引起气管炎等疾病。一些链球菌还能从伤口侵入人体，从而导致化脓性炎症。

对生长条件十分讲究的幽门螺杆菌更可恨，它们是目前已知的唯

——种可以在人的胃中生存的微生物。

正常情况下，胃壁的安保措施十分完善，能抵御经口而入的千百种微生物的“侵犯”。但幽门螺杆菌好像故意挑衅（xìn）一般，它们不仅能轻易穿透胃黏膜表面的黏液，而且能寄生在胃黏膜组织中，胃酸对它们丝毫不起作用。于是，幽门螺杆菌成为攻破胃壁安保屏障的唯一侵入者。

人们一旦被它们侵入胃部，就会出现反酸、胃痛、烧心、恶心、呕吐等症状，真让人烦不胜烦。但对付它们也不是没有办法，平时只要注意饮食卫生，如不喝生水、彻底清洁果蔬、分餐进食等，就能大大削弱它们的侵害。另外，现在已经有简单有效的治疗方法来杀灭消化道里的幽门螺杆菌。

双歧杆菌
肠杆菌
形状各异、色彩绚丽的细菌们
细菌大本营

就要这么“潮”：有“个性”的细菌

就像我们每个人都是独一无二的，细菌也有自己的个性。有的细菌靠“鳍（qí）”来“旅行”，有的细菌在空气和水流的帮助下“随遇而安”。它们的生活崇尚“极简主义”，找到自己最喜欢的地方就停留下来，通过繁殖建立自己的“殖民地”。但是，这并不影响它们绽放自己的光芒……

就是这么“炫”：细菌颜色多

在显微镜下，细菌有杆状的、螺旋状的、球状的……像极了科幻作品中奇形怪状的外星生物。而且细菌不仅形状各异，“性格”也大不一样，有的喜欢安静，习惯独居一处；有的爱热闹，喜欢聚在一起；更有趣的是，体态灵活的细菌还能像小水母一样适度变形呢！

有些细菌还喜欢穿颜色亮丽的“衣裳”：盐田之所以呈现粉红色，是因为待在盐田里的嗜盐杆菌是粉红色的；能制造氧气的蓝细菌是蓝色或绿色的；紫硫菌则是鲜艳的绛紫色；有的细菌很奇怪，只要一接触血液，就忍不住来次“大变脸”，立即变成黑色；有的细菌则“文艺范儿”十足，它们就像拥有神奇画笔的画家一样，能“变”出来多种颜色，如绿脓杆菌就能分泌出绚丽夺目的黄绿荧光色素或蓝绿色素。

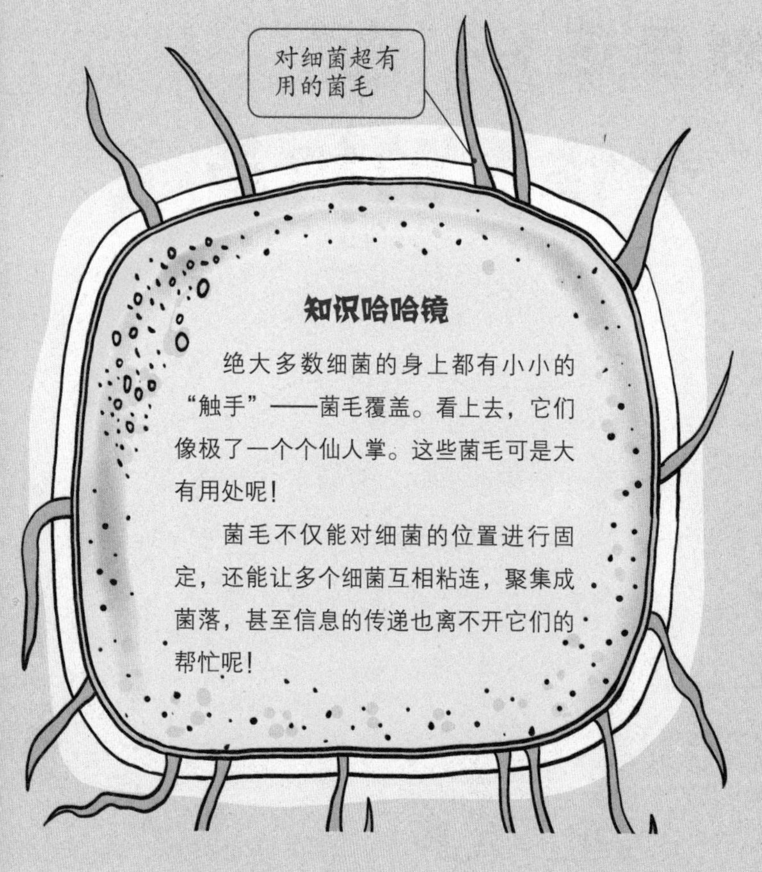

细菌“为难”细菌：好残忍的自相残杀

微生物要生存繁衍，需要以不同的分子为食，对细菌来说，糖和铁元素是它们的最爱。为了四处寻找养分，它们之间甚至经常进行“你死我活”的“斗争”。如隐藏在我们肠道里的细菌就经常“大打出手”。这些“藏起来”的细菌会慢慢享用我们吃下的食物，虽然它们食量很小，但如果有同类和自己抢夺食物，它们便对“入侵者”毫不留情地“咬”上几口。

在微生物世界里，为了生存，自相残杀可不是什么新鲜事儿！

“噗——噗——噗”：细菌也“放屁”

有研究表明：在肠道里聚集的无害细菌，对我们的身体健康发挥着至关重要的作用。因此，这类对人体有益的细菌还得了这样一个名字——正常菌群。

让人啼笑皆非的是，一些细菌对自己生活环境的选择十分慎重，它们会按照自己的喜好选择宿主。所以，我们往往能在那些身体健康、身材苗条的人体内发现更多正常菌群，而在糖尿病患者或肥胖者的体内却较少见到它们。看来，不仅女生以瘦为美，就连细菌也不例外。

美国加利福尼亚州的研究人员证实：有些细菌不满足于“坐享其成”，为了吃到自己想吃的东西，它们甚至能对我们的食谱进行“篡（cuàn）改”，让我们按照它们的意愿选择食物。

小读者一定很好奇，要做到这一点，难不成这些细菌有“通天”的本领吗?

“通天”的本领可能没有，但在我们吃下它们也喜欢吃的食物时，这些细菌就会释放出让我们的大脑感到快乐的信号。在这样的刺激下，我们就会不由自主地再次选择这种食物了！

令人捧腹大笑的是，一些细菌从我们皮肤上的汗液中吸取养分，随后它们便将之转化为一种气体释放出去。简单来说，就是细菌“放屁”了！

当我们大汗淋漓时，身体会散发出难闻的汗臭味儿，这就是因为细菌也“放屁”呢！

细菌界的爱因斯坦：细菌智商高

你一定很好奇，微生物并不像我们人类一样有大脑，它们不过是一个细胞罢了。既然如此，我们又怎么知道它们究竟是不是聪明的“小人儿”呢？其实，微生物的聪明之处就体现在它们也遵循进化论，只有不断与环境相适应的微生物，才能更好地生存繁衍。不过，对于细菌来说，并不是所有细菌都有高智商，它们中有“细菌界的爱因斯坦”，也有“不开窍”的“笨小孩”……

细菌界的“短跑名将”

小小的细菌有很好的适应力，它们懂得对周围形势进行分析，即使身处的环境不利于生存，它们也总能找到办法扩充领地存活下来。

一些细菌长有鞭毛，鞭毛就像蝌蚪的尾巴一样，细菌在鞭毛的推动下前行。有的鞭毛长长的，集中长在细菌的一侧，像螺旋桨一样推动它们旋转向前。借助鞭毛“螺旋桨”，只需短短一秒时间，蛭（zhì）弧菌就能跨越自身长度100倍的距离，这就好比一名身高1.2米的小孩跑出每秒120米的速度，堪称细菌界的“短跑名将”。

团结才是硬道理：细菌“人多”力量大

“一根筷子轻轻被折断，十根筷子牢牢抱成团。”这句话很好地说明，一个人单枪匹马很容易遭受挫败，但大家团结起来结果就不一样了！

微生物王国里的细菌也深谙（ān）此道。因为都是从最初一个细菌分裂而来，这些兄弟姐妹便用自己的方式传递信息，它们聚集在一起，用团结的力量对抗风风雨雨……

一些生物学家通过观察细菌菌群的活动，来测试它们的智力水平。习惯群居的细菌常常建立起一片又一片相互粘连的大菌落。为了保护“领地”安全，它们便制造出有黏性的、厚实的生物膜。其中，还有一些大无畏者，为了把活命的机会留给别人，不惜自我牺牲。

作为同在一个菌群的细菌成员，它们有很强的组织性、纪律性。根据周围温度的变化或者环境是否有毒，它们会做出相应决策，以应对可能发生的危险。

它们之间的交流可有趣啦！

依靠独特的化学语言，它们就能沟通交流。它们一旦想传达某种信息，就会制造出种类各异的化学分子。遇到危险，它们就会发出“此处有毒，请勿靠近”的警告；遇到可口的食物，它们便告诉同伴们“这里有好多美食”；食物短缺，它们就发出“停止繁殖”的提醒……

好酷，好酷：细菌界也有“天才”

小读者一定很疑惑：细菌不就是一类单细胞生物嘛，它们也配得上“高智商”这样高大上的头衔吗？

并不是所有细菌都是“高智商人才”。例如，能引起结核病的结核

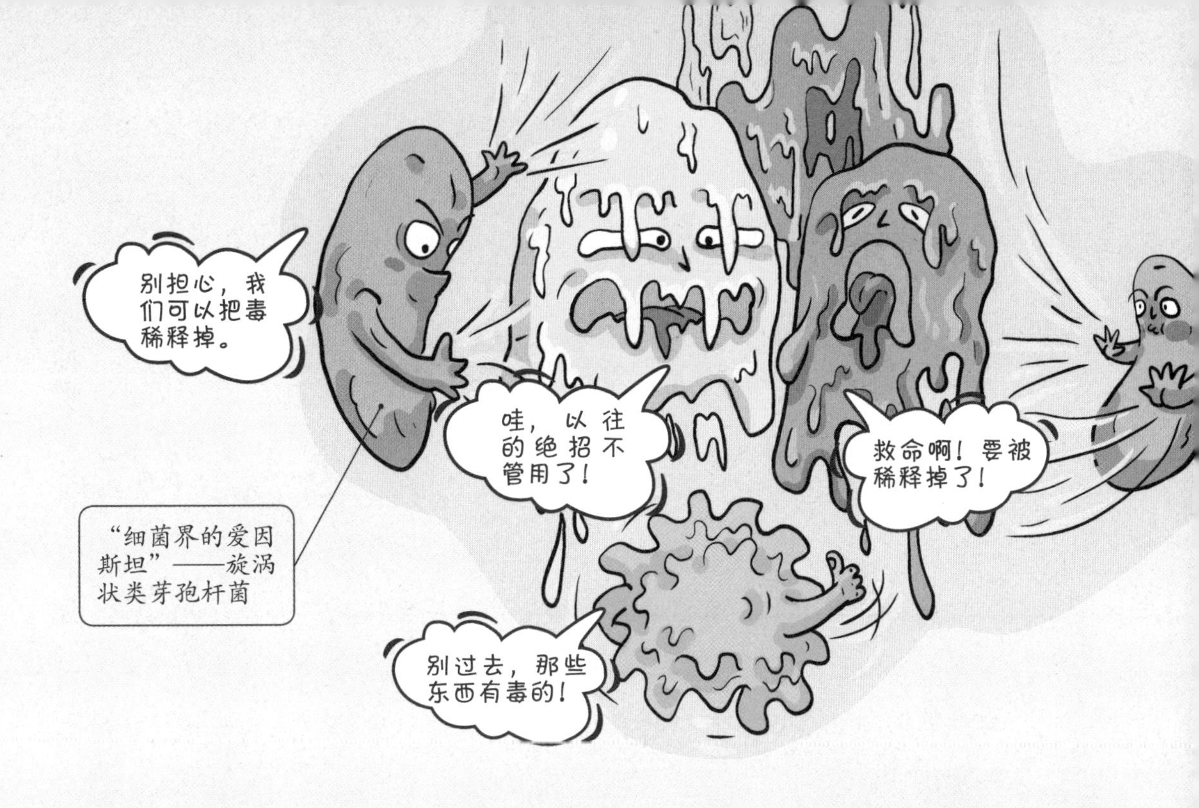

分枝杆菌就是“笨小孩”。相反，看似“人畜无害”的旋涡状类芽孢杆菌却“诡计多端”。这类细菌不仅“沟通能力”极强，而且还能对妨碍它们的有毒因子进行稀释。因此，它们便有了“细菌界的爱因斯坦”的“美名”。

在人类与细菌的博弈中，谁能笑到最后还真不好说。

细菌有互换 DNA 的本领，它们通过小管道彼此相连，在向对方插入各自的 DNA 序列碎片后，只要有谁需要一项新技能，拥有这项技能的细菌便向它们植入这种序列碎片。因此，这些细菌便有了抵抗抗生素的本领。

1928 年，弗莱明首次发现青霉素。但青霉素在防治病原细菌感染的同时，其使用效果也越来越差，原因就在于病原细菌进化出的耐药本领越来越强。

科学家们曾报道过一种超级细菌，它们几乎能抵抗所有抗生素。研究表明：人类要研发一种临床可用的抗生素需要 10 年之久，但细菌只需短短两周左右的时间，就能进化出对付抗生素的耐药性。

看到这里，我们也只能佩服细菌的“高智商”了！

打响保卫战：细菌战略花样多

一般军队作战，有进攻就有防守，细菌部队也不例外。对人体进行侵犯时，细菌部队的进攻策略各式各样：它们或穿盔甲，或武力爆破……可谓花样百出。面对它们的疯狂进攻，人体正常菌群也只好将战略战术一次次升级。

打铁还需自身硬：细菌的“防弹背心”

我们要想更好地应对激烈的社会竞争，最好的办法莫过于努力学习，

用知识武装头脑。对细菌来说，它们为了保护自己，防范被人体的免疫大军“剿（jiǎo）灭”，也需要努力武装自己。于是，它们便通过制作“盔甲”“防弹背心”等方式，来保证自己不被吞噬。

很多细菌都懂得“靠什么都不如靠自己”的道理。

除了细胞膜，它们用糖类和脂类为自己制造一个与胶囊很相似的壳。大多数时候，它们都躲在壳内。千万别小看这个壳，它好像盔甲一样，能很好地帮助细菌在干旱、高温、寒冷等恶劣环境中生存。

金黄色葡萄球菌最可恶，只要被它们看中，它们便用受害者的血液来为自己建造抗免疫避难所。通过释放一种物质，它们周围的血浆就会逐渐变得浓稠直至凝固，当血液凝固成厚厚的“铜墙铁壁”，免疫系统的“士兵们”便对它们束手无策。它们在避难所里高枕无忧，肆无忌惮地“吃吃喝喝”、繁殖，我们也因此而生病。

“道高一尺，魔高一丈”：细菌的“易容术”

为了成功躲过免疫系统的“围追堵截”，一些细菌练就了一身炉火纯青的“易容术”。

有些狡猾的细菌会穿上一层我们人类细胞的外衣。有了这样的伪装，免疫系统里并不聪明的巨噬细胞就很难发现它们的庐山真面目。不过，它们也得意不了多久，因为很快就会有其他眼尖的卫兵将它们识别出来。

一旦这些危险细菌的真实身份被识破，免疫系统就赶紧制定“应急措施”——制

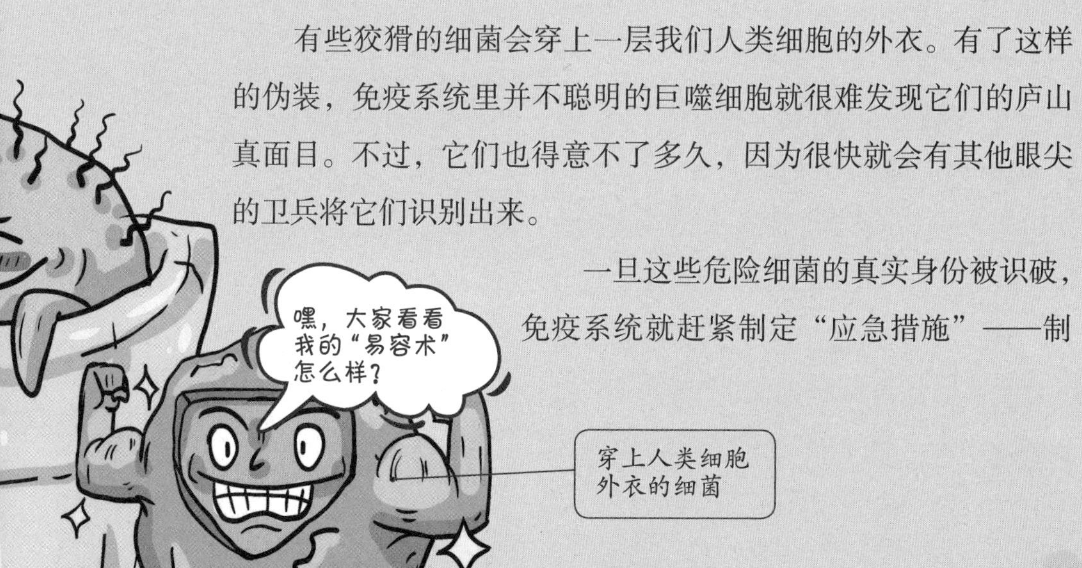

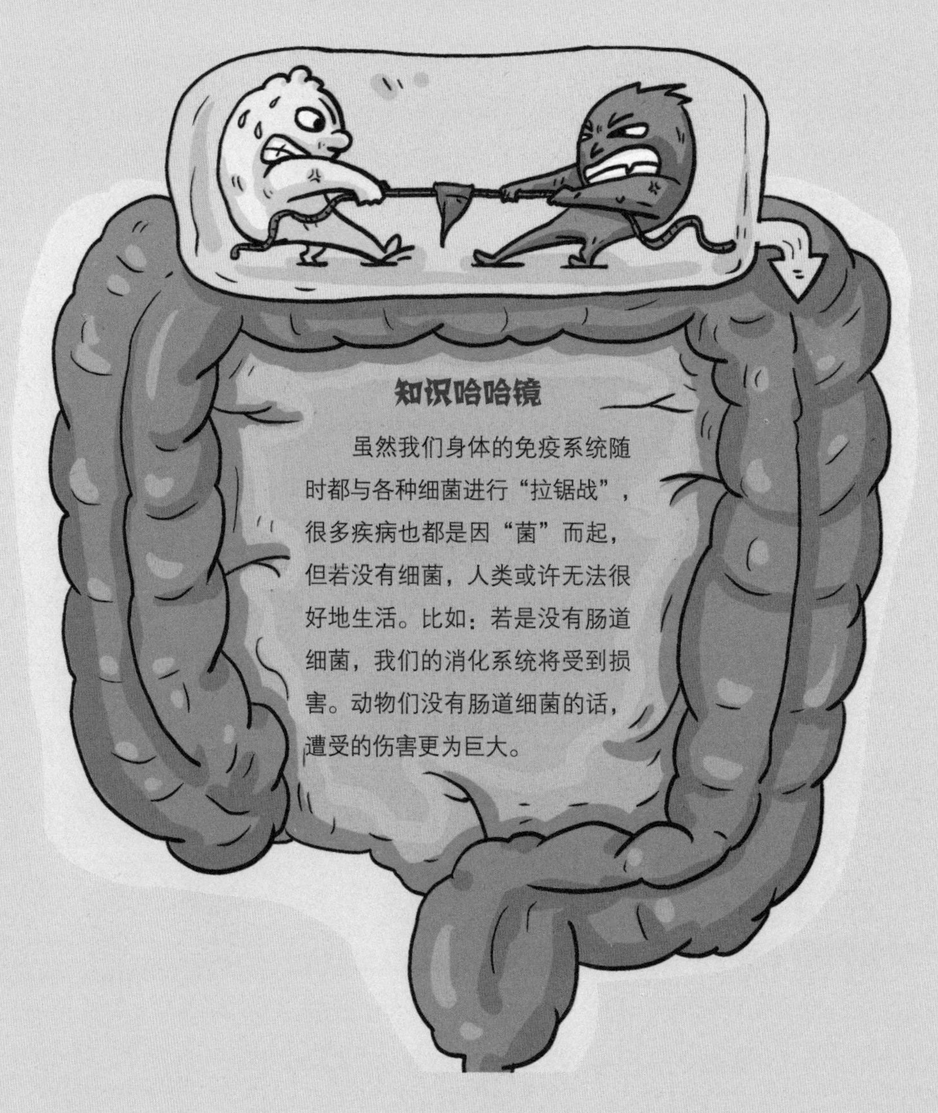

造抗体。

细菌当然不会乖乖“坐以待毙”，对它们而言，大不了换一身装束！

微生物繁殖的时候，也并不一定都能复制出完全相同的后代，有时候会出现和其他家族成员有差异的突变微生物。对免疫系统来说，这可就麻烦大啦！因为突变微生物会严重扰乱“免疫分队”之间的信息传递，从而导致免疫系统的工作出现重大失误。

失误在所难免，工作还得继续。

为了攻击变脸的细菌，免疫系统只好不厌其烦地一次次描绘嫌疑菌的画像，再对症下药，制造相应的抗体……

恐怖袭击VS细菌防御战术

一些细菌的生存离不开血液中的铁元素。铁元素大多藏在红细胞中，尽管潜伏工作做得很到位，但这并不影响一些以铁元素为食的细菌发现它们。这类细菌是当之无愧的“恐怖分子”，它们“居心叵（pǒ）测”地发动恐怖袭击，制造出能炸掉红细胞的毒素。

“砰——”

红细胞一旦被爆破，这些细菌便得意扬扬地将爆炸时释放出的铁元素尽收囊中。

当然，面对这些破坏人体健康的恐怖分子，人体内的正常菌群绝不会“袖手旁观”。面对异物入侵，人体表面与外界相通腔道中的正常菌群，便通过代谢产物来对付入侵的病原菌。

例如，人体皮肤上的丙酸杆菌能产生一种抗菌性脂类，从而消灭金黄色葡萄球菌，并防止化脓性链球菌在皮肤上着陆；肠道中存在的厌氧菌能生产一种脂肪酸来对付沙门氏菌；鼻腔的表皮葡萄球菌在防范金黄色葡萄球菌定居时，则选择与类白喉杆菌强强联手……

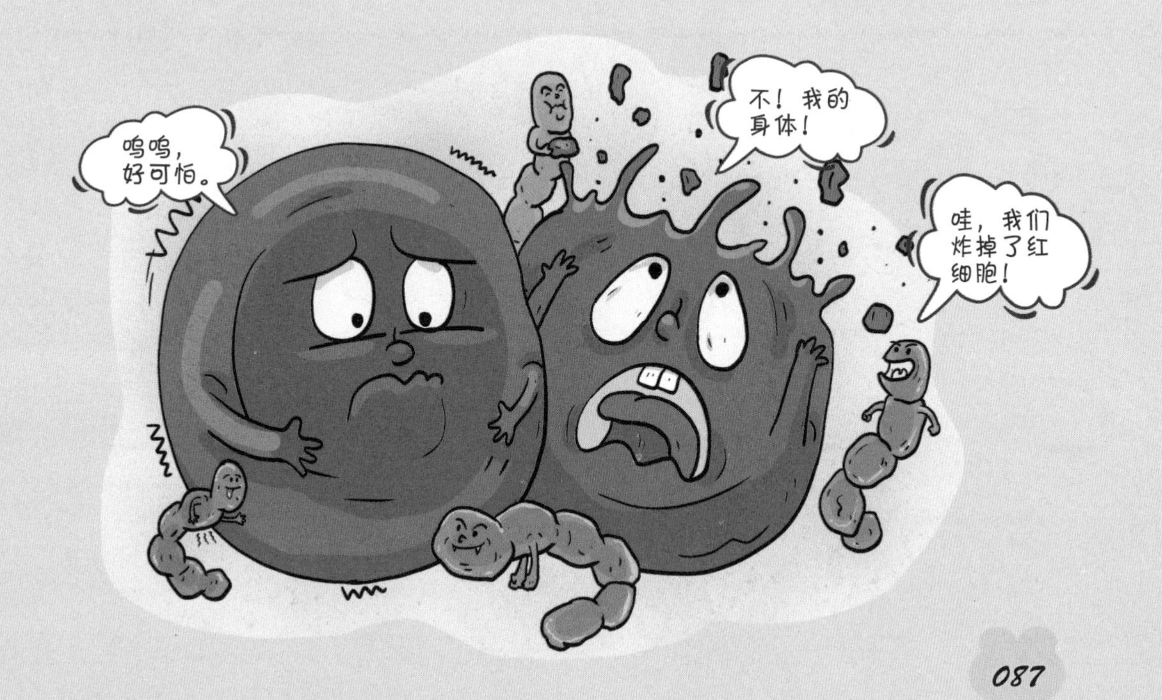

消灭微生物的“火炮手”：抗生素

从我们呱（gū）呱坠地的那一刻起，身体就开始不停地与各种病毒和细菌进行斗争。自从病原菌进入生物学家们的视线后，他们便研制出各种抗生素，帮我们给那些看不见的微小入侵者以致命打击。为了将细菌打败，抗生素所使用的武器正是细菌和真菌用来攻击其他细菌的武器……

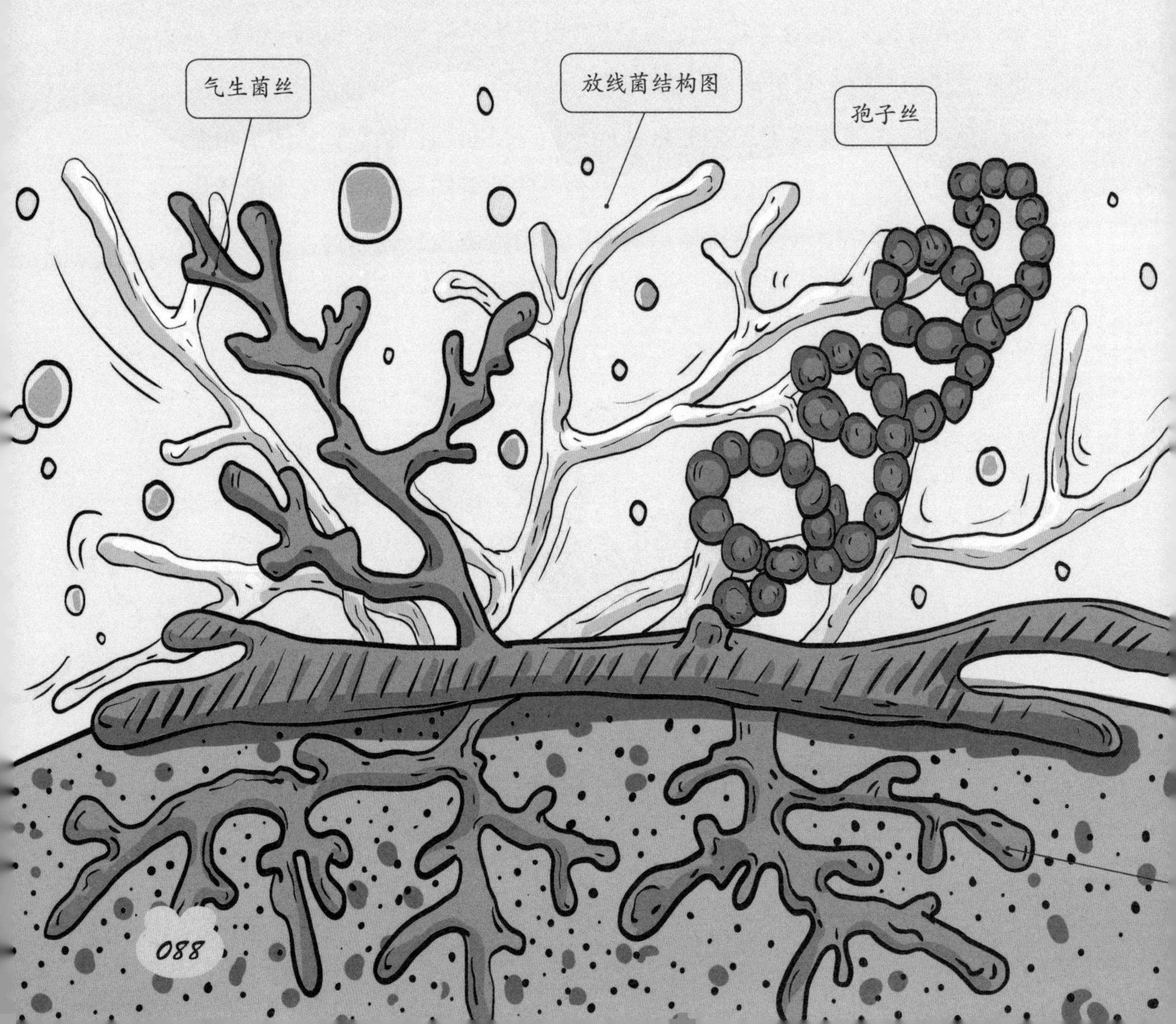

生产抗生素的大功臣：放线菌

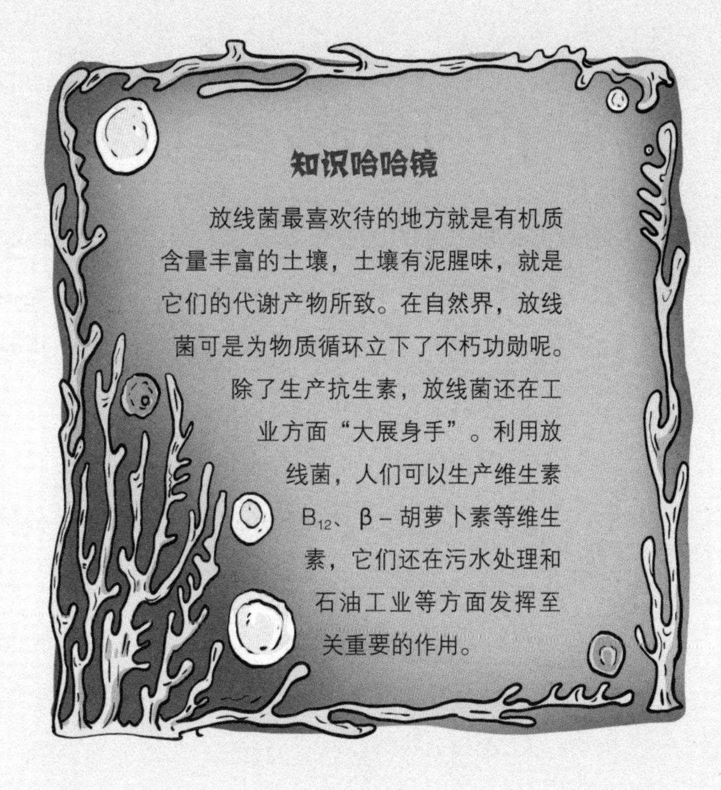

知识哈哈镜

放线菌最喜欢待的地方就是有机质含量丰富的土壤，土壤有泥腥味，就是它们的代谢产物所致。在自然界，放线菌可是为物质循环立下了不朽功勋呢。除了生产抗生素，放线菌还在工业方面“大展身手”。利用放线菌，人们可以生产维生素B_{12}、β－胡萝卜素等维生素，它们还在污水处理和石油工业等方面发挥至关重要的作用。

用微生物或高等动植物产生的能抵抗病原菌的物质制成的药物，就是抗生素。在生活中，我们总是能听到庆大霉素、螺旋霉素、头孢菌素等抗生素名称，这些药物帮助很多患者转危为安。但是，你知道生产这些抗生素的主角是谁吗？

其实，目前我们使用的抗生素，大多数都是用放线菌生产的呢！

原核生物放线菌的细胞结构和细胞壁的化学组成都很相似，菌落因呈放射状，所以被称作放线菌。放线菌有很多纤细菌体——菌丝交相缠绕，这些菌丝各司其职，比如专管吸收营养的营养菌丝就只负责在食物中“埋头大吃”；有的菌丝一个劲儿地向上猛长，这是由营养菌丝发育后形成的气生菌丝。

当条件成熟，放线菌便开始“生儿育女”。它们在气生菌丝的最顶端长出孢子丝，孢子丝成熟后便形成形状各异的孢子。它们有的像圆溜溜的小球，有的像葵花籽……随风“四处旅游”的它们遇到“心仪”的环境就安家落户，通过不停地吸收水分和营养，新的放线菌就诞生了！

根据放线菌的不同特点，科学家们便制成了能帮助我们抵抗各种病菌侵害的抗生素。

固体基质

基内菌丝

宁可错杀，绝不放过：广谱抗生素

毫无疑问，抗生素是大自然中微生物或高等动植物的次级代谢产物。通过培养微小的有机体，科学家们像收割麦子一般，将它们产生的抗菌物质收集起来。收集过程结束后，人们再将收集到的抗菌物质浓缩成粉末，最后制成抗生素药物。

对付细菌，抗生素有的是手段。

有的抗生素会将细菌的孔口堵住，使其无法进食；有的抗生素会破坏细菌的繁殖系统，使其无法传宗接代；有的抗生素能阻止细菌形成细胞壁，从而让免疫系统的“追兵”如入无人之境……

现在，可用于人体的抗生素有数百种呢！

在抗生素这个“大家庭”里，有的抗生素专职专责，只对某一种细菌有杀伤力，但也有身兼数职的广谱抗生素，这种抗生素对很多种细菌都有极强的威慑力。

广谱抗生素奉行的宗旨是：宁可错杀一千，不可放过一个。

有些抗生素在杀死病原菌的同时，也会将一些对身体有益的细菌错杀。因此，科学家们正致力于研发既能杀敌，又能保护有益细菌的“聪明抗生素”。

永无止境的“拉锯战”：负隅顽抗的细菌

不得不承认，有的细菌极具“天赋”，它们生来就有抵抗一种或很多种抗生素的本领。在自身不同“武器装备”的防护下，它们躲过一次又一次劫难，安然无恙。

如曾在印度和巴基斯坦横行无忌的 NDM-1 细菌，就能对抗几乎所有的抗生素。一旦被它们感染，患者便只能隔离安置，以免这种细菌传播开带来更大危害，医生们也只好同时用几种药物对患者进行治疗。

你一定很难相信：这些细菌用来“防身”的武器，还是从其他细菌那里“仿造”的呢！原来，只要有细菌成功抵御一种抗生素，其他细菌便“羡慕嫉妒恨”，千方百计打探它们对付抗生素的武器是什么。如果实在有难度，干脆将武器强抢回去研究一番。当然，有的细菌也乐意分享，它们会主动将这一秘密武器交给同一战线的菌友们。

细菌与抗生素的战斗僵持不下，科学家们只好夜以继日地研究下去。他们不仅要弄清楚细菌是如何负隅（yú）顽抗的，还要研制出功效“更上一层楼”的升级版药物。

细菌不断变异，抗生素也不断升级换代，真不知道这场旷日持久的拉锯战什么时候才能结束。

抵抗病毒的“增援部队”：抗病毒药

导致流行病暴发的因素，不是细菌就是病毒。但要想消灭病毒，抗生素可就束手无策了，这时候就该呼叫增援部队——抗病毒药来帮忙了！

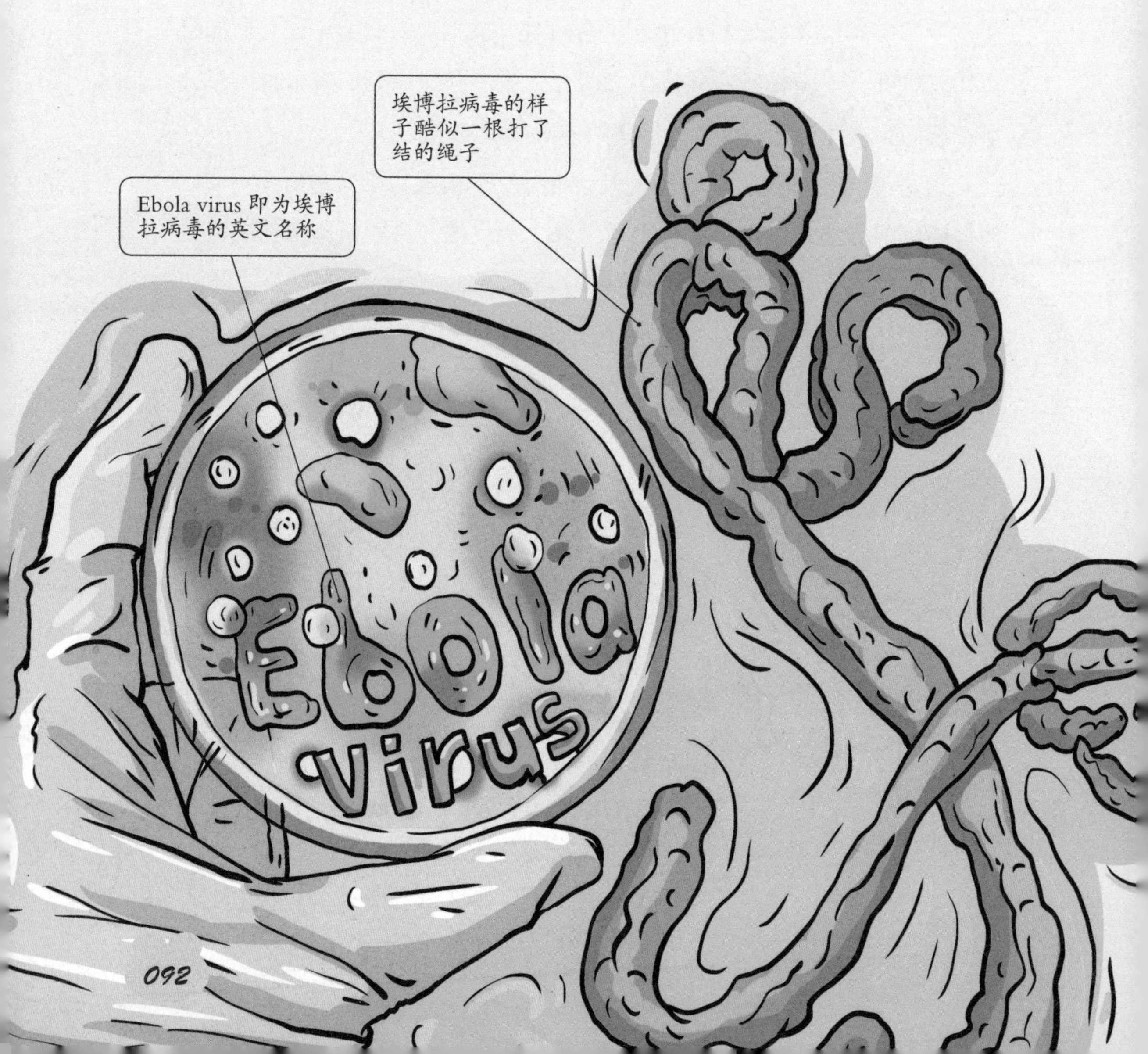

流行病“阴谋”：埃博拉病毒

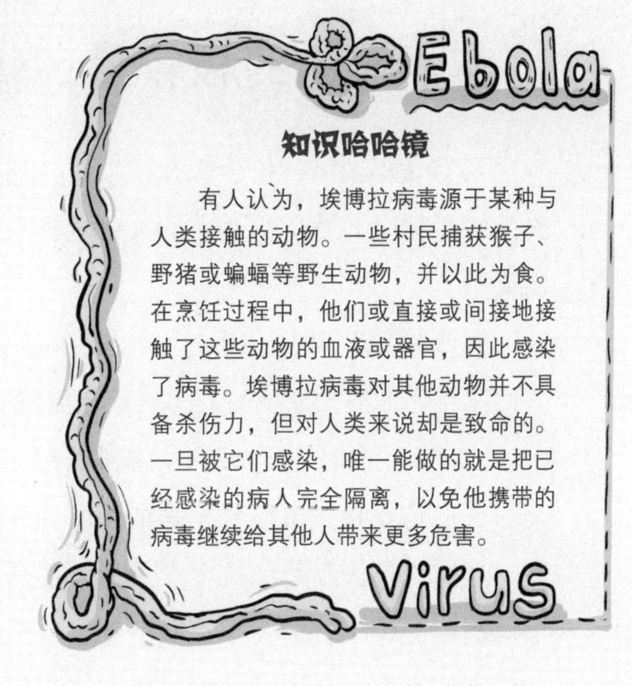

知识哈哈镜

有人认为，埃博拉病毒源于某种与人类接触的动物。一些村民捕获猴子、野猪或蝙蝠等野生动物，并以此为食。在烹饪过程中，他们或直接或间接地接触了这些动物的血液或器官，因此感染了病毒。埃博拉病毒对其他动物并不具备杀伤力，但对人类来说却是致命的。一旦被它们感染，唯一能做的就是把已经感染的病人完全隔离，以免他携带的病毒继续给其他人带来更多危害。

“埃博拉”是刚果（金）北部一条河流的名字。1976年，一种罕见的病毒光顾这里后，疯狂地虐杀了埃博拉河沿岸55个村庄的村民。一时之间生灵涂炭，死者不计其数，有的家庭甚至无一幸免。埃博拉病毒因此得名。

1979年，埃博拉病毒卷土重来，又导致尸横遍野。经过两次大规模袭击后，埃博拉病毒销声匿迹。

但是，随着人们的出行愈加频繁，2014年埃博拉病毒又让成千上万人感染，西非和部分欧美国家再次拉响警报。

埃博拉病毒是一种能引起人类和其他灵长类动物产生埃博拉出血热的烈性传染病病毒，致人死亡率极高。人类一旦被埃博拉病毒感染，就会出现高烧、头痛、呕吐、腹泻等症状，患者多半在24小时内死亡。

真是太可怕啦！

在显微镜下，埃博拉病毒的样子很像一根打了结的绳子。

埃博拉出血热每次大规模暴发时，埃博拉病毒在何处潜伏，第一名受害者又是从哪里感染了这种病毒……所有问题都不得而知。因此，埃博拉病毒被认为是人类已知的最可怕的病毒之一。由于目前的治疗方法，如注射NPC1阻碍剂，效果并不理想。这使我们更迫切地期待科学家能成功研制出针对它们的有效的抗病毒药物。

与病毒的终极较量：培育抗病毒药

要与病毒较量，抗生素几乎没有任何施展的空间。于是，在与病毒交手的过程中，微生物学家们又研发出专门对付病毒的“利器”——抗病毒药。

这些“利器”可以像淋巴细胞分泌的抗体一样，给病毒带来致命打击，它们能将病毒进入细胞的大门紧紧“封锁”起来。

尤其要注意的是，如果不是被病毒感染，就不能随意服用抗病毒药！

你一定好奇，微生物学家们用了什么办法，才将抗病毒药研制出来呢？其实，抗病毒药和抗生素一样，都是用在实验室里培养微生物的方法研制成的。不过，为了让微生物制造出的抗病毒物质更有威力，微生物学家们需要对它们的细胞进行改造。改造的过程可不是一蹴（cù）而就的，很多时候都需要用到特别的土壤。

简直不可思议，一开始用来对付埃博拉病毒的抗病毒物质，是通过把编码抗体的基因导入烟草叶而培育成功的呢！

更让人大跌眼镜的是，有些抗病毒药物的原材料竟然来自大海深处。用来对付疱疹（pào zhěn）病毒的阿糖腺苷（gān），就来自加勒比海的一种叫作隐南瓜海绵的深水海绵；首次用来与 HIV（艾滋病病毒）作战的抗病毒药物——齐多夫定，还是从鲱（fēi）鱼的精液中提炼而来的呢！

看来，在与病毒的较量中，微生物学家们可真是不遗余力啊！

病毒也“冬眠”：HIV的“无赖行径”

小朋友们有没有听过HIV，也就是艾滋病病毒？知道的人无不“谈艾色变”，因为它们是一种慢性而又极其致命的病毒。

这种病毒主要对人体辅助性T淋巴细胞系统进行攻击。一旦被它们侵袭，病毒和细胞整合在一起之后便终生难以消除。经研究发现，HIV的基因组比目前已知任何一种病毒都复杂得多。

HIV潜伏期长，在人体内的潜伏期平均为8 ~ 9年。一旦发现明显症状，疾病便已到晚期。

好可怕！

你一定好奇，难道就没有有效的抗病毒药物收拾它们吗？

作为人工抗体，抗病毒药的任务是阻止病毒进入人体细胞继续繁殖，只要病毒队伍不扩大，免疫系统就会将其彻底消灭。但直到今天，也没有一种完全有效的抗病毒药能彻底清除HIV。它们简直就是“无赖”，总是藏在人体很多地方“冬眠”，哪怕抗体一时抑制它们的繁殖，这种打击力度也微乎其微。它们破坏的是淋巴细胞，免疫系统对它们毫无办法。这就是艾滋病至今不能完全治愈的根本原因。

还好，HIV体外生存能力极差，离开人体便很难存活。它们对热敏感，在56℃条件下，30分钟后就丧失活性，因此日常接触不易感染。

可怕的HIV

“残兵败将”的神助攻：疫苗

不管什么时候，“打针”都是让我们比较害怕的一件事情。但是你知道吗，自我们出生后，就要接种卡介苗、脊髓灰质炎疫苗、百白破疫苗、麻疹疫苗以及乙肝疫苗等。随着一天天长大，还有更多的疫苗等着我们呢！看到这里，你一定头皮发麻，忍不住大声质问：究竟是谁发明了疫苗？我们为什么一定要打疫苗呢？

疫苗开创者：路易·巴斯德

路易·巴斯德不仅是法国著名化学家，还是近代微生物学的奠基人。他一生进行了多项探索性的研究，取得了举世瞩目的成就，被誉为“19世纪最有成就的科学家之一”。

在他的众多丰功伟绩中，疫苗便是其中之一。说到疫苗，就不得不说说他发明狂犬病疫苗的趣事。

当时是细菌学说占统治地位的年代，巴斯德完全不知道狂犬病是由狂犬病毒导致的。但通过反复观察，他发现：狂犬病的症状主要表现于神经系统，因此推测病原体应集中于此。于是，巴斯德从因狂犬病而死的兔子身上取出一段脊髓，加以干燥，再与蒸馏水混合后，注入健康狗体内，狗活了下来，且不会再发病。巴斯德宣布狂犬疫苗研发成功！

1885 年的一天，一位 9 岁的小男孩被疯狗咬伤。面对男孩家人的苦苦哀求，犹豫不决的巴斯德最后下定决心，在 10 天中给小男孩注射了多针不同毒性的疫苗。最后，孩子得救了。真是皆大欢喜！

小男孩痊愈后，其他被患病动物咬伤的人们接踵（zhǒng）而至，纷纷向他寻求帮助。巴斯德由此发明了一项对人进行预防接种的技术。

后来，其他科学家受到启发，也陆续发明出许多能抵御各种严重疾病的疫苗。

“残兵败将”有力量

当身体的免疫系统与病毒或细菌相遇，免疫系统就能自动制造出对付它们的抗体，这种抗体将在免疫系统的记忆中一直存在。之后，只要有已知敌人再次来犯，在它们还来不及对人产生大的危害时，淋巴细胞就已经将其“捉拿归案”。

看到这里你可能会说，这好像没疫苗什么事儿吧？

其实，疫苗肩负的责任就是教免疫系统制造抗体，从而让免疫系统以闪电般的速度对付敌人。

你一定想不到，功能如此强大的疫苗，制造它们使用的微生物竟然都是一些半死不活的“残兵败将”。

原来，疫苗的“主力军”是一些灭活、减毒的病毒或细菌以及病毒碎片或细菌碎片。它们并不能让我们患病，但鉴于这些“残兵败将”的敌对身份，免疫系统照样能很快识别它们，并制造出有效抗体。进而，我们就能免受这种微生物带来的伤害了！

科学家们为了培育减毒疫苗，就需要以人体、鸡、牛等的细胞作为病毒“繁殖基地”。别担心，因为科学家选用的是病毒的伤残个体，所以复制出来的病毒没有杀伤力。这样的疫苗注射到我们体内后，就能有效预防相应疾病。

之后，科学家们又研制出 mRNA 疫苗。这种疫苗比起灭活疫苗、减毒活疫苗等，更易生产，感染风险更低，且免疫效果非常显著。

知识哈哈镜

法国的酿酒业在欧洲有口皆碑，但原本可口的啤酒、葡萄酒经常会变酸，这让各大酒商叫苦不迭（dié）。后来，一位酒商请求巴斯德帮助大家解决这一难题。巴斯德反复观察发现：变质的酒液中存在一个个细棍似的乳酸杆菌，它们就是导致酒液变酸的“罪魁祸首”。为了将这些乳酸杆菌杀死，而又不影响酒的口感，他发明了著名的“巴氏消毒法”，即将酒放在五六十摄氏度的环境里保持半小时，就可将乳酸杆菌杀死。现在的牛奶也常用这种办法消毒呢！

分秒必争：“千变万化”的流感病毒

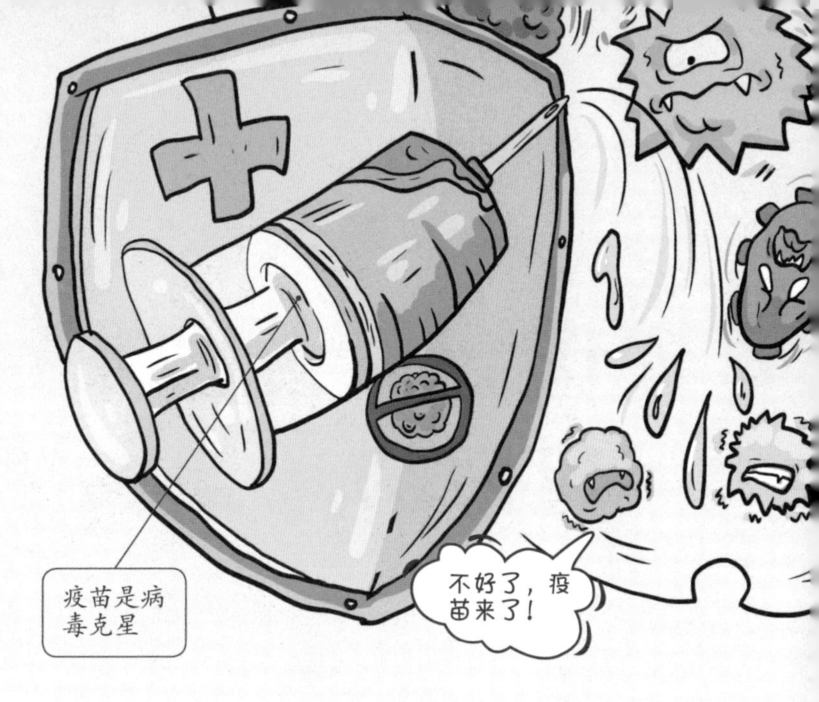

现在，聪明的小读者知道我们为什么要打疫苗了吧！注射完疫苗，病毒进入人体，就会被免疫细胞识别并消灭掉。有了疫苗，多种顽疾被提前预防，很多人的健康因此得到保障。

曾经，由天花病毒引起的天花是世界上传染性最强的疾病之一。

天花病毒繁殖速度快，通过咳嗽或打喷嚏时的飞沫进行传播，没有患过天花或没有接种过天花疫苗的人，不分男女老少均会感染天花。但随着疫苗的广泛使用，天花已经被彻底消灭。

尽管疫苗的功劳有目共睹，科学家们依然不敢掉以轻心，与变异病毒的交锋堪称分秒必争。

譬如，2019 年年底流行全球的新型冠状病毒。感染这种病毒后，大多数人出现发烧、干咳、乏力等症状，严重者可出现呼吸困难或多器官功能衰竭等症状。

更可怕的是，新型冠状病毒还有 10 多种变异毒株，如德尔塔、阿尔法、奥密克戎等，这些变异毒株在很短时间内又出现变异分支，甚至还出现了变异毒株的混合体。毫无疑问，变异毒株混合体的传播性更强、危险程度更高。

虽然新型冠状病毒令人谈之色变，但在这场与病毒“赛跑”的过程中，世界各国科学家们也在不遗余力地研制对付它们的武器——疫苗。请相信，最后的胜利一定属于我们！

“坏坏惹人爱”：让微生物成为我们的“盟友”

科学家在对微生物进行研究的过程中发现，很多微生物都有属于自己的“特异功能”。如果对它们加以正确利用，这些“小家伙”也能很好地为我们服务。随着科技发展的日新月异，现在科学家们正在借助细菌或病毒，来寻找治疗人类疾病的方法呢……

稀奇不稀奇：微生物也能当“药”用

1909 年，德国一家面粉厂发生了一件怪事：仓库中每天都有一种叫地中海粉螟（míng）的幼虫到处乱爬，但之后这些幼虫又不明原因地突然死亡。

生物学家贝尔林内知道这件事后，开始饶有兴趣地对此展开研究，决心将粉螟幼虫突然死亡的真相弄个水落石出。

1911 年，他从粉螟幼虫尸体中分离出杆状细菌。他将粉螟幼虫放到涂有这种菌的叶子上，当粉螟幼虫吃下这些叶子后，它们表现得十分慌乱，两天后便死去。不过，这种菌却长势喜人，只需一天，它们就在细胞一端长出一个像“蛋”一样结实的芽孢。这个“蛋”不仅能传宗接代，还有一层厚厚的壁，可以用来抵抗高温、缺水等不利环境。

后来，贝尔林内称这种菌为苏云金芽孢杆菌。这一发现，让人们想到利用它们来给害虫制造流行病以消灭害虫。不过，因化学农药价格低廉，苏云金芽孢杆菌迟迟没有引起大家的重视。

现在，因大量使用化学农药给环境带来严重污染，人们逐渐意识到用细菌对付害虫的重大意义，苏云金芽孢杆菌也开始受到重视。

细胞也疯狂：肿瘤的诡计

在生活中，我们经常听到“癌症”这个恐怖的词语。有的癌症能够治愈，有的癌症却无药可医，确实十分可怕。

不过，癌症的出现和微生物没有太大关系，但有些细菌对癌症的出现有推动作用。总体来说，癌症是我们自身细胞变得疯狂而没有节制地增生导致的，免疫系统对此无力阻止。

我们身体内的细胞在繁殖期间也会出现异常，有时就会出现“精神

知识哈哈镜

买来的橙子长时间不吃就会腐烂，腐烂的部位上还会长满数不清的绿绒毛，这是青霉在“捣乱”。若吃了这样的食物，肚子可就“闹翻天”啦！霉菌容易导致食物、衣服等霉烂，真让人讨厌。不过，它们对人类也有很大功劳呢！早在古代，人们就懂得用“霉”来制作酱类食物。甚至，他们还知道豆腐和糨（jiàng）糊上的霉有消炎和促使伤口愈合的作用，便用它们来止血。现在，不管食品加工业，还是医药工业，霉菌都是重要菌种。

错乱”的突变细胞。突变细胞分裂繁殖的速度大大超过正常情况，导致身体里出现密实的球状体——肿瘤。

大多数情况下，肿瘤会“老老实实”地待在原地，但也有一些不“安分”的家伙，它们会把“精神错乱”的突变细胞送到其他部位，扩大“殖民地”，这就是恶性肿瘤（癌症）。当恶性肿瘤发展到一定程度，人就会死亡。

在突变细胞的形成过程中，有些微生物“助纣为虐”，它们含有的毒素可以成为人体正常细胞变成癌细胞的诱因。如幽门螺杆菌导致胃溃疡（yáng）的同时，也有利于癌细胞的产生。

你一定好奇，免疫系统为什么不把癌细胞“驱逐出境”呢？

原来，这些细胞并不是体外入侵者，在免疫“士兵”面前它们轻易就能蒙混过关，让免疫“士兵”误以为它们对人体是无害的。

化敌为友：与细菌并肩作战

虽然一些微生物能成为癌症的“导火索”，但研究发现，我们肠道内的细菌也能与我们并肩作战，共同对付癌细胞。

是不是觉得很难理解呢？

在肠道里，一些细菌能释放一种对巨噬细胞和中性粒细胞有镇定作用的物质。有了这种物质，免疫“士兵”们就能在区别敌友时保持冷静，而不是一股脑儿地对所有遇到的微生物进行攻击。

假如没有这种物质，免疫“士兵”们就会在“开火”过程中，一并将对我们身体起保护作用的细菌也消灭掉。

当然，我们身体中的“微生物集中营”不仅存在于肠道里，它们在食道、口腔、肺或皮肤都有分布。有了这个庞大“菌群队伍”的保驾护航，我们的免疫系统就能随时“活力满满”：当免疫系统与正常菌群里的成员相遇，它们会形成互惠互利的伙伴关系；一旦有病原菌入侵，正常菌群会和免疫系统一起协同对抗外敌。

现在，科学家们已经开始研究利用病毒来治疗癌症了！他们发现，癌症患者在感染病毒后有恢复的迹象，这是因为一些病毒在对癌细胞进行攻击时，比免疫系统更有效。但是，要让病毒与我们携手对抗癌细胞，或许还有很长的一段路要走。

奇思妙想：
细菌成员的另类本领

看了上面有关病毒、细菌的介绍，心情难免有一些沉重。现在，就让我们换个轻松点儿的话题吧！亲爱的小读者，如果告诉你，显微镜下的细菌在磁体的指挥下，也能跳“芭蕾舞”，你一定很难相信吧？更奇怪的是，不用棉花，不用化工厂，用细菌就能生产织布用的纤维，你对此是不是更不敢相信呢？真让人大开眼界！

生物学家“好调皮”：趋磁细菌

不知小读者有没有听过“趋磁细菌”这个名字呢？关于这类细菌，还流传着这样一段有趣的故事呢！

美国生物学家布莱克莫尔在倾倒实验室最后一桶脏水时，随意采集了一些水样放在显微镜下观察。突然，他观察到：一些细菌像约好似的总是朝同一个方向游动。

“难道有谁在指挥它们吗？”布莱克莫尔心想。之后，他将一块磁铁放在显微镜旁，怪事发生了！这些细菌不再朝原来的方向游动，而是向磁铁的N极移动。磁铁的N极指到哪里，这些细菌就“打”到哪里。

“调皮”的布莱克莫尔就用磁铁指挥它们时而前进，时而后退，时而向左，时而向右，最后还让它们原地转圈，就像芭蕾舞演员那样……

这太神奇啦！

布莱克莫尔开始废寝忘食地研究。

原来，这种趋磁细菌体内有一串由10多个黑色氧化铁颗粒构成的“念珠”，它们相当于细菌的“罗盘”。趋磁细菌的头部有“接收天线”——一种纤毛状的触角，在磁场感应下，触角摆动推动细菌前进。

布莱克莫尔的研究在科学界引起了广泛关注。遗传学家认为，如果将趋磁细菌的基因分离出来，移植到其他微生物体内，就能让它们在医疗界大显身手；冶金学家则认为，可以用它们分离化合物中的铁元素，请它们去采矿也不错……

知识哈哈镜

趋磁细菌的“罗盘”并不是天生的，而是吸收了溶解在水中的铁离子，通过一系列复杂的化学反应逐步形成。趋磁细菌在没有铁离子的环境中，只能生出没有磁性的“小宝宝”，但只要将这些“小宝宝”放在有铁离子的环境中，它们就会像“爸爸妈妈”那样慢慢地长出“罗盘”来。

细菌“吐丝”又“织布”：木葡糖酸醋杆菌

提到吐“丝”，我们总是最先想到蚕、蜘蛛等动物。但是你知道吗？一些细菌也能“吐丝”，如木葡糖酸醋杆菌，而“丝”其实是它们生产出来的细菌纤维。

在电子显微镜下，木葡糖酸醋杆菌就像蚕吐丝一般分泌出细菌纤维素微纤维，接着像拧麻绳一样拧成单根细菌纤维素纤维。比起普通的纤维，这种纤维更结实，纯度更高，而且还有可塑性好、保水能力强等优点。

为了能更好地利用细菌纤维，科学家们对木葡糖酸醋杆菌进行大量培养。在培养皿中，无数根细菌纤维素纤维交错，形成细菌纤维素膜——这就是细菌亲手织出来的布呢。

可别觉得这种细菌纤维素距离你相当遥远，事实上，你也许吃过！没错！过去，由于我们对细菌纤维素的了解极为有限，它们常常被应用在食品领域，例如椰果的生产就离不开它们。现在，细菌纤维素在造纸、医学、美容等多个领域都有重要用途。例如做医疗绷带，细菌纤维素有促使伤口愈合的神奇功效，是医生眼中的“大红人”。因质地细密，用它们来过滤杂质的效果更是棒棒哒……

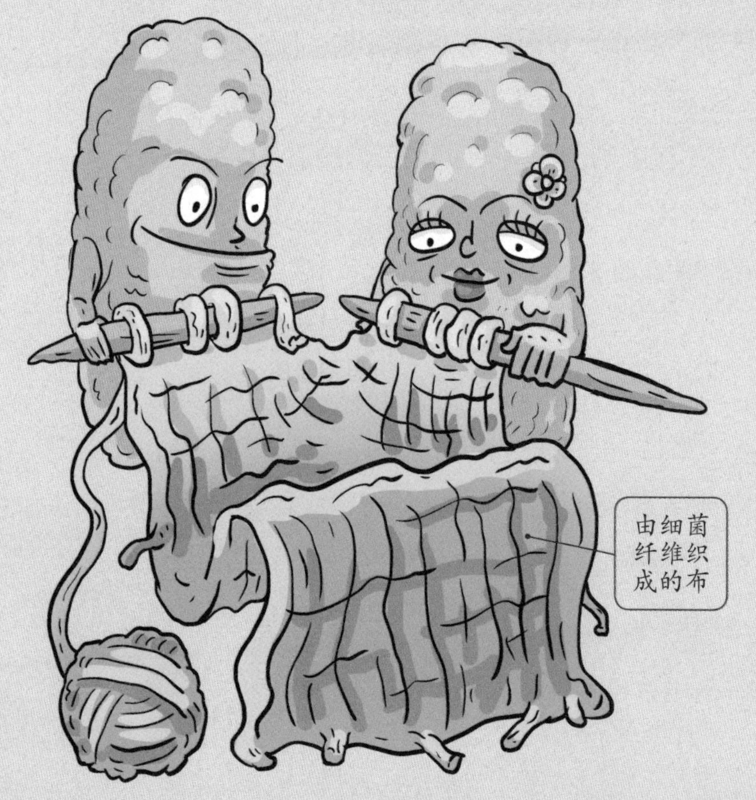

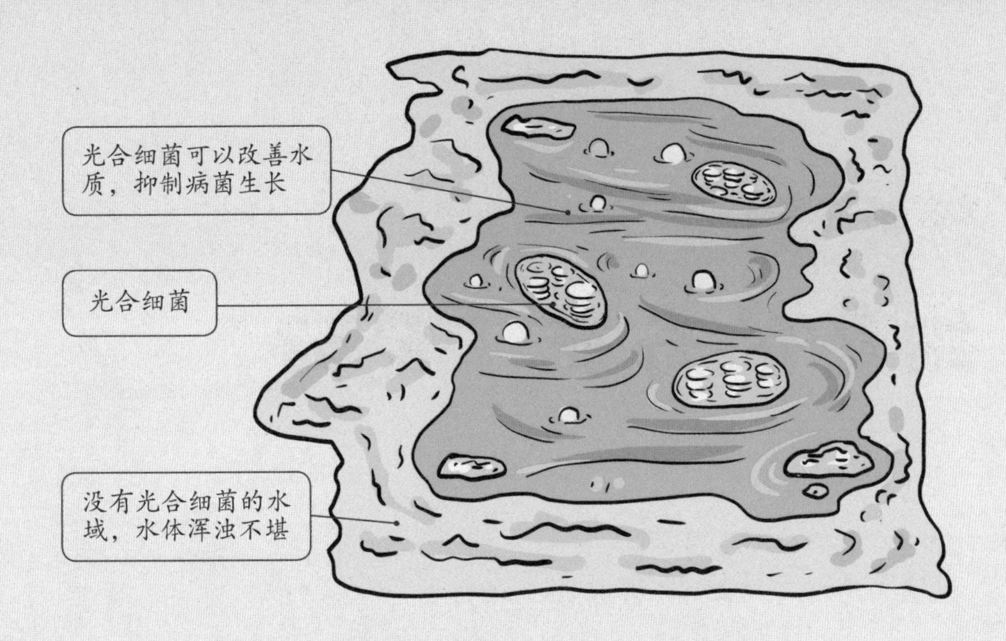

十八般武艺有何难：光合细菌

你一定好奇，这光合细菌又是何方神圣呢？说到光合细菌，那可真是了不得！

如果问地球上出现最早、具有原始光能合成体系的原核生物是哪个？那一定非光合细菌莫属了！它们是以光为能源，利用有机物、硫化物、氨等作为供氢体兼碳源进行光合作用的微生物，在自然界中广泛存在。

作为厌氧菌，它们本身就含有很多种营养物质，具有进行光合作用、发酵、产氢、固氮（dàn）等多项本领。研究表明，在环保、水产养殖、医药等方面，光合细菌都发挥着至关重要的作用呢！

随着水产养殖业的发展，水质污染现象也愈加严重。因水中有机物及亚硝酸盐含量过高，所以鱼的生长受到很大影响。别急，只要将光合细菌“请”入水体，它们便可以大展身手——对水体中的残存饲料、鱼类粪便等进行降解；对水体中的氨、亚硝酸盐、硫化氢等有害物质加以吸收利用。它们既能改善水质，又能抑制水中有害病菌的生长和繁殖。

此外，光合细菌在医学界的前途也是一片大好。它们富含多种维生素、类胡萝卜素和活性物质，这些物质有很明显的调脂、抗氧化、抗肿瘤作用。因富含类胡萝卜素，光合细菌还是天然红色素的主要来源，所以早已广泛应用于豆制品、蔬果以及饮料的着色方面……

辣眼睛！

细菌的奇葩“爱好”

我们每个人都有自己的小爱好，唱歌、画画、跳舞、书法、美术、弹琴……但是你知道吗，细菌也有自己的爱好呢！不过，它们的爱好有点儿“另类”，简直让人不忍直视。对啦，用“辣眼睛”这个流行的网络用语来形容它们的爱好最合适不过。

“钢铁侠”的覆灭：爱吃混凝土的吞食杆菌

1984年，在英国西部一家发电厂里，一座用钢筋混凝土建造的高达125米、厚度20厘米的超大冷凝塔轰然倒塌。

这么一个“钢铁侠”，怎么说倒就倒了呢？经过仔细调查，不存在人为破坏因素。就在大家一筹莫展时，一位微生物学家表示愿意“协助破案”。

不久，冷凝塔倒塌的罪魁祸首居然真的被他“抓”到了！原来，这都是专吃混凝土的吞食杆菌惹的祸。

小小细菌怎么吞得下混凝土呢？

原来，混凝土的主要成分是黄沙和水泥，水泥中含有石灰。当这种吞食杆菌分泌一种能与石灰发生反应的酸后，石灰就被逐渐溶解了。它们就这样在混凝土表面生长繁殖，并将混凝土中的石灰一点一点全“吃掉”。一旦混凝土中产生微小的孔隙，它们便继续渗透，继续吞食，直到将这个庞然大物全部蛀空。

冷凝塔外表看上去完好无损，其实内部早已伤痕累累，稍有风吹草动，外强中干的它便倒塌化为废墟。

后来，科学家们发现这种吞食杆菌有个“怪脾气”：空气越污浊，它们越猖狂。被污染的空气中的氧化氮、二氧化硫等会导致建筑表面有酸生成，而混凝土吞食杆菌尤其喜欢这种环境。所以反过来说，只要空气清新，便难有它们的立足之地。

当然，如果能将建筑物打磨得十分光滑，也能很好地防止它们吞食混凝土。

对付高温的“祖传秘方”：耐高温细菌

生活中，我们有这样的常识：用100℃的沸水清洗物品，就能消毒杀菌。不过，这样的温度对于一些耐高温细菌来说，恐怕连“蒸桑拿”都算不上呢！

在美国黄石公园的温泉中，生活着一种高温芽孢杆菌。平时，它们就在沸水中生活，如果将温度升高到105℃，它们照样安然无恙。甚至，还有能耐188℃高温的芽孢杆菌呢！

不过，这可不是最厉害的。

在一处海底火山口，科学家们发现了一种能耐300℃高温的细菌。这一发现，直接让这种细菌荣登“生命世界耐高温榜”的榜首。

按照常理，只要外界温度超过50℃，大多数细菌就变得萎靡不振。为什么这些细菌对高温毫不畏惧呢？

细胞的主要成分是蛋白质，常温下它们进行正常生命活动；只要

温度达到 50℃ ~ 60℃，绝大多数蛋白质便会丧失活力；当温度达到 100℃，蛋白质便会像煮熟的鸡蛋一样凝固，就失去了原有的可溶性，也就失去了它们生理上的作用。

耐高温细菌才不是这样呢！目前科学家已从耐高温细菌中分离出多种蛋白质，其中包括很多重要的酶类，它们的热稳定性高于其他细菌的类似蛋白。而且耐高温细菌细胞质膜的化学成分，随环境温度的升高不仅脂总含量增加，细胞中的高熔点饱和脂肪酸也有所增加。这便是它们耐高温的“秘方”。

细菌也怕怕：情有独钟的噬菌体

有位小朋友这么形容他们家的关系：我怕爸爸，爸爸怕妈妈，妈妈怕我。是不是很有趣呢？“螳螂捕蝉，黄雀在后”，世间万物果然是“一物降一物”啊！

我们人类拥有先进的医学、科技，但还是会被小小的细菌折磨。

知识哈哈镜

乍一看，用噬菌体来对付细菌真是再好不过了！但事物都有两面性，噬菌体能吃细菌也不一定都是好事。在对一些有益菌类进行利用时，假如不幸被噬菌体“光临”，那后果可就严重了！这些噬菌体会不管三七二十一，一通“胡砍乱杀”。一番“战斗”下来，有益菌也难免死于它们的“屠刀”之下。因此，噬菌体对我们既有利也有弊，只有对它们的脾气秉性研究透彻，才能更好地兴利除弊。

你一定好奇，细菌的“克星”又是什么呢？

其实，细菌最怕一种叫噬菌体的病毒。因其个子太小，所以我们只有在显微镜下才能看到它们。噬菌体虽然靠寄生生活，但它们十分专一，只对一种特定的细菌有兴趣。比如大肠杆菌噬菌体，它们只寄生破坏大肠杆菌，对别的细菌连正眼都懒得瞧。

噬菌体由蛋白质外壳和遗传物质核酸组成。它们尾部有几根能牢牢吸附在细菌身上的尾丝，一旦找到宿主，它们便分泌出溶菌酶，在将蛋白质外壳留在细菌体外的同时，它们还不忘记将自身的遗传物质注入细菌体内。

就这样，它们以细菌为原料，以自身为模板开始复制工作。等给自己和同伴们都穿上蛋白质外衣后，细菌早已面目全非。之后，噬菌体便“涅槃（niè pán）重生”——成为一个个独立的、新的噬菌体。

大口“喝血”，大口“吃肉”：蛭弧菌

如果说有一种细菌能“吃掉”细菌，你会不会觉得不可思议呢？

不必奇怪，比一般细菌更小的蛭弧菌就是这样一个特别的存在，它们由德国科学家于 1962 年在菜豆叶烧病假单胞菌体中首次发现。

不管是土壤，还是河水、海水等水域，都是蛭弧菌生存繁衍的乐土。

它们入侵宿主细菌的方式十分独特。

蛭弧菌细胞的一端有它们游泳时用的“桨”——一条较粗的鞭毛。遇到中意的宿主细菌，它们便迅速摆动鞭毛，以超快的速度对宿主细胞

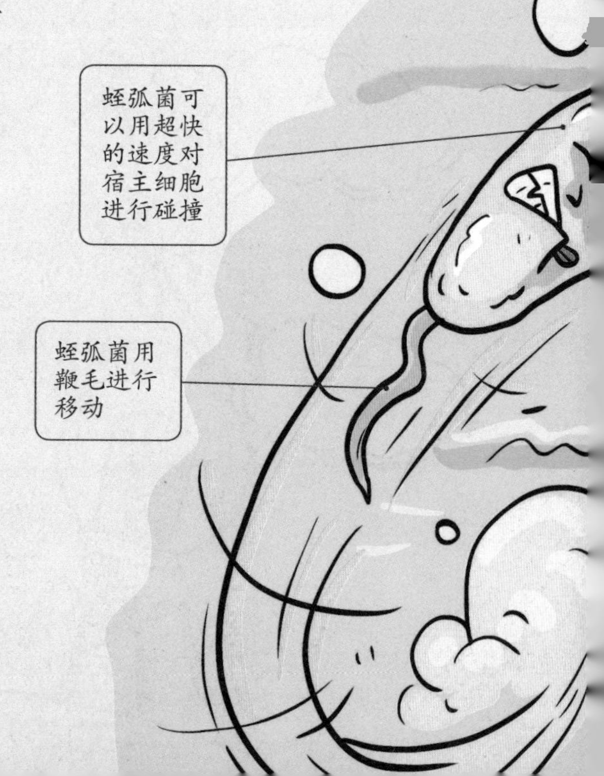

进行猛烈撞击。之后，它们便像钻头一样，以 100 转 / 秒的转速在宿主表面极速旋转，从而形成机械钻孔效应。

与此同时，它们还会分泌出几种有特殊功效的酶，能够消化宿主的细胞壁。只需短短 10 分钟左右，宿主细胞壁便被它们成功地钻出一个小窟窿（kū long）。它们得意地蜷（quán）缩起身子，一头扎进小窟窿里，就在这里大口“喝血”，大口“吃肉”，以吸食宿主的“血肉”让自己衣食无忧。

很快，它们就生长成螺旋状，分裂成小段。等到宿主细胞壁被消化溶解后，这些小杀手便不约而同地破壁而出，开始迎接新的生活。

现在，蛭弧菌已经被当作防治有害细菌的一种有力武器，可用于净化水体以及清除工业、农业、医学界等方面的有害细菌。

图书在版编目（CIP）数据

生物太有趣了. 有趣的细胞与微生物 / 徐国庆著. —成都：天地出版社，2023.6（2024.4重印）
（这个学科太有趣了）
ISBN 978-7-5455-7623-8

Ⅰ. ①生… Ⅱ. ①徐… Ⅲ. ①生物学 - 少儿读物 Ⅳ. ①Q-49

中国国家版本馆CIP数据核字（2023）第012292号

SHENGWU TAI YOUQU LE · YOUQU DE XIBAO YU WEISHENGWU
生物太有趣了 · 有趣的细胞与微生物

出品人 杨　政
作　者 徐国庆
绘　者 李文诗
责任编辑 王丽霞　李晓波
责任校对 张月静
封面设计 杨　川
内文排版 马宇飞
责任印制 王学锋

出版发行 天地出版社
（成都市锦江区三色路238号 邮政编码：610023）
（北京市方庄芳群园3区3号 邮政编码：100078）
网　址 http://www.tiandiph.com
电子邮箱 tianditg@163.com
经　销 新华文轩出版传媒股份有限公司

印　刷 三河市嘉科万达彩色印刷有限公司
版　次 2023年6月第1版
印　次 2024年4月第5次印刷
开　本 787mm × 1092mm 1/16
印　张 23.5（全三册）
字　数 324千字（全三册）
定　价 128.00元（全三册）
书　号 ISBN 978-7-5455-7623-8

咨询电话：（028）86361282（总编室）
购书热线：（010）67693207（营销中心）